U0493464

"十三五"国家重点出版规划项目
空间飞行器工程丛书

航天器热控薄膜技术
Spacecraft Thermal Control Thin Films Technology

■ 邱家稳 冯煜东 吴春华 著

国防工业出版社
·北京·

图书在版编目(CIP)数据

航天器热控薄膜技术/邱家稳,冯煜东,吴春华著.—北京:国防工业出版社,2016.6
ISBN 978 – 7 – 118 – 10576 – 6

Ⅰ. ①航⋯ Ⅱ. ①邱⋯ ②冯⋯ ③吴⋯ Ⅲ. ①航天器—热控涂层—薄膜技术 Ⅳ. ①V414.4

中国版本图书馆 CIP 数据核字(2016)第 118598 号

航天器热控薄膜技术

著　　　者　邱家稳　冯煜东　吴春华
丛 书 策 划　管明林
责 任 编 辑　管明林
出 版 发 行　国防工业出版社(010 – 88540717　010 – 88540777)
地 址 邮 编　北京市海淀区紫竹院南路23号,100048
经　　　售　新华书店
印　　　刷　北京嘉恒彩色印刷有限责任公司
开　　　本　710×1000　1/16
印　　　张　15¼
印　　　数　1 – 3000 册
字　　　数　266 千字
版 印 次　2016 年 6 月第 1 版第 1 次印刷

定　　　价　89.00 元　　　(本书如有印装错误,我社负责调换)

致 读 者

本书由国防科技图书出版基金资助出版。

国防科技图书出版工作是国防科技事业的一个重要方面。优秀的国防科技图书既是国防科技成果的一部分，又是国防科技水平的重要标志。为了促进国防科技和武器装备建设事业的发展，加强社会主义物质文明和精神文明建设，培养优秀科技人才，确保国防科技优秀图书的出版，原国防科工委于1988年初决定每年拨出专款，设立国防科技图书出版基金，成立评审委员会，扶持、审定出版国防科技优秀图书。

国防科技图书出版基金资助的对象是：

1. 在国防科学技术领域中，学术水平高，内容有创见，在学科上居领先地位的基础科学理论图书；在工程技术理论方面有突破的应用科学专著。

2. 学术思想新颖，内容具体、实用，对国防科技和武器装备发展具有较大推动作用的专著；密切结合国防现代化和武器装备现代化需要的高新技术内容的专著。

3. 有重要发展前景和有重大开拓使用价值，密切结合国防现代化和武器装备现代化需要的新工艺、新材料内容的专著。

4. 填补目前我国科技领域空白并具有军事应用前景的薄弱学科和边缘学科的科技图书。

国防科技图书出版基金评审委员会在总装备部的领导下开展工作，负责掌握出版基金的使用方向，评审受理的图书选题，决定资助的图书选题和资助金额，以及决定中断或取消资助等。经评审给予资助的图书，由总装备部国防工业出版社列选出版。

国防科技事业已经取得了举世瞩目的成就。国防科技图书承担着记载和弘扬这些成就，积累和传播科技知识的使命。在改革开放的新形势下，原国防科工委率先设立出版基金，扶持出版科技图书，这是一项具有深远意义的创举。此举势必促使国防科技图书的出版随着国防科技事业的发展更加兴旺。

设立出版基金是一件新生事物,是对出版工作的一项改革。因而,评审工作需要不断地摸索、认真地总结和及时地改进,这样,才能使有限的基金发挥出巨大的效能。评审工作更需要国防科技和武器装备建设战线广大科技工作者、专家、教授,以及社会各界朋友的热情支持。

让我们携起手来,为祖国昌盛、科技腾飞、出版繁荣而共同奋斗!

国防科技图书出版基金
评审委员会

国防科技图书出版基金
第七届评审委员会组成人员

主 任 委 员 潘银喜

副主任委员 吴有生　傅兴男　杨崇新

秘 书 长 杨崇新

副秘书长 邢海鹰　谢晓阳

委　　员 才鸿年　马伟明　王小谟　王群书
（按姓氏笔画排序）
　　　　　　甘茂治　甘晓华　卢秉恒　巩水利
　　　　　　刘泽金　孙秀冬　芮筱亭　李言荣
　　　　　　李德仁　李德毅　杨　伟　肖志力
　　　　　　吴宏鑫　张文栋　张信威　陆　军
　　　　　　陈良惠　房建成　赵万生　赵凤起
　　　　　　郭云飞　唐志共　陶西平　韩祖南
　　　　　　傅惠民　魏炳波

序

  实施航天器热控制是保证航天器在空间正常、可靠运行的必要手段。随着航天技术的快速发展,对新型热控技术的需求越来越迫切。利用薄膜材料的重量轻、稳定性好、参数可设计等特点而发展起来的热控薄膜技术是航天器热控制技术的重要发展方向之一。

  由中国空间技术研究院邱家稳等同志撰写、国防工业出版社出版发行的《航天器热控薄膜技术》是有关热控薄膜技术方面的专门著作。该书是考虑航天器热控薄膜技术在航天器设计中的作用以及从事航天器热控的设计研制人员进一步了解热控薄膜技术及其发展动态的需要而撰写的。

  本书系统而详尽地对各种体系热控薄膜的概念、应用原理、薄膜设计、薄膜制备工艺中的关键技术和发展趋势进行了论述,并对薄膜材料制备过程中的现代表征方法、材料应用性能标准测试方法、热控薄膜材料的应用可靠性试验标准和方法进行了较详细地介绍。

  本书作者都是从事航天表面工程技术的高级设计师和研究员。作者及其研究团队研制开发了多种热控薄膜产品,并成功地应用在我国各类航天器上。他们把自己丰富的理论知识和工程经验很好地融入到本书中,理论和实践的密切结合,使本书具有较高的学术水平和工程应用价值。

  本书的出版可为航天热控设计人员和从事热控薄膜研制的人员提供重要参考,能够对我国的航天器热控薄膜技术水平起到较大的促进作用。

中国科学院院士
中国工程院院士 闫桂荣
2015 年 8 月

前　言

　　航天技术的发展促进了卫星热控技术的进步,其中具有重量轻、稳定性好、热控参数可设计等优势的热控薄膜技术正成为航天器热控技术的重要发展方向之一。经过几十年的发展,热控薄膜产品已由最初的几种逐渐发展成几大类数十个品种,其在结构、原理、功能、制备技术及应用范围等方面也出现多样化趋势。

　　在多年技术研发及工程实践中,作者和同行专家、技术人员普遍感到,航天器热控薄膜技术发展迅速,但目前尚没有关于热控薄膜技术的较为系统和专门的著作。因此,有必要对热控薄膜技术进行一次较为全面的梳理,系统地总结航天器热控薄膜技术体系,撰写一本关于热控薄膜技术的专著。

　　本书共有7章,第1章系统论述了航天器热控薄膜的基本理论、技术基础、空间热环境及辐射环境、热控薄膜的分类、热控薄膜的应用以及热控薄膜的发展现状与趋势;第2章和第3章按照结构不同先后介绍了单一结构和复合结构两大类常见的10种被动热控薄膜,较全面地介绍了传统热控薄膜的基本概念、热控原理、功能和特点,用较为翔实的数据对国内外技术水平和发展现状进行了对比,并分析了此类热控薄膜未来的发展趋势;第4章和第5章介绍了近10年发展起来的新型热控薄膜技术,内容涵盖了国际上主流的几种智能热控薄膜和基于MEMS的微结构热控薄膜技术,并分别从薄膜的设计、理论计算、制备方法、性能及特点等方面做了系统的论述;第6章主要介绍了包括真空蒸发、磁控溅射、微波CVD、溶胶-凝胶法及原子层沉积在内的几种常见薄膜沉积技术,并介绍了薄膜的结构、组成及电学、光学和热学性能的分析方法;第7章介绍了热控薄膜试验技术,内容包括相关的环境和辐照试验方法。

　　本书全面总结了航天器热控薄膜的研制经验和研究成果,重点讲述了新型热控薄膜的设计理论和技术,对各类热控薄膜的设计、制备及相关测试试验等尽可能做了较为详尽的阐述,内容涵盖了传统热控薄膜、新型热控薄膜及智能型热控薄膜。

　　本书作者均长期从事航天器热控薄膜的开发与研究,主持和参与了多个航天器热控薄膜材料的研究和型号产品开发工作,熟悉国内外相关技术现状及发展趋势。作者所在单位及团队开发的多种热控薄膜已在我国各类航天器上成功应用,各项性能指标均有良好的表现,技术水平达到了国际先进水平;正在研究的系列新型热控薄膜,对未来航天器的热控技术发展具有重要支撑作用。书中主要内容均为作者的实践总结,主要数据也来源于科研生产试验中的实测数据,很多数据为国内最新的研究成果。希望通过本书与国内外同行专家分享,也希望本书能够对航天器热控设计人员、工程技术人员和研制人员起到一定的参考和借鉴作用。

在本书的撰写过程中,兰州空间技术物理研究所真空技术与物理重点实验室(原表面工程技术国家级重点实验室)的许旻、王洁冰、王艺、曹生珠、熊玉卿、何延春、王志民、王多书、王兰喜、杨淼、王金晓、韦波、王虎、吴敢、张玲等同事提供了大量资料,给予了无私的帮助,在此表示衷心的感谢!

在本书申请国防科技图书出版基金和出版过程中,得到了闵桂荣院士、于登云先生的鼓励、推荐和支持,特别是闵先生抱病为本书作序,作者在此致以十分的敬意和衷心的感谢!

由于作者水平有限,书中不足之处在所难免,敬请广大读者批评指正!

邱家稳
2015 年 6 月

目 录

第1章 概论 …………………………………………………………… 001
  1.1 航天器热控与热控薄膜 ………………………………………… 001
  1.2 热控薄膜的分类与特点 ………………………………………… 003
      1.2.1 热控薄膜的定义 …………………………………………… 003
      1.2.2 热控薄膜的特点 …………………………………………… 004
      1.2.3 热控薄膜的分类 …………………………………………… 004
  1.3 热控薄膜技术相关理论与热控原理 …………………………… 005
      1.3.1 热控薄膜的热控性能参数 ………………………………… 005
      1.3.2 红外发射率基础理论 ……………………………………… 007
      1.3.3 热控薄膜材料的控温原理 ………………………………… 009
  1.4 热控薄膜的空间环境适应性 …………………………………… 012
      1.4.1 热环境对热控薄膜的要求 ………………………………… 012
      1.4.2 电磁辐照环境对热控薄膜的要求 ………………………… 012
      1.4.3 空间粒子辐照对热控薄膜的要求 ………………………… 012
      1.4.4 原子氧环境对热控薄膜的要求 …………………………… 013

第2章 单一结构被动热控薄膜 ……………………………………… 015
  2.1 聚酰亚胺镀锗膜热控薄膜 ……………………………………… 015
      2.1.1 基本概念 …………………………………………………… 015
      2.1.2 研究进展 …………………………………………………… 016
      2.1.3 发展趋势 …………………………………………………… 025
  2.2 多层隔热反射屏热控薄膜 ……………………………………… 025
      2.2.1 基本概念 …………………………………………………… 025
      2.2.2 研究进展 …………………………………………………… 026
  2.3 SiO_2热控薄膜 ………………………………………………… 027
      2.3.1 基本概念 …………………………………………………… 027
      2.3.2 研究进展 …………………………………………………… 028

XI

  2.3.3　发展趋势 ··· 029
 2.4　TiAlN 热控薄膜 ··· 030
  2.4.1　基本概念 ··· 030
  2.4.2　研究进展 ··· 031
  2.4.3　发展趋势 ··· 038
 2.5　高热导金刚石薄膜 ··· 038
  2.5.1　基本概念 ··· 038
  2.5.2　研究进展 ··· 039
  2.5.3　发展趋势 ··· 048
 2.6　黑色热控薄膜 ·· 049
  2.6.1　基本概念 ··· 049
  2.6.2　研究进展 ··· 049
  2.6.3　发展趋势 ··· 052
 2.7　单一结构热控薄膜的优缺点及适用性 ··························· 052

第 3 章　复合结构被动热控薄膜 ··· 054
 3.1　玻璃型二次表面镜 ··· 054
  3.1.1　基本概念 ··· 054
  3.1.2　研究进展 ··· 055
  3.1.3　发展趋势 ··· 061
 3.2　柔性二次表面镜 ··· 062
  3.2.1　基本概念 ··· 062
  3.2.2　研究进展 ··· 062
  3.2.3　发展趋势 ··· 067
 3.3　金属 - 陶瓷(介质)复合热控薄膜 ································· 068
  3.3.1　基本概念 ··· 068
  3.3.2　研究进展 ··· 069
  3.3.3　发展趋势 ··· 076
 3.4　CCAg 光学多层复合热控薄膜 ······································ 076
  3.4.1　基本概念 ··· 076
  3.4.2　研究进展 ··· 077
  3.4.3　发展趋势 ··· 083
 3.5　复合结构被动热控薄膜的优缺点及适用性 ····················· 083

第 4 章　智能型热控薄膜 ··· 084
 4.1　二氧化钒智能型热控薄膜 ··· 084
  4.1.1　基本概念 ··· 084

  4.1.2 研究进展 ··· 085
  4.1.3 发展趋势 ··· 091
 4.2 稀土锰氧化物掺杂智能热控薄膜 ··· 092
  4.2.1 稀土锰氧化物掺杂材料基本概念 ································· 092
  4.2.2 研究进展 ··· 095
  4.2.3 发展趋势 ··· 099
 4.3 电致变色热控器件 ··· 100
  4.3.1 基本概念 ··· 100
  4.3.2 研究进展 ··· 103
  4.3.3 发展趋势 ··· 106
 4.4 智能型热控薄膜的优缺点及适用性 ··· 107

第5章 微结构热控薄膜器件 ··· 108
 5.1 MEMS热控百叶窗 ··· 108
  5.1.1 基本概念 ··· 108
  5.1.2 微型热控百叶窗国内外研究现状 ································· 108
  5.1.3 扭转式微型热控百叶窗结构设计 ································· 110
  5.1.4 扭转式微型热控百叶窗材料选择 ································· 110
  5.1.5 扭转式微型热控百叶窗的机电特性的理论分析 ············ 112
  5.1.6 扭转式微型热控百叶窗有限元仿真模拟 ······················· 117
  5.1.7 仿真分析结果与解析计算结果对比 ······························ 128
  5.1.8 微型热控百叶窗原理样件研制 ···································· 130
  5.1.9 微型热控百叶窗发展趋势 ··· 133
 5.2 微型热开关辐射器 ··· 133
  5.2.1 基本概念 ··· 133
  5.2.2 国内外研究现状 ··· 134
  5.2.3 微型热开关辐射器设计 ··· 135
  5.2.4 微型热开关辐射器驱动电压计算 ································· 137
  5.2.5 仿真分析 ··· 144
  5.2.6 微型热开关辐射器热性能理论分析 ···························· 150
  5.2.7 微型热开关辐射器制备 ··· 153
  5.2.8 发展趋势 ··· 155
 5.3 薄膜电加热器 ··· 156
  5.3.1 基本概念 ··· 156
  5.3.2 研究进展 ··· 157

XIII

第6章 热控薄膜制备、表征与检测 161

6.1 热控薄膜制备 161
6.1.1 真空蒸镀技术 161
6.1.2 磁控溅射技术 163
6.1.3 微波 CVD 技术 166
6.1.4 溶胶–凝胶法 172
6.1.5 原子层沉积技术 176
6.1.6 热控薄膜制备方案的选择及关键技术途径 188

6.2 热控薄膜表征 190
6.2.1 薄膜材料的晶体结构分析 190
6.2.2 薄膜材料的微观结构分析 192
6.2.3 薄膜材料的化学组成分析 197
6.2.4 薄膜材料的光学性能分析 199
6.2.5 薄膜材料的电学性能分析 201

6.3 热控薄膜检测 204
6.3.1 薄膜材料热导率检测技术 204
6.3.2 太阳吸收率检测技术 206
6.3.3 红外发射率检测技术 210

第7章 热控薄膜试验技术 213

7.1 地面环境试验 213
7.1.1 热控薄膜湿热试验 213
7.1.2 热控薄膜附着力试验 213

7.2 单一模拟空间环境试验 214
7.2.1 真空–紫外辐照试验 215
7.2.2 真空–质子辐照试验 215
7.2.3 真空–电子辐照试验 216
7.2.4 原子氧试验 216
7.2.5 热真空试验 216
7.2.6 充放电试验 217

7.3 综合模拟空间环境试验 217

参考文献 219

CONTENTS

Chapter 1　Introduction ······ 001

1.1　Spacecraft thermal control and thermal control thin films ············ 001
1.2　Classification and properties of thermal control thin films ············ 003
　　1.2.1　Definition of thermal control thin films ······················ 003
　　1.2.2　Properties of thermal control thin films ······················ 004
　　1.2.3　Classification of thermal control thin films ···················· 004
1.3　Theories and principles of thermal control thin film technology ······ 005
　　1.3.1　Thermal control parameters of thermal control thin films ······ 005
　　1.3.2　Theories of infrared emissivity ···························· 007
　　1.3.3　Thermal control principles of thermal control thin films ······ 009
1.4　Space environmental adaptability of thermal control thin films ······ 012
　　1.4.1　Thermal control requirement for thermal control
　　　　　thin films ·· 012
　　1.4.2　Eletromagnetic radiation protection requirement for
　　　　　thermal control thin films ·· 012
　　1.4.3　Space particle irradiation protection requirement for
　　　　　thermal control thin films ·· 012
　　1.4.4　Atomic oxygen protection requirement for thermal
　　　　　control thin films ·· 013

Chapter 2　Passive thermal control thin films with single structure ······ 015

2.1　Germanium coated polyimide thermal control thin film ··············· 015
　　2.1.1　Basic concept ·· 015
　　2.1.2　Research progress ·· 016
　　2.1.3　Trend in development ·· 025
2.2　Multilayer heat insulation reflective plate thermal control

XV

    thin film ……………………………………………………………… 025
    2.2.1 Basic concept ………………………………………………… 025
    2.2.2 Research progress …………………………………………… 026
  2.3 Silicon dioxide thermal control thin film …………………………… 027
    2.3.1 Basic concept ………………………………………………… 027
    2.3.2 Research progress …………………………………………… 028
    2.3.3 Trend in development ……………………………………… 029
  2.4 TiAlN thermal control thin film ……………………………………… 030
    2.4.1 Basic concept ………………………………………………… 030
    2.4.2 Research progress …………………………………………… 031
    2.4.3 Trend in development ……………………………………… 038
  2.5 High heat conductivity diamond thermal control thin film ………… 038
    2.5.1 Basic concept ………………………………………………… 038
    2.5.2 Research progress …………………………………………… 039
    2.5.3 Trend in development ……………………………………… 048
  2.6 High absorptivity thermal control thin film ………………………… 049
    2.6.1 Basic concept ………………………………………………… 049
    2.6.2 Research progress …………………………………………… 049
    2.6.3 Trend in development ……………………………………… 052
  2.7 Properties and applicability of passive thermal control thin films
    with single structure …………………………………………………… 052

Chapter 3 Passive thermal control thin films with composite structures ……………………………………………………… 054

  3.1 Glass second surface mirror …………………………………………… 054
    3.1.1 Basic concept ………………………………………………… 054
    3.1.2 Research progress …………………………………………… 055
    3.1.3 Trend in development ……………………………………… 061
  3.2 Flexible second surface mirror ………………………………………… 062
    3.2.1 Basic concept ………………………………………………… 062
    3.2.2 Research progress …………………………………………… 062
    3.2.3 Trend in development ……………………………………… 067
  3.3 Metal – ceramic(dielectric) composite thermal control thin film …… 068
    3.3.1 Basic concept ………………………………………………… 068
    3.3.2 Research progress …………………………………………… 069

		3.3.3	Trend in development ········· 076
3.4	CCAg optical multilayer composite thermal control thin film ········· 076
	3.4.1	Basic concept ········· 076
	3.4.2	Research progress ········· 077
	3.4.3	Trend in development ········· 083
3.5	Properties and applicability of passive thermal control thin films with composite structures ········· 083

Chapter 4 Intelligent thermal control thin films ········· 084

4.1 Vanadium dioxide intelligent thermal control thin film ········· 084
    4.1.1 Basic concept ········· 084
    4.1.2 Research progress ········· 085
    4.1.3 Trend in development ········· 091
4.2 Rare earth manganese oxide doped intelligent thermal control thin film ········· 092
    4.2.1 Basic concept of rare earth manganese oxide doped materials ········· 092
    4.2.2 Research progress ········· 095
    4.2.3 Trend in development ········· 099
4.3 Electrochromic thermal control device ········· 100
    4.3.1 Basic concept ········· 100
    4.3.2 Research progress ········· 103
    4.3.3 Trend in development ········· 106
4.4 Properties and applicability of intelligent thermal control thin films ········· 107

Chapter 5 Microstructure thermal control thin film devices ········· 108

5.1 MEMS thermal control louvers ········· 108
    5.1.1 Basic concept ········· 108
    5.1.2 Research status of MEMS thermal control louvers at home and abroad ········· 108
    5.1.3 Configuration design of torsion type MEMS thermal control louvers ········· 110
    5.1.4 Material selection of torsion type MEMS thermal control louvers ········· 110

        5.1.5 Theoretical analysis of electromechanical characteristics for torsion type MEMS thermal control louvers ……… 112

        5.1.6 Finite element simulation of torsion type MEMS thermal control louvers ……… 117

        5.1.7 Comparison of finite element simulation and analytic calculation ……… 128

        5.1.8 Principled sample preparation of MEMS thermal control louvers ……… 130

        5.1.9 Trend in development of MEMS thermal control louvers ……… 133

5.2 Minitype thermal switch radiator ……… 133

        5.2.1 Basic concept ……… 133

        5.2.2 Research status at home and abroad ……… 134

        5.2.3 Design of minitype thermal switch radiator ……… 135

        5.2.4 Drive voltage calculation of minitype thermal switch radiator ……… 137

        5.2.5 Simulation of minitype thermal switch radiator ……… 144

        5.2.6 Theoretical analysis of heat characteristics for minitype thermal switch radiator ……… 150

        5.2.7 Preparation of minitype thermal switch radiator ……… 153

        5.2.8 Trend in development ……… 155

5.3 Thin film electric heater ……… 156

        5.3.1 Basic concept ……… 156

        5.3.2 Research progress ……… 157

Chapter 6 Preparation, characterization and detection of thermal control thin films ……… 161

6.1 Preparation of thermal control thin films ……… 161

        6.1.1 Vacuum evaporation ……… 161

        6.1.2 Magnetron sputtering ……… 163

        6.1.3 Microwave CVD ……… 166

        6.1.4 Sol – Gel ……… 172

        6.1.5 Atomic layer deposition ……… 176

        6.1.6 Preparation method selection and key technology of thermal control films ……… 188

6.2 Characterization of thermal control thin films ……… 190

    6.2.1 Crystal structure analysis of thin films ·················· 190
    6.2.2 Microstructure analysis of thin films ····················· 192
    6.2.3 Chemical composition analysis of thin films ················ 197
    6.2.4 Optical performance analysis of thin films ················· 199
    6.2.5 Electrical performance analysis of thin films ················ 201
  6.3 Detection of thermal control thin films ·························· 204
    6.3.1 Thermal conductivity detection of thin films ················ 204
    6.3.2 Solar absorption detection of thin films ···················· 206
    6.3.3 Infrared emissivity detection of thin films ·················· 210

Chapter 7 Test technique for thermal control thin films ·········· 213

  7.1 Ground environmental test ···································· 213
    7.1.1 Damp heat test of thermal control thin films ················ 213
    7.1.2 Adhesion test of thermal control thin films ················· 213
  7.2 Simulative individual space environmental test ····················· 214
    7.2.1 Vacuum – ultraviolet irradiation test ······················ 215
    7.2.2 Vacuum – proton irradiation test ·························· 215
    7.2.3 Vacuum – electron irradiation test ························· 216
    7.2.4 Atomic oxygen test ····································· 216
    7.2.5 Thermal vacuum test ··································· 216
    7.2.6 Charge – discharge test ································· 217
  7.3 Combined irradiation test ······································ 217

Reference ·· 219

第1章 概　论

本章介绍航天器热控薄膜的概念、特点、分类及应用，并引入一系列航天器热控薄膜技术领域的基本原理和术语，如航天器热交换、热控原理、薄膜材料的热辐射特性、光学薄膜原理等。

1.1 航天器热控与热控薄膜

航天器热控系统是航天器的一个重要分系统。航天器热控制技术主要用来保证航天器的结构部件、仪器设备在空间环境下处于一个合适的温度范围，使其在各种可能的工况下均能正常工作。

由于航天器运行环境处于极高真空状态，周围气体极其稀薄，航天器与外部环境的热交换几乎仅靠辐射的方式进行。一方面航天器通过其表面或专用的辐射器以热辐射的形式向空间散热，另一方面外热流时刻对航天器造成影响，而且这种影响随轨道及季节等因素不断变化。为了保证航天器及内部仪器设备正常工作，必须通过技术手段来保持航天器处于合适的温度范围内。

空间环境向航天器传递热量的可能热源包括太阳辐射、地球辐射、地球反照以及卫星内热等，而航天器本身通过热辐射向外散失热量。根据能量守恒定律，存在如下关系式：

$$q_1 + q_2 + q_3 + q_4 = q_5 \qquad (1-1)$$

式中：q_1 为卫星所吸收的太阳直接辐射能量；q_2 为卫星所吸收的地球反照能量；q_3 为卫星所吸收的地球红外辐射能量；q_4 为卫星内热；q_5 为卫星向宇宙空间辐射的能量。

地球(行星)反照主要指地球(行星)大气层、地表对太阳光的反射，地球(行星)反照强度较太阳辐射小，其强度与位置、天气、季节等密切相关。对于地球反照，在进行热计算时一般取平均反射率。

地球辐射是指地球在吸收了太阳辐射后，又以长波辐射向空间辐射红外射线。地球辐射相对于太阳辐射和地球(行星)反照要小得多,而且同样受地区、天气等影响。在实际工程热设计中,往往把地球辐射当作250K左右的绝对黑体辐射处理(图1-1)。

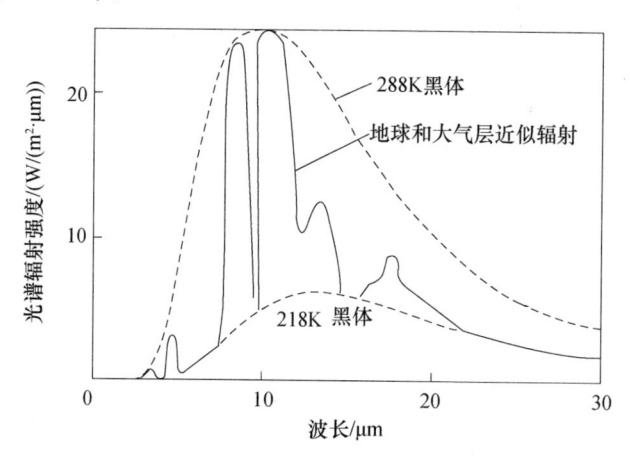

图1-1 地球红外辐射强度分布(和288K和218K的黑体辐照强度做对比)[1]

航天器内热大小则与航天器类型、有效载荷的种类和数量以及开启时间等有关。

航天器热控制技术就是利用各种表面材料和控温器件使航天器及内部组件处于所期望的温度环境。热控技术一般可分成主动热控制技术和被动热控制技术两类。主动热控技术是通过某种主动调节系统使航天器内仪器设备的温度保持在规定的范围内,例如可控热管、机械百叶窗、电加热恒温装置、风冷系统等;被动热控技术则是一种开环的温度控制技术,它是利用材料本身所具有的特殊的热物理性能来调节航天器内部与空间环境的热交换。被动热控技术的优点是技术简单,运行稳定可靠,使用寿命长。

被动热控技术是目前航天器热控的主要手段之一,在各类航天器上得到广泛的应用。被动热控材料的种类较多,如各种有机和无机涂料、未经涂覆的金属表面、电化学薄膜、高热导率材料、导热填料、多层隔热材料、相变材料、软质泡沫塑料及热控薄膜等,其中热控薄膜材料得到越来越广泛的应用,这是因为:①薄膜材料制备技术水平快速发展,材料的功能得到扩展,材料的性能得到了极大提升;②热控薄膜具有其他材料所不具备的空间环境稳定性。在目前航天器使用的薄膜热控材料中,玻璃型二次表面镜、聚酰亚胺镀锗膜热控薄膜材料以及聚酯镀铝热控薄膜等热控薄膜材料,已成为航天器热控设计所采取的常用材料。

航天器各部位对热控薄膜的性能要求不同,例如为提高特定部位的温度,需要安装低发射率的镀金吸热材料,以增加航天器吸收的外热流,减少热发射;为减少航天器与外界的热交换,需要用低发射率薄膜材料构成的多层隔热材料包覆航天器壳体或仪器部件;为增加发热仪器的散热,需采用玻璃型二次表面镜等低吸收高发射率材料;为保证镉镍电池等干电池具有良好的温度环境,需在电池安装板上粘贴薄膜加热片,采用主动热控措施。对高密度散热的要求是连接散热器部件的材料热导率要尽可能地高。热控薄膜典型指标一般在如下范围内:太阳吸收率 $α_s$ = 0.08～0.95;发射率 $ε$ = 0.02～0.90;$α_s/ε$ = 0.10～10。在上述范围之内,传统热控薄膜仅能提供几个固定的热控参数,其他参数则需要两种或多种热控薄膜的组合来实现。新型可设计的热控薄膜可按要求提供任意需要的参数。

随着航天任务的不断拓展,对热控薄膜的要求越来越高,尤其在微小型航天器、深空探测航天器等对热控精度不断提高的需求背景下,仅靠被动热控技术难以满足要求,因此,新型主动式热控薄膜和智能型热控薄膜随之出现,这些主动热控薄膜材料主要包括 MEMS 百叶窗、热开关微器件、电致变色主动热控薄膜材料以及具有智能特性的热致可变发射率热控薄膜材料。这些类型的热控薄膜材料可根据温度和其他控制信号改变其热控性能,更好地适应复杂温度环境的变化,满足航天器越来越高的热控制需求。研究表明这些可变发射率热控技术能够减少航天器加热功率 90% 以上,热控系统质量减轻超过 75%,其技术适用于所有的航天器,尤其是对于能源和质量有更多限制的微小航天器和纳卫星[2]。这部分内容在第 4 章及第 5 章中详细论述。

1.2 热控薄膜的分类与特点

1.2.1 热控薄膜的定义

薄膜技术是表面工程技术的一个重要分支。薄膜是指通过一定的技术手段在基体表面上形成的厚度在 1nm 到几个微米以内的固态材料。一方面,多数材料功能的实现主要发生在表面,例如光学反射、场致发射、化学催化等,因此可以用薄膜材料替代块体材料。另一方面,由于薄膜的厚度远小于块体材料的通常尺度,其光学、热学、电学、磁学等方面出现很多有别于固体块体材料的特性,这些都促使薄膜材料在现代科技发展和工业应用中发挥了越来越重要的作用。作为实现航天器温度控制的热控薄膜,是航天器热控制及热管理所必需的材料,对保证航天器任务顺利完成起到非常重要的作用,其应用范围也非常广泛。

需要指出的是,热控薄膜和热控涂层一直是两个很相近的概念。在一些文献和热控标准中,把许多热控膜也一直称为热控涂层。但实际两者存在很大的区别。薄膜材料通常由气体或固体材料离解为原子、分子或离子基团，在固体表面逐步生长而成，因此薄膜材料的纯度高，制备过程能够控制在原子级别；而一般的涂层制备技术，如涂料喷涂制备的涂层材料，其原料为尺度微米量级的粉末/颗粒，而且成分中多包括各种有机成膜剂、填料和助剂等，这些成分有些本身不够稳定，辅助成分的添加对其热控性能造成了一定的不利影响，有机成分在空间环境的挥发还可能对航天器其他组件造成污染。

在本书的论述中，定义热控薄膜材料为采用真空蒸发、磁控溅射等物理气相沉积或化学气相沉积方法制备的，膜层厚度在几个微米到几个纳米的热控材料。而采用阳极氧化、喷涂等工艺制备的黑色阳极氧化膜、热控白漆、灰漆等厚度在几十微米的热控材料，则归类为热控涂层。

1.2.2 热控薄膜的特点

和其他热控材料相比，热控薄膜有如下特点：

1. 更轻的重量

热控薄膜厚度小，通常厚度在几十到几百纳米的范围，这比化学涂料喷涂等方法得到的热控涂层的厚度小2~3个数量级，因此重量很轻，能够有效减小航天器的重量，提高有效载荷的占比。

2. 更高的性能

因为热控薄膜能够实现原子级别的控制，材料的性能通常高于其他同类型的热控材料。例如最低吸收发射比的光学太阳反射镜，最高吸收率的黑膜，最小发射率的金膜以及热参数可自动调控的智能薄膜等。

3. 更好的环境稳定性

热控薄膜与化学喷涂方式制备的热控涂层相比，可靠性更高。这是因为热控薄膜通常采用真空沉积的方法获得，无其他有机化学杂相，材料纯度高，膜层致密，针孔度低，均匀性好，具有更好的环境适应性。

4. 参数可设计

热控薄膜的另外一个特点是参数可设计，这是传统的通过化学喷涂制备的热控涂层所不具备的。传统喷涂或电镀等方式制备的热控涂层通常厚度在$20\mu m$以上，其热控性能完全由材料本身所决定，无法根据需要进行有效的调制。但是对于热控薄膜，可以通过选择不同的金属、介质材料和基底进行设计，设计参数包括材料种类的选择、材料搭配以及膜厚优选等，可设计和实现对特定谱段有特殊要求的多种功能一体化热控薄膜，满足特殊和高精度的热控需求。

1.2.3 热控薄膜的分类

热控薄膜的分类方法较多。若按热控薄膜的基材（以后统称为基底）划分,可以将热控薄膜分为刚性基底热控薄膜和柔性基底热控薄膜;若按照功能划分,则可以分为单一功能热控薄膜和多功能热控薄膜。也可以根据膜层对太阳辐射的吸收率 α_s 及膜层自身的发射率 ε 分成九种类型,如图 1-2 所示。这种分类方法在早期被广泛采用,但随着热控薄膜的多样化、多功能化、结构复合化等,已经不能用这种方法对其进行归类,这是因为一些新型热控薄膜材料的热控参数可在大范围内任意调控,因此不能将其简单划分为其中任意一种。

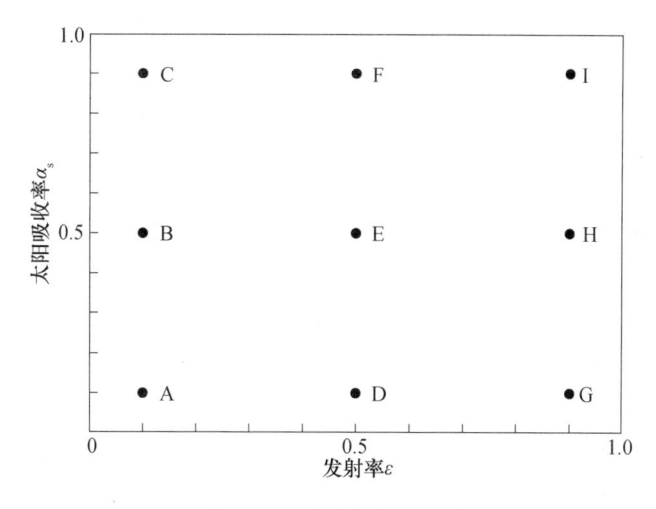

图 1-2　表面的基本类型

A—全反射表面;B—中等反射表面;C—太阳吸收表面;D—中等红外反射表面;E—灰体表面;
F—中等红外吸收表面;G—太阳反射表面;H—中等太阳反射表面;I—全吸收表面[1]。

本书按照热控薄膜结构和热控原理来进行划分。按照这种归类,热控薄膜分为单一结构被动热控薄膜、复合结构被动热控薄膜、智能型热控薄膜、微结构热控薄膜器件等。

1.3　热控薄膜技术相关理论与热控原理

1.3.1　热控薄膜的热控性能参数

太阳光谱吸收率和红外发射率这两个指标是热控薄膜最重要的指标。

1. 太阳吸收率

太阳是航天器在太阳系飞行时遇到的最大外热源,因此为了有效地控制航天器的热平衡,研究和掌握材料的太阳光谱吸收率是非常重要的。

不同的材料表面,有极为不同的表面光学性质。在各个波长处,它们有着不

同的单色吸收率 α_λ。材料的太阳光谱吸收率 α_s 一般用下式表示：

$$\alpha_s = \frac{\int_0^\infty S_\lambda \alpha_\lambda \mathrm{d}\lambda}{S} \tag{1-2}$$

其中，S 为太阳常数。

$$S = \int_0^\infty S_\lambda \mathrm{d}\lambda \tag{1-3}$$

式中：S_λ 为单波长对应的太阳光谱辐射密度值。

在地球大气层外的太阳辐射光谱的能量分布值见图 1-3。

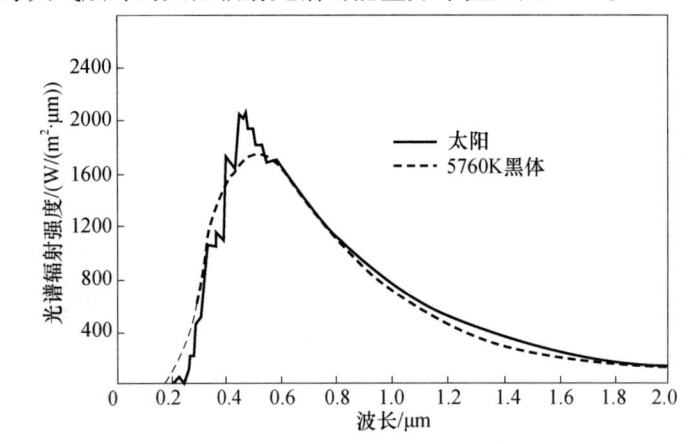

图 1-3 太阳光谱辐照强度与波长的关系[3]

由于太阳辐射能的 99% 集中在 200~2500nm 光谱范围内，α_s 常用下式表示：

$$\alpha_s = \frac{\int_{200}^{2500} S_\lambda \alpha_\lambda \mathrm{d}\lambda}{\int_{200}^{2500} S_\lambda \mathrm{d}\lambda} \tag{1-4}$$

2. 红外发射率

材料的红外发射率也称为热辐射率，它指的是物体热辐射本领 E（物体表面单位时间、单位面积上发射出去的热能，又称为发射本领）与同温度下黑体（吸收率 $\alpha=1$ 的物体，又称绝对黑体）的热辐射本领 E_b 的比值。

$$\varepsilon = \frac{E}{E_b} \tag{1-5}$$

热辐射是电磁辐射的一种，绝对温度零度以上的任何物体都能发生电磁辐射，一般热辐射是指波长在 0.1~100μm 范围内的电磁辐射。

由于发射率与测量条件有关，故有两种发射率定义：半球发射率和法向发射率。半球发射率是辐射体单位面积向半球空间发射的辐射能通量(辐射出度)与同温度下黑体的辐射出度之比。本书如不特殊标注一般指的是半球发射率。法向发射率是在辐射表面法线方向上的小立体角内测量的发射率,它是法线方向上的辐射亮度和同温度下黑体的辐射亮度之比。由于多数红外系统都是探测目标面法线方向上的一个小立体角内的辐射能量,因此法向发射率也很重要。

发射率通常用来描述材料的红外辐射本领。对于特定组件,如热控百叶窗或者多层隔热材料,为了表征其红外辐射本领,通常用当量发射率表示:

$$\varepsilon_{eq} = \frac{q}{\sigma T^4} \qquad (1-6)$$

式中:q 为单位面积上辐射出去的热量;T 为温度;σ 为斯蒂芬 - 玻耳兹曼常数。

1.3.2 红外发射率基础理论

1. 普朗克定律

普朗克定律指出:物体的单色辐射本领随温度和波长而变化。普朗克对电磁波采用量子概念和统计热力学的方法推导出黑体辐射强度公式[4]:

$$I_b(\lambda, T) = (2\pi hc^2/\lambda^5)(e^{hc/kT\lambda} - 1)^{-1} \qquad (1-7)$$

式中:c 为光速;h 为普朗克常数;T 为温度;λ 为波长。

对式(1-7)进行全波长积分,即可得到斯蒂芬 - 玻耳兹曼定律:

$$E = \sigma T^4 \qquad (1-8)$$

从黑体辐射强度分布(图1-4)可以看出随着温度的降低,黑体辐射强度降低,其峰值向长波方向移动。举例说明:太阳的表面温度为6000K,辐射波

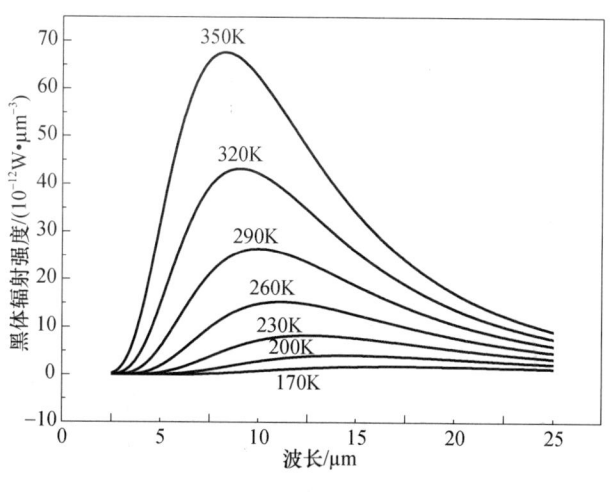

图1-4 黑体辐射强度

长的峰值在 0.55μm 附近；一般物体工作温度基本不超过 500K，波长峰值在 6μm 以上，即使达到 800K，辐射能几乎也都集中在 2μm 以上的红外波段。在 295K 的条件下，2.5~25μm 的黑体辐射强度占到总辐射能量的 98% 以上。红外发射率定义为相同温度条件下材料辐射能力与黑体辐射能力的比值，因此室温附近只需计算材料在上述波长范围内的辐射特性就可以保证较高的计算精度。

2. 基尔霍夫定律

基尔霍夫定律揭示了实际物体辐射能量 E 与吸收率 α 之间的关系，其数学表达式为：

$$\frac{E(\lambda,T)}{\alpha(\lambda,T)} = E_b(\lambda,T) \tag{1-9}$$

在热平衡条件下，任何物体的辐射率与它对黑体辐射的吸收之比，恒等于同温度下黑体辐射率。显然，这个比值仅与热平衡温度有关，而与物体的本身性质无关。从基尔霍夫定律可以得出结论：①辐射能力大的物体，对同温度下的黑体辐射能的吸收比也大，即善于辐射的物体也必善于吸收同温度下黑体的辐射能；②由于物体发射率定义为物体辐射能力 E 与相同温度下黑体的辐射能力 E_b 之比（记为 $\varepsilon(T)$），则可得到

$$\alpha(\lambda,T) = \varepsilon(\lambda,T) \tag{1-10}$$

这是基尔霍夫定律的另一种表达形式，它指出：在与黑体处于热平衡的条件下，任何物体对黑体的吸收比等于同温度下该物体的发射率。

3. 材料热控性能与光学薄膜原理

已知强度的热辐射到达物体表面时，其中一部分被物体表面反射，一部分穿透物体，其余部分被物体吸收，由能量守恒定律

$$1 = R + T + A \tag{1-11}$$

式中：R 为反射率；T 为透射比；A 为吸收率。

热辐射穿过一般固体和液体后，在很小的距离内就被吸收，吸收的距离与材料的消光系数 k 有关。反映吸收距离的趋肤深度与消光系数存在以下关系：

$$d_P = \frac{\lambda}{2\pi k} \tag{1-12}$$

因此已知材料的消光系数，就可以确定其在不同波长的趋肤深度。电磁波在材料中经过一个趋肤深度，强度变为入射强度的 $1/e$。因此，对于比较厚的或者吸收较大的热控薄膜，入射辐射全部被反射或吸收，透射的影响可以忽略，式(1-11) 简化为

$$1 = R + A \tag{1-13}$$

发射率与光谱的关系可表达为

$$\varepsilon = \frac{\int_{\lambda_1}^{\lambda_2} (1 - R(\lambda) - T(\lambda)) E_b(\lambda, T) d\lambda}{\int_{\lambda_1}^{\lambda_2} E_b(\lambda, T) d\lambda} \quad (1-14)$$

式中:$E_b(\lambda, T)$为温度T的黑体在波长λ处的单色辐射能力;λ_1, λ_2为波长范围,室温条件下通常取为$0.25 \sim 25 \mu m$;$R(\lambda)$为反射率;$T(\lambda)$为透过率。

根据光学薄膜理论,若已知各膜层的光学常数,就可以计算出多层膜的反射率R,进而通过上式计算出该多层膜的发射率ε。

α_s与太阳光谱的关系可通过下式表示:

$$\alpha_s = \frac{\int_{\lambda_1}^{\lambda_2} (1 - R(\lambda) - T(\lambda)) I_s(\lambda) d\lambda}{\int_{\lambda_1}^{\lambda_2} I_s(\lambda) d\lambda} \quad (1-15)$$

式中:I_s为太阳光谱强度;λ_1, λ_2为太阳光谱的波长范围,通常为$0.25 \sim 2.5 \mu m$。

因此要计算薄膜材料的吸收率和发射率,需要了解材料的反射率和透射率。根据薄膜光学原理,当介质是吸收介质时,其折射率N为复数:$N = n - ik$,称为复折射率或光学导纳,其中n称为折射率,k称为消光系数。反射率和透射率计算公式为

$$R = \left(\frac{\eta_0 B - C}{\eta_0 B + C} \right) \left(\frac{\eta_0 B - C}{\eta_0 B + C} \right)^* \quad (1-16)$$

$$T = \frac{4\eta_0 \mathrm{Re}(\eta_m)}{(\eta_0 B + C)(\eta_0 B + C)^*}$$

$$\begin{bmatrix} B \\ C \end{bmatrix} = \left\{ \prod_{r=1}^{q} \begin{bmatrix} \cos\delta_r & (i\sin\delta_r)/\eta_r \\ i\eta_r \sin\delta_r & \cos\delta_r \end{bmatrix} \begin{bmatrix} 1 \\ \eta_m \end{bmatrix} \right\} \quad (1-17)$$

$$\delta_r = \frac{2\pi N_r d_r \cos\theta}{\lambda} \quad (1-18)$$

式中:η_m, η_r和η_0为基底、各层薄膜和空气介质的复数光学常数;Re为对复数进行实部求取;右上标 * 为对复数求共轭;δ_r和θ为各层膜的相位差及光线入射角,与各层薄膜光学常数、厚度及波长有关[5]。

1.3.3 热控薄膜材料的控温原理

航天器温度控制功能的实现取决于材料与外界的换热。不同的航天器热控薄膜热控原理也不同,主要分为以下几种类型:

1. 特定吸收/发射比热控薄膜的控温原理

1) 太阳辐照下的平衡温度计算

在空间真空环境下,暴露于空间环境的物体的表面温度在很大程度上取决

于其表面的 α_s 和红外发射率的比值 α_s/ε，因而，航天器及仪器设备的不同表面温度可以通过选取不同 α_s/ε 的热控材料来实现调节。

设有一绝热平面（如航天器上的一块绝热表面），垂直受太阳照射，如果无其他热源影响，那么其热平衡温度可用下式计算：

$$T = \sqrt[4]{\frac{\alpha_s}{\varepsilon}\frac{S}{\sigma}} \qquad (1-19)$$

如果假设航天器为一等温球体，则表面的热平衡温度为

$$T = \sqrt[4]{\frac{\alpha_s}{\varepsilon}\frac{S}{4\sigma}} \qquad (1-20)$$

由此可见无论绝热平面还是等温球体的表面温度，取决于其表面的 α_s 和红外发射率的比值 α_s/ε。

2）深冷背景下阴影区温度计算

深冷背景下阴影区的航天器的表面温度主要与航天器的平均发射率和平均热容等有关，阴影区航天器的降温特性方程为

$$\varepsilon(T)A\sigma T^4 = -c_m m(\mathrm{d}T/\mathrm{d}t) \qquad (1-21)$$

式中：A 为有效辐射面积；c_m 为辐射器等效比热容；m 为辐射器质量。

2. 高热导率薄膜热控原理

随着电子器件集成化的提高，电子元器件的散热问题日益突出。高功率密度电子元器件的散热，需要使用高热导率热控材料将高密度的热量快速传递到器件外部。

热传导起因于物体内部电子/声子微观运动，其宏观规律可用傅里叶（Fourier）定律加以描述，即

$$Q = -\lambda_c A \mathrm{d}T/\mathrm{d}x \qquad (1-22)$$

式中：Q 为传导热量（W）；λ_c 为热导率（W/(m·K)）；A 为导热截面积；$\mathrm{d}T/\mathrm{d}x$ 为法向温度梯度（K/m）。

式(1-22)中负号表示热流方向与温度梯度方向相反，即热量从高温传至低温。傅里叶定律指出，热流密度正比于传热面的法向温度梯度及热导率，因此宜采用高热导率的材料将废热有效地传导出去。

3. 多层隔热薄膜热控原理

减少热交换的一个有效的办法就是在航天器表面覆盖隔热性能优异的多层隔热材料，它可由多层反射屏薄膜叠合而成或再在多层反射屏薄膜之间增加间隔物叠合而成。

若有两个间距尺寸比长宽尺寸小很多的平行平面，它们具有灰体的性质并处于真空状态，那么它们之间的辐射传热热流量 Q 为

$$Q = \frac{\sigma A(T_1^4 - T_2^4)}{\dfrac{1}{\varepsilon_1} + \dfrac{1}{\varepsilon_2} - 1} \qquad (1-23)$$

式中：σ 为斯蒂芬-玻耳兹曼常数；A 为平面1或平面2的表面积；T_1，T_2 分别为平面1和平面2的热力学温度；ε_1，ε_2 分别为平面1和平面2的发射率。当两表面的发射率一样时，即 $\varepsilon_1 = \varepsilon_2 = \varepsilon$，式(1-23)可简化为

$$Q = \frac{\sigma A(T_1^4 - T_2^4)}{\dfrac{2}{\varepsilon} - 1} \qquad (1-24)$$

若在上述两平行平面间，置入一个大小相同、表面发射率一样的平行平面（一般将该平面称为反射屏或隔热屏），那么上述两平行平面间辐射传热的热流量 Q 为

$$Q = \frac{\sigma A(T_1^4 - T_2^4)}{2\left(\dfrac{2}{\varepsilon} - 1\right)} \qquad (1-25)$$

如果在上述两平行平面间置入 N 个反射屏，那么它们间的辐射传热热流量 Q 为

$$Q = \frac{\sigma A(T_1^4 - T_2^4)}{(N+1)\left(\dfrac{2}{\varepsilon} - 1\right)} \qquad (1-26)$$

比较式(1-24)和式(1-26)可见，在两个平行平面间，加置 N 层反射屏之后，两平行平面间的辐射传热热流量可减小到原来的 $1/(N+1)$，起到了明显的隔热作用[6]。

4. 电加热器薄膜热控原理

电加热器是利用电热性质来进行热控制的器件。薄膜型电加热器和其他电加热器的基本原理相同，都由电热元件、绝缘层和引线组成。所不同的是它的电热元件不再是电热丝，而是采用薄膜沉积技术加工的。航天特殊应用的电加热系统需进行专门研制，它应具备重量轻、效率高和可靠性高等特点，薄膜加热器恰好能够满足此要求。

通常情况下任何导体都有电热性质，但在实用中要选择电阻率高的材料作电热元件。电热转换依下式关系计算：

$$Q = I^2 R \qquad (1-27)$$

式中：电流 I 单位为（A）；电阻 R 单位为（Ω）；Q 单位为（W）。为实际使用的需要，还希望电热元件材料具有较好的力学性能、耐热性和耐老化性能，而且必须是无磁性材料。

1.4 热控薄膜的空间环境适应性

空间环境对航天器的在轨运行有着极为重要的影响。首先空间环境是航天器设计和制造的重要约束条件之一,另一方面空间环境与航天器材料的相互作用将诱发航天器异常和故障,使材料使用性能和寿命下降。因此航天器材料的选用不仅要考虑工程本身所需的机、电、热、光等性能指标,还必须要考虑其工作环境对它的影响。

对航天活动具有较大影响的空间环境要素主要包括真空环境、太阳电磁辐射、原子氧、空间等离子体、地球磁场、空间带电粒子辐射、空间碎片与微流星、污染及一些人为环境等。这些空间环境要素单独地或共同地与运行在地球轨道的航天器发生相互作用,在航天器材料和电子元器件上产生各种空间环境效应,进而对航天器的长期可靠运行产生影响。在这些空间环境中,影响热控薄膜材料的主要因素包括各种空间热环境、高能电磁辐照和带电粒子辐射等。

1.4.1 热环境对热控薄膜的要求

航天器在轨道运行期间环境温度交替变化。温度变化范围随轨道高度、季节和隔热措施的不同而有较大差别,一般在 $-160 \sim +120℃$ 范围内变化。这种冷热交变直接影响热控薄膜材料的内在强度和结合强度等物理性能,造成材料的龟裂、脱落等。因此,要求热控薄膜能够耐受反复的高低温环境。

1.4.2 电磁辐照环境对热控薄膜的要求

高能电磁波主要包括来自太阳的波长小于 $0.28\mu m$ 的紫外线、X射线和γ射线。紫外辐射虽然占太阳总辐射能量的比例很小($0.3\mu m$ 以下的紫外辐射能仅占太阳总辐射能的1%左右),但由于单个紫外光子的能量很高,对航天器表面的热控薄膜将产生破坏作用,例如可以使大多数有机分子的化学键断裂。不同材料,耐受紫外辐射的能力差别很大,所以在设计热控薄膜时,要选择耐紫外性能优异的材料。

1.4.3 空间粒子辐照对热控薄膜的要求

空间粒子辐射的来源基本可以分为三种类型,即地球辐射带粒子、太阳宇宙线和银河宇宙线。三类粒子辐射中强度较大的是地球辐射带粒子和太阳宇宙线。

太阳宇宙线是太阳耀斑爆发时所发射出来的高能粒子流,也称太阳质子事件。其组成部分主要包括质子、电子和 α 粒子及少数电荷数大于 3 的粒子（C,N,O）。

银河宇宙线是太阳系以外银河各方向来的高能带电粒子。它由能量极高通量很低的带电粒子组成，其中高能质子占 85%，其次是 α 粒子。在地球磁层以外，初级宇宙线的强度约为 $4cm^{-2}s^{-1}$。

地球辐射带是指在地球周围空间被地磁场捕获的高强度的带电粒子区域，又称为范 - 艾伦带。根据其位置可以分为内辐射带和外辐射带(图 1 - 5)。内辐射带的范围在距地球表面 600 ~ 10000km 高度之间，其中最常见的是电子和质子，外辐射带的范围是在 10000 ~ 60000km 高度之间，其中以电子为主。

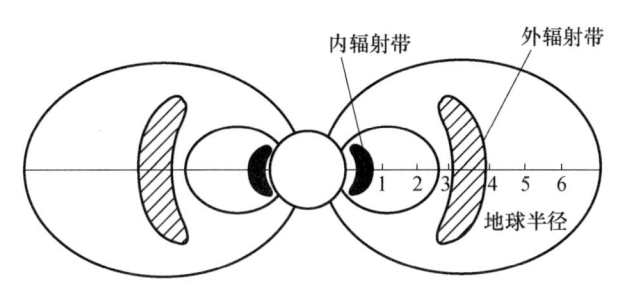

图 1 - 5 地球辐射带示意图[3]

以上各种辐射环境与航天器表面的热控材料相互作用，会对热控材料的结构、性能等造成不利影响，轻则使热控材料性能衰退，重则使热控材料丧失功能，从而使航天器整体热环境发生重大变化，造成航天器部分功能失效。因此，在对航天器进行热控设计时，必须充分考虑到空间辐射的影响，确保在满足热控要求的同时，满足一定的耐辐照要求。

空间粒子辐照的另外一个结果是使航天器产生电位差。由于航天器长期处于太阳风、地磁环境和各种辐照所形成的等离子体环境中，等离子体与航天器表面材料相互作用，会使得航天器出现各种情况的表面充/放电现象：航天器外表面可能会积累电荷(充电)。由于航天器外表面材料的几何形状、介电特性以及所受的光照条件等不同，可使航天器表面与航天器地之间、相邻外表面之间、表面与深层之间产生电位差，当这个电位差达到一定值以后，将会以电晕放电、飞弧放电、击穿放电等方式进行放电，辐射出电磁脉冲(EMP)，或者通过航天器接地系统将放电电流直接注入航天器上的电子系统中，对其产生影响乃至发生电路故障。因此必须对热控薄膜进行静电防护[7,8]。

1.4.4　原子氧环境对热控薄膜的要求

原子氧是低地球轨道中的比较严重的危险环境因素。在低地球轨道中分子氧被短于 2430Å 波长的紫外光分解成原子态氧后具有更高的化学活性,对其他材料产生极强的氧化作用。再加上轨道上的航天器自身具有 7.8km/s 的运行速度,原子氧对航天器碰撞时所具有的动能将达到 5eV,使航天器在飞行方向上碰撞的原子氧的束流密度将大大提高(可以达到 $4\times10^{15}/(cm^2\cdot s)$ 左右),从而使航天器表面产生严重的剥蚀作用。原子氧对各种材料的作用,最终体现在被作用材料的一系列力学性质、物理性质以及化学性质的变化上。原子氧的强氧化作用以及冲刷剥蚀作用,会使材料的质量渐渐损失。原子氧的作用还可引发卫星表面光学元件光学性质的退化,比如卫星热控材料表面 α_s 经原子氧作用后会变大,从而影响到卫星热控的效果。因此低轨环境的原子氧防护也是热控薄膜要考虑的问题之一。

第 2 章
单一结构被动热控薄膜

本章介绍了单层结构的聚酰亚胺镀锗膜(Ge/Kapton)热控薄膜、多层隔热反射屏热控薄膜、SiO$_2$热控薄膜和TiAlN热控薄膜的概念、相关原理、材料性能及发展趋势。

2.1 聚酰亚胺镀锗膜热控薄膜

2.1.1 基本概念

聚酰亚胺(PI)镀锗膜Ge/Kapton(Kapton是美国杜邦聚酰亚胺产品牌号)热控薄膜是一种单面镀锗的聚酰亚胺基底热控材料。Ge/Kapton薄膜材料的主要用途是作为卫星天线太阳屏用热控薄膜,因为卫星天线是用来接收和发射电磁波的,所以该材料必须对天线工作频率的微波透明并且具有防静电功能。一般情况下要求微波透过薄膜的衰减应小于0.2dB。此外,该薄膜材料的耐空间环境性能,尤其是防原子氧性能也是低轨卫星所要求的。

Ge/Kapton热控薄膜材料的结构示意见图2-1。美国杜邦公司生产的聚酰亚胺Kapton材料除了具有较低的吸收率(α_s一般小于0.45)和较高的发射率(ε_h一般大于0.72),还有高的透微波性能。锗膜使用时朝向宇宙空间,能起到防静电的作用。国外早期用于天线的防静电膜是透明导电膜,但由于其阻值低,反射率较高,微波损耗大。为了制备高阻值的透明导电膜,曾采用掺高透明的介质材料的方法,但制备成本高,而且其热控性能较低,微波插损也比锗膜高,耐原子氧性能比锗膜差。目前,在没有可见光透明度要求的情况下,国外大都采用锗膜作为天线防静电膜。

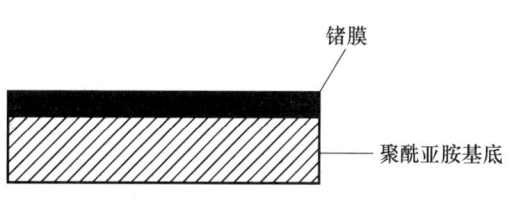

图2-1 聚酰亚胺镀锗膜产品结构示意图

2.1.2 研究进展

1. 热控性能

1) Ge 膜厚度对 α_s 的影响

锗是一种半导体材料。半导体材料的光吸收与光反射与材料的基本吸收限、自由载流子吸收、晶格吸收和激子吸收等有关,其中基本吸收限和自由载流子吸收是主要因素。

根据已知的锗的复数光学常数,由式(1-16)及式(1-15)可以计算出镀制到不同基底材料上的某一特定厚度 Ge 的 α_s。镀制到 Kapton 100CB 基底上的不同厚度锗膜的 α_s 理论曲线如图 2-2 所示。

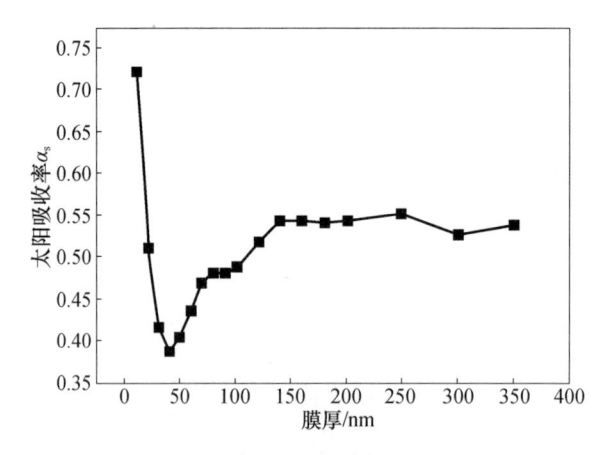

图 2-2 Ge 膜吸收率随膜厚变化理论曲线

2) Ge 膜厚度对太阳发射率的影响

Ge 作为半导体,本身的发射率并不高,但是 Ge/Kapton 膜却具有较高的发射率(半球向发射率 ε_h 一般大于 0.7),主要原因在于其基底材料 Kapton 具有高的发射率。Ge 膜虽对红外有一定的吸收,但当 Ge 膜厚度较小(小于 200nm)时不会对基底高的红外发射产生阻碍。随着 Ge 膜厚度的增加,其对基底红外发射的吸收逐渐增加。所以 Ge/Kapton 膜发射率是 Ge 膜厚度的函数,随着 Ge 膜厚度的增加,发射率逐渐下降。实测曲线如图 2-3 所示。

3) Ge 膜厚度的选取

为了保证卫星天线的热控要求,太阳屏应选取吸收辐射比 α_s/ε_h 尽量低的材料,有关文献指出 Ge/Kapton 膜的 α_s/ε 应低于 0.6。由前面的分析可知,Ge 膜的厚度对于 Ge/Kapton 膜的 α_s 和 ε_h 都有影响,因此为了保证卫星天线的热控要求必须选择适宜的 Ge 膜的厚度。

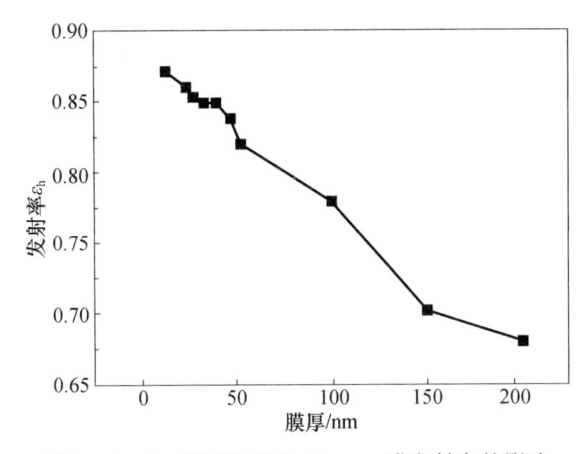

图 2-3　Ge 膜厚度对 Ge/Kapton 膜发射率的影响

美国 Matin Mareitta 公司在其卫星太阳屏用 Ge/Kapton 膜专利中对所镀不同厚度 Ge/Kapton 膜进行了 α_s 和 ε_h 的测量,求出了其比值。通过作图得到了适宜的 Ge 膜的厚度为 20~90nm,其 α_s/ε_h 低于 0.6,见图 2-4。其所用基底材料为约 25μm 厚的黑色 Kapton,具体型号未知。兰州空间技术物理研究所在厚度为 25μm 的 Kapton100CB 上镀制的 Ge/Kapton 膜吸收率测试曲线与理论曲线吻合很好,见图 2-5。对比发射率曲线可以看出其形状与美国的 Ge/Kapton 膜性能曲线基本相符,但美国 Ge/Kapton 膜发射率相对较高。分析认为,美国采用的基底材料的发射率高(由发射率曲线估计应高于 0.92),而 100CB 黑色 Kapton 在不镀膜的情况下 ε_h 只有 0.88,因此其上镀制的 Ge/Kapton 膜的 α_s/ε 略高。为保证 α_s/ε 低于 0.6,适宜的 Ge 膜的厚度为 30~50nm,以 40nm 膜厚为最佳。同时由两图可看出随膜厚变化,α_s/ε 有较宽的范围(0.5~1.0),可以通过调整 Ge 膜膜厚满足不同的热控要求。

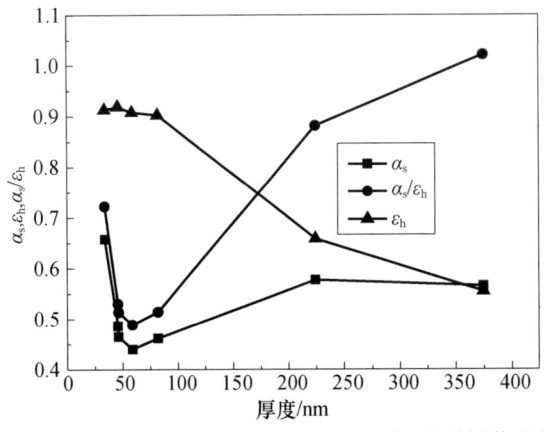

图 2-4　美国 Matin Mareitta 公司 Ge 膜厚度与光学、热学性能的关系曲线[9]

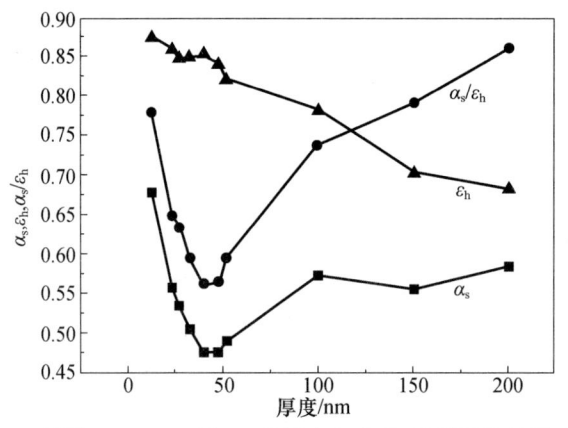

图 2-5　研制 Ge/Kapton 膜 Ge 膜厚度与光学、热学性能的关系曲线

2. 传输损耗

由于 Ge 膜层具有导电性,如果将其包敷于天线的表面,可能会增加射频信号的插入损失,而插入损失是在射频信号穿过材料时损失的射频能量的一部分。这种损失可能来自反射、吸收或二者兼而有之。为了制备出适合于卫星天线用的防静电导电膜,使得微波在穿透此导电膜层时衰减控制在允许范围内,有必要首先从理论上对导电膜的电导性能与微波衰减量的关系作出分析和计算。

在下面的理论分析计算中,鉴于聚酰亚胺为高绝缘材料,因此它对微波的穿透性并无阻碍,这样仅需计算极薄的 Ge 膜对微波的衰减损失即可由损耗反射和透过的关系得出聚酰亚胺镀锗膜的透微波特性。

由导电介质中的麦克斯韦方程组:

$$\nabla \cdot \boldsymbol{D} = 0 \quad (2-1)$$

$$\nabla \times \boldsymbol{E} = -\mu \frac{\partial \boldsymbol{B}}{\partial t} \quad (2-2)$$

$$\nabla \times \boldsymbol{H} = \varepsilon \frac{\partial \boldsymbol{E}}{\partial t} + \sigma \boldsymbol{E} \quad (2-3)$$

$$\nabla \cdot \boldsymbol{B} = 0 \quad (2-4)$$

导出导电介质中电场和磁场的波动方程分别为

$$\nabla^2 \boldsymbol{E} - \mu\varepsilon \frac{\partial^2 \boldsymbol{E}}{\partial t^2} - \mu\sigma \frac{\partial \boldsymbol{E}}{\partial t} = 0 \quad (2-5)$$

和

$$\nabla^2 \boldsymbol{H} - \mu\varepsilon \frac{\partial^2 \boldsymbol{H}}{\partial t^2} - \mu\sigma \frac{\partial \boldsymbol{H}}{\partial t} = 0 \quad (2-6)$$

假设所研究的电磁波为简谐波,则式(2-5)和式(2-6)变为

$$\nabla^2 \boldsymbol{E} + k^2 \boldsymbol{E} = 0 \quad (2-7)$$

$$\nabla^2 \boldsymbol{H} + k^2 \boldsymbol{H} = 0 \quad (2-8)$$

式中:$k^2 = \omega^2\mu\varepsilon - j\omega\mu\sigma = (k_r - jk_i)^2$,其中

$$k_r = \frac{\omega}{c}\sqrt{\frac{\varepsilon_r\mu_r}{2}}\left\{\left[1 + \left(\frac{\sigma}{\omega\varepsilon_0\varepsilon_r}\right)^2\right]^{\frac{1}{2}} + 1\right\}^{\frac{1}{2}} \quad (2-9)$$

$$k_i = \frac{\omega}{c}\sqrt{\frac{\varepsilon_r\mu_r}{2}}\left\{\left[1 + \left(\frac{\sigma}{\omega\varepsilon_0\varepsilon_r}\right)^2\right]^{\frac{1}{2}} - 1\right\}^{\frac{1}{2}} \quad (2-10)$$

式中:c 为真空中光速;ε_r 为介质的相对介电常数;μ_r 为介质的相对磁导率;ε_0 为真空介电常数;μ_0 为真空磁导率;$\varepsilon = \varepsilon_r\varepsilon_0$ 为介质的介电常数;$\mu = \mu_r\mu_0$ 为介质的磁导率;σ 为介质的电导率;ω 为电磁波角频率。

假定均匀平面波的电场为 $\boldsymbol{E}_x$,磁场为 $\boldsymbol{H}_y$,则电磁场沿 z 方向传播的解为

$$\boldsymbol{E}_x = \boldsymbol{E}_0 e^{j\omega t - jkz} \quad (2-11)$$

和

$$\boldsymbol{H}_y = -\frac{1}{j\omega\mu}\frac{\partial \boldsymbol{E}_x}{\partial z} = \frac{k}{\omega\mu}\boldsymbol{E}_x \quad (2-12)$$

则波阻抗

$$\tilde{\eta} = \frac{\boldsymbol{E}_x}{\boldsymbol{H}_y} = \frac{\omega\mu}{k} \quad (\tilde{\eta} \text{ 为复数}) \quad (2-13)$$

令

$$\tilde{\eta} = |\tilde{\eta}|e^{j\varphi} \quad (2-14)$$

则电磁场的瞬时值为

$$\boldsymbol{E}_x(z,t) = \boldsymbol{E}_0 e^{-k_i z}\cos(\omega t - k_r z) \quad (2-15)$$

和

$$\boldsymbol{H}_y(z,t) = \frac{\boldsymbol{E}_0}{|\tilde{\eta}|}e^{-k_i z}\cos(\omega t - k_r z - \varphi) \quad (2-16)$$

在有耗介质中,直线极化电磁波的平均功率流密度为

$$\boldsymbol{P}_{av} = \frac{1}{2}\text{Re}[\dot{\boldsymbol{E}} \times \dot{\boldsymbol{H}}^*] = \frac{1}{2|\tilde{\eta}|}E_0^2 e^{-2k_i z}\cos\varphi\,\hat{\boldsymbol{e}}_z \quad (2-17)$$

其中,$\hat{\boldsymbol{e}}_z$ 为波传播方向(z 方向)的单位矢量。

可见,随着波的传播,由于介质中的损耗,电磁波的功率流密度逐渐减小。对于沿 z 方向传播的平面电磁波,波的强度 I 按 $e^{-2k_i z}$ 规律随距离衰减。即 $I = I_0 e^{-2k_i z}$,式中 I_0 是 $z=0$ 处的入射波强度。当 $z = 4 \times 10^{-8}$m,$\omega = 2\pi f = 2\pi \times 1.25 \times 10^9$ rad/s,$\varepsilon_r = 16$,$\mu_r = 1$,$c = 3 \times 10^8$ m/s,$\sigma = 2.5 \sim 0.025\Omega^{-1} \cdot \text{m}^{-1}$,即 $R = 10^7 \sim 10^9 \Omega$,$\varepsilon_0 = 8.854 \times 10^{-12}$ F/s 时可算得 $I/I_0 = e^{-2k_i z} = 0.99999275 \approx 1$,由此可知 Ge 膜对微波的传输损耗可忽略。

3. 反射系数的计算

如图 2-6 所示,共有三种不同的介质,两个相互平行的平面分界面,第一个分界面位于 $z=0$ 处,第二个分界面位于 $z=L$ 处。假设介质 1 中的入射波电场只有 x 分量,磁场只有 y 分量,根据波与物质的相互作用,在介质 1 中有入射波和反射波,在介质 2 中也必然有向正 z 方向和向负 z 方向传播的波,在介质 3 中

则只有向正 z 方向传播的波。所以,介质 1 中的电磁场可以写为

$$\boldsymbol{E}_{1x} = [E_{0i}(1)e^{j\omega t - jk_1 z} - E_{0r}(1)e^{j\omega t + jk_1 z}]\hat{\boldsymbol{e}}_x \boldsymbol{E}_{1y} = [E_{0i}(1)e^{j\omega t - jk_1 z} - B_{0r}(1)e^{j\omega t + jk_1 z}]\hat{\boldsymbol{e}}_y\}$$

(2-18)

其中,$\hat{\boldsymbol{e}}_x, \hat{\boldsymbol{e}}_y$ 为 x, y 方向单位矢量。

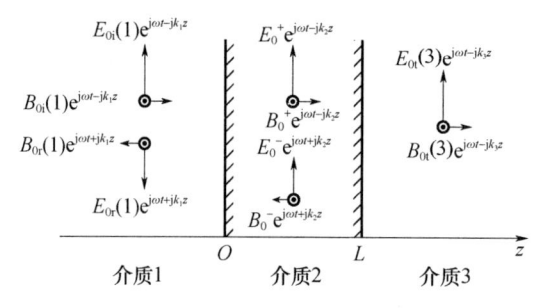

图 2-6 平面波对多层介质平面分界面的垂直入射

在介质 2 中的电磁场可以写为

$$\begin{cases} \boldsymbol{E}_{2x} = [E_0^+ e^{j\omega t - jk_2 z} + E_0^- e^{j\omega t + jk_2 z}]\hat{\boldsymbol{e}}_x \\ \boldsymbol{B}_{2y} = [B_0^+ e^{j\omega t - jk_2 z} - B_0^- e^{j\omega t + jk_2 z}]\hat{\boldsymbol{e}}_y \end{cases}$$

(2-19)

在介质 3 中只有透射波,则有

$$\begin{aligned} \boldsymbol{E}_{3x} &= \hat{\boldsymbol{e}}_x E_{0t}(3) e^{j\omega t - jk_3 z} \\ \boldsymbol{B}_{3y} &= \hat{\boldsymbol{e}}_y B_{0t}(3) e^{j\omega t - jk_3 z} \end{aligned}$$

(2-20)

在第一分界面 $z=0$ 处,根据 $\boldsymbol{E}$ 和 $\boldsymbol{H}$ 的切向场在边界处连续的边界条件,得

$$\begin{cases} E_{0i}(1) - E_{0r}(1) = E_0^+ + E_0^- \\ \dfrac{E_{0i}(1)}{\tilde{\eta}_1} + \dfrac{E_{0r}(1)}{\tilde{\eta}_1} = \dfrac{E_0^+}{\tilde{\eta}_2} - \dfrac{E_0^-}{\tilde{\eta}_2} \end{cases}$$

(2-21)

同样,在 $z=L$ 的第二分界面(后面)处,有

$$\begin{cases} E_0^+ e^{-jk_2 L} + E_0^- e^{jk_2 L} = E_{0t}(3) e^{-jk_3 L} \\ \dfrac{E_0^+ e^{-jk_2 L}}{\tilde{\eta}_2} - \dfrac{E_0^- e^{jk_2 L}}{\tilde{\eta}_2} = \dfrac{E_{0t}(3) e^{-jk_3 L}}{\tilde{\eta}_3} \end{cases}$$

(2-22)

由此可得第二分界面上的反射系数:

$$\widetilde{\Gamma}_2 = \frac{E_0^-}{E_0^+} = \frac{\tilde{\eta}_3 - \tilde{\eta}_2}{\tilde{\eta}_3 + \tilde{\eta}_2} \cdot e^{-2jk_2 L}$$

(2-23)

再由式(2-19)和式(2-21)可得第一分界面上的反射系数:

$$\widetilde{\Gamma}_1 = \frac{E_{0r}(1)}{E_{0i}(1)} = \frac{(\tilde{\eta}_1 + \tilde{\eta}_2)(\tilde{\eta}_3 - \tilde{\eta}_2)e^{-2jk_2 L} - (\tilde{\eta}_1 - \tilde{\eta}_2)(\tilde{\eta}_3 + \tilde{\eta}_2)}{(\tilde{\eta}_1 - \tilde{\eta}_2)(\tilde{\eta}_3 - \tilde{\eta}_2)e^{-2jk_2 L} - (\tilde{\eta}_1 + \tilde{\eta}_2)(\tilde{\eta}_3 + \tilde{\eta}_2)}$$

(2-24)

若介质 2 为损耗介质,则 $k_2 = k_{r2} - jk_{i2}$

$$e^{-2jk_2L} = e^{-2jL(k_{r2}-jk_{i2})} = e^{-2k_{i2}L}(\cos2k_{r2}L - j\sin2k_{r2}L) \quad (2-25)$$

其中

$$k_{r2} = \frac{\omega}{c}\sqrt{\frac{\varepsilon_{r2}\mu_{r2}}{2}}\left\{\left[1+\left(\frac{\sigma_2}{\omega\varepsilon_0\varepsilon_{r2}}\right)^2\right]^{\frac{1}{2}}+1\right\}^{\frac{1}{2}}$$

$$k_{i2} = \frac{\omega}{c}\sqrt{\frac{\varepsilon_{r2}\mu_{r2}}{2}}\left\{\left[1+\left(\frac{\sigma_2}{\omega\varepsilon_0\varepsilon_{r2}}\right)^2\right]^{\frac{1}{2}}-1\right\}^{\frac{1}{2}}$$

式中:c 为真空中光速;ε_{r2} 为介质 2 的相对介电常数;μ_{r2} 为介质 2 的相对磁导率;σ_2 为介质 2 的电导率。

在此讨论的多层介质中,可将介质 1 视为大气,介质 2 视为 Ge 膜,介质 3 视为聚酰亚胺。由于 Ge 膜的表面电阻值选在 $10^7 \sim 10^9 \Omega$ 范围内,$d = 4 \times 10^{-8}$ m,ε_r 约为 16,此时 k_{r2},k_{i2} 均小于 100,所以 $k_{r2}L$ 趋于 0,$k_{i2}L$ 趋于 0,e^{-2jk_2L} 趋于 1。

则式(2-25)可简化为

$$\tilde{\Gamma}_1 = \frac{(\tilde{\eta}_1+\tilde{\eta}_2)(\tilde{\eta}_3-\tilde{\eta}_2)-(\tilde{\eta}_1-\tilde{\eta}_2)(\tilde{\eta}_3+\tilde{\eta}_2)}{(\tilde{\eta}_1-\tilde{\eta}_2)(\tilde{\eta}_3-\tilde{\eta}_2)-(\tilde{\eta}_1+\tilde{\eta}_2)(\tilde{\eta}_3+\tilde{\eta}_2)} = \frac{\tilde{\eta}_1-\tilde{\eta}_3}{\tilde{\eta}_1+\tilde{\eta}_3} \quad (2-26)$$

其中,$\tilde{\eta}_1$ 和 $\tilde{\eta}_3$ 为介质 1 和介质 3 的波阻抗。

由式(2-26)可知,由于 Ge 膜较薄,尽管其有导电性,但由理论推导可知,将其用于天线表面防静电时,其对微波的反射影响可忽略。因此,Ge/Kapton 热控薄膜材料是非常适合作为卫星天线太阳屏用薄膜的[10,11]。

4. 商品化产品性能及其环境考核性能

目前 Ge/Kapton 热控薄膜材料的生产厂家主要有美国 Sheldahl 公司、英国的 Point-source 公司(现为 QIOPTIQ 集团成员)和国内的兰州空间技术物理研究所。美国 Sheldahl 公司生产的 Ge/Kapton 热控薄膜产品性能如表 2-1 所列。

表 2-1 美国 Sheldahl 公司生产的 Ge/Kapton 热控薄膜产品性能[12]

基底种类	基底厚度/μm	Ge 表面 α_s	Ge 表面 ε	单位质量/(g/m^2)
Kapton HN	25	≤0.45	≥0.72	36
Kapton HN	51	≤0.45	≥0.72	71
Kapton HN	76	≤0.45	≥0.72	109
Kapton HN	127	≤0.45	≥0.72	181
100CB Black	25	≤0.60	≥0.72	38
100XC Black	25	0.58	0.86	38
160XC Black	40	0.60	0.86	63
275XC Black	70	0.62	0.86	95

英国 Point-source 公司研制的 Ge/Kapton 热控薄膜产品性能如表 2-2 所列。

表 2-2 英国 Point-source 公司镀锗聚酰亚胺薄膜主要性能[13]

聚酰亚胺厚度/μm	α_s	ε	锗膜 ρ_s/Ω
25/50/75/125	≤ 0.45	≥ 0.70	≤1 × 10^9

锗膜的镀制工艺是该产品的主要关键。一般制备锗膜主要采用磁控溅射和热蒸发的方法。磁控溅射法具有基底温度低、损伤小、溅射速率快、参数易调节等优点，而且沉积原子具有较高的能量，薄膜缺陷少，附着力高。因此，现在主要采用磁控溅射法镀制锗膜。国内兰州空间技术物理研究所采用此方法镀制的 Ge/Kapton 热控薄膜产品性能优异，在国内航天器天线热控方面占有很高份额，技术指标达到了国际先进水平，其主要参数如表 2-3 所列。

表 2-3 Ge/Kapton 热控薄膜产品主要性能

材料	厚度/μm	α_s	ε	ρ_s/Ω
Kapton/Germanium	25	≤0.45	0.70 ~ 0.86	$1 \times 10^7 \sim 5 \times 10^8$

该产品的耐空间环境性能尤其是防原子氧性能非常优异，经原子氧作用后质损非常小（图 2-7），光学性能和表面电阻几乎没有变化，是首选的低轨道卫星天线防静电材料。

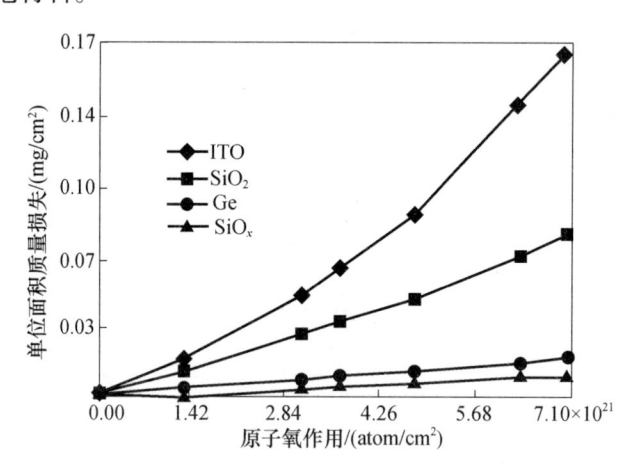

图 2-7 几种防原子氧膜材料的质损随作用剂量的变化曲线

兰州空间技术物理研究所具有研制宽幅聚酰亚胺镀锗膜产品的能力，其幅宽可达 1.2m，并可依照不同需求提供不同长度产品，该产品性能满足卫星天线光、热、电性能要求，并满足透微波的要求以及在空间环境下的稳定性要求，产品在地面上通过了湿热试验和粘贴试验等常规环境试验、热循环试验、电子辐照、质子辐照、紫外辐照、原子氧辐照等模拟空间环境试验及充放电地面模拟试验。从（表2-4~表2-11）可以看出,产品性能的稳定性非常好,满足空间使用要求。

表2-4 热循环试验

试样	试验前			试验后			其他
	ρ_s/Ω	ε_h	α_s	ρ_s/Ω	ε_h	α_s	
1#	9.8×10^7	0.80	0.432	1.1×10^8	0.80	0.439	外观完好
2#	9.9×10^7	0.80	0.432	1.1×10^8	0.80	0.443	外观完好
3#	2.1×10^8	0.81	0.442	2.5×10^8	0.81	0.459	外观完好

注:热循环试验条件为液氮温度-196~100℃间交变100次

表2-5 湿热试验

试样	试验前			试验后			其他
	ρ_s/Ω	ε_h	α_s	ρ_s/Ω	ε_h	α_s	
1#	9.3×10^7	0.80	0.433	1.8×10^8	0.81	0.438	外观完好
2#	9.4×10^7	0.80	0.433	1.9×10^8	0.81	0.435	外观完好
3#	6.9×10^7	0.81	0.454	6.2×10^7	0.81	0.468	外观完好

注:湿热试验条件为温度50℃±2℃;相对湿度为大于95%,放置24h

表2-6 粘贴试验

试样	试验前			试验后			其他
	ρ_s/Ω	ε_h	α_s	ρ_s/Ω	ε_h	α_s	
1#	9.8×10^7	0.80	0.432	1.3×10^8	0.81	0.437	外观完好
2#	9.9×10^7	0.80	0.432	1.8×10^8	0.81	0.435	外观完好
3#	8.6×10^7	0.81	0.440	8.8×10^7	0.81	0.442	外观完好

注:粘贴试验条件为用剥离强度为2~4N/cm的胶带,紧贴膜层中间区域,离边缘不小于3mm。用手拉起胶带一端,并使胶带与表面成90°,缓慢(约5mm/s)将胶带拉离表面

表2-7 紫外辐照试验

试样	试验前			试验后			其他
	ρ_s/Ω	ε_h	α_s	ρ_s/Ω	ε_h	α_s	
1#	9.0×10^7	0.80	0.431	1.1×10^8	0.80	0.432	外观完好
2#	9.0×10^7	0.80	0.431	1.2×10^8	0.80	0.433	外观完好
3#	6.7×10^7	0.81	0.446	1.6×10^8	0.81	0.458	外观完好

注:1. 紫外辐照试验条件为紫外辐照总剂量5000等效太阳小时(Equivalent Solar Hour,ESH);
2. 辐照光谱为200~400nm

表2-8 紫外辐照试验不同辐照剂量时太阳吸收率测试数据

试样 \ 辐照剂量ESH \ α_s	0	120	240	400	1000	2100	3500	5000
1#	0.431	0.431	0.431	0.431	0.432	0.431	0.431	0.432
2#	0.432	0.432	0.433	0.433	0.433	0.433	0.433	0.433

注：外推至15年辐照剂量130000 ESH时 Ge/PI 太阳吸收率小于0.44

表2-9 原子氧试验

试样	试验前			试验后				其他
	ρ_s/Ω	ε_h	α_s	ρ_s/Ω	ε_h	α_s	质量损失	
1#	9.0×10^7	0.80	0.432	2.2×10^8	0.81	0.447	0.79%	外观完好
2#	2.0×10^8	0.81	0.446	2.1×10^8	0.81	0.466	0.53%	外观完好

注：1. 原子氧试验条件为原子氧累计通量 $6.0\times10^{20}/cm^2$；
2. 原子氧通量密度为 $4.89\times10^{15}/(cm^2\cdot s)$。

表2-10 充放电地面模拟试验

测试试样 \ 表面充电电位/V \ 电子束能量/keV	10	15	20
1#	<100	<100	<100
2#	<100	<100	<100
3#	<100	<100	<100

注：1. 试验条件为电子束能量 20keV, 15keV, 10keV；
2. 电子束流密度为 $1nA/cm^2$；
3. 真空度为优于 $1\times10^{-3}Pa$。

表2-11 电子+质子辐照试验

试样	试验前			试验后			其他
	ρ_s/Ω	ε_h	α_s	ρ_s/Ω	ε_h	α_s	
1#	8.0×10^7	0.81	0.433	9.1×10^7	0.80	0.451	外观完好

注：1. 电子辐照总通量为 $2.5\times10^{16}/cm^2$；
2. 质子辐照总通量为 $2.5\times10^{15}/cm^2$；
3. 电子辐照通量率为 $1.5\times10^{11}/(cm^2\cdot s)$；
4. 质子辐照通量率为 $1.5\times10^{10}/(cm^2\cdot s)$；
5. 辐照能量为 50keV。

2.1.3 发展趋势

Ge/Kapton 热控薄膜材料作为一种通用成熟的空间产品,近年来其结构和性能均没有大的变化。国外研制单位在发展改进产品方面主要从改善其空间稳定性上进行了一定的工作,如采用更加有效的方式改善基底材料性能以增加膜层附着力。

锗作为半导体材料,在低温(低于 −30℃)时其导电能力将大幅下降,而对于通信卫星天线太阳屏而言,工作温度在 −180~100℃ 之间,为了保证太阳屏的防静电效果,ρ_s 在此温度范围内应维持在 $10^{10}\Omega$ 以下。

本征 Ge 低温导电能力下降,ρ_s 高于 $10^9\Omega$,不能满足卫星天线低温防静电要求。采用适量掺杂的方法,能改善 Ge 膜材料低温电导率下降的问题。如掺杂浓度为 $1.0\times10^{12}\mathrm{cm}^{-3}$ 的 n 型杂质的 Ge/Kapton 膜,在 −196~200℃ 温度范围,ρ_s 为 $10^7\sim10^9\Omega$,能满足卫星天线宽范围温度下的防静电要求。

2.2 多层隔热反射屏热控薄膜

2.2.1 基本概念

多层隔热材料(Multilayer Insulation Materials,MLI)是一种由多层反射屏叠合而成的隔热材料,也可由多层反射屏与间隔物叠合而成。在真空条件下,多层隔热材料的隔热性能比常用的隔热材料(泡沫塑料)好 2 个数量级左右,被誉为超级绝热材料。

在第 1 章给出了反射屏之间无间隔物的多层隔热薄膜材料的隔热推导公式。如果反射屏之间有间隔物时,相应的公式变为

$$q = \frac{n^2}{(N+1)\left(\dfrac{2}{\varepsilon}-1\right)+(\alpha+2s)\dfrac{\delta}{2}}\sigma A(T_1^4 - T_2^4) \qquad (2-27)$$

式中:n 为间隔物的折射指数;α 为间隔物的吸收系数;s 为间隔物的散射系数;δ 为间隔物的总厚度。

这里的 n,α,s 取决于间隔物的类型、间隔物的体积分数,以及反射屏之间气体的光学特性。由式(2-27)可见,当表面发射率足够小时,可以忽略隔热物吸收系数和散射系数的影响。因为金属材料通常具有低的发射率,是用作反射屏的首选材料类型。目前应用于反射屏的材料主要有两类:一类是低发射率的金属箔,如铝箔、铜箔、金箔、镍箔、不锈钢箔等;另一类是表面蒸镀金属层的塑料薄膜,如蒸镀有金或铝的聚酯薄膜或聚酰亚胺薄膜等。

2.2.2 研究进展

金属箔可以在较高的温度下使用,但其抗撕强度不及表面镀膜的塑料柔性薄膜,因而在低中温的使用场合,金属薄膜更具有优势。另外,金属材料都有很高的热导率,为降低热损,应越薄越好。金属箔不能做得很薄,但金属镀膜可以达到 10^{-7} m 量级,这有利于降低热传导。

常用的低发射率金属材料有金、银、铜、铝等。金和银的发射率在金属中最低,但价格昂贵,故应用价值不大。相对来说铝发射率也较低,而且储量大,价格便宜,是应用比较多的低发射率金属。

在蒸镀金属层的塑料薄膜中,应用最多的是聚酯薄膜,但其最高工作温度只有 420K。相比而言,聚酰亚胺薄膜最高工作温度可达 480K。不过由于其价格高,故只用于温度较高的应用场合。

塑料薄膜本身的发射率较高,蒸镀金属膜的厚度对其发射率影响比较明显。例如,在聚酯薄膜上蒸镀纯铝,铝膜厚度为 0.02μm 时,表面发射率为 0.035;铝膜厚度 0.1μm 以上时 ε_h 基本达到最小稳定值 0.022。在聚酯薄膜上蒸镀纯金,金膜厚度达到 0.2μm 时,ε_h 基本稳定在最小值 0.015。

铝膜在空气中易形成一层很薄的氧化物,起到良好的保护作用,但湿气对镀铝薄膜影响较大,可使铝膜变色。为防止湿气的作用,可再蒸镀一层 0.05μm 的锗保护层。

表 2-12 列出了无间隔物多层隔热材料的性能。由表可见,对于无间隔物的多层隔热材料,蒸镀金属的聚酯薄膜的隔热性能要比未镀金属的聚酯薄膜的隔热性能好一个多数量级。由于层密度的差异,多层隔热材料间的隔热性能也有较大的差异。

表 2-12 无间隔物几种多层隔热材料的性能

材料	反射屏 厚度/μm	层数	镀层	状态	总厚度/mm	层密度/(层/cm)	ε_{eq} (10^{-2})	当量热导率/(10^{-4} W/(m·K))	试验温度 T_H/℃	T_C/℃
聚酯薄膜	6.40	35.0	无	揉皱	12.7	27.6	6.09	15.2	22.2	-197
	6.40	34.0	单面镀金	揉皱	12.7	26.8	0.26	0.64	21.7	-198
	6.40	35.0	单面镀铝	揉皱	12.7	27.6	0.22	0.55	22.8	-197
	6.40	35.0	单面镀铝	揉皱	21.5	16.3	0.23	0.95	22.2	-198
	10.0	30.0	单面镀铝		5.00	60.0	1.16	2.88	29.0	-147
	9.00	22.0	单面镀铝		5.00	44.0	1.22	1.29	-17.7	-117
聚酰亚胺薄膜	6.40	20.0	单面镀金	揉皱	10.2	19.6	0.25	0.48	19.4	-196
	12.7	20.0	单面镀金	揉皱	10.2	19.6	0.37	1.33	22.2	-45.6

聚酯镀铝热控材料技术处于领先地位的是美国的 Sheldahl 公司,其生产的聚酯镀铝产品主要性能见表 2-13,一般可按需要镀成单面或双面。

表 2-13　美国 Sheldahl 公司镀铝聚酯材料性能

参数(与厚度无关)	给定值
第一表面 α_s	≤0.14
第一表面 ε_h	≤0.035
第一表面 ε_n	≤0.035
α_s/ε	≤4~5
铝 ρ_s	≤1Ω
瞬时使用温度	-250~150℃
连续使用温度	-250~120℃

国内卫星上应用较多的聚酯反射屏材料主要由北京卫星制造厂生产,聚酰亚胺镀铝反射屏材料则主要由兰州空间技术物理研究所生产,其性能参数见表 2-14,主要性能与国外相当。

表 2-14　镀铝反射屏薄膜的主要性能参数

反射屏薄膜类型	α_s	ε_h	表面电阻/Ω
Al/PI/Al	0.086	0.04	1.6
Al/PET	0.086	0.04	1.7
Al/PET/Al	0.088	0.04	1.7

2.3　SiO$_2$ 热控薄膜

2.3.1　基本概念

根据卫星各部位的散热要求,需要在卫星外表面搭配使用高 ε_h 和低 ε_h 的热控材料,以保证强光照射区能有效散热,而处于阴影区的卫星部位不要过多地散热。根据光学薄膜原理,薄膜材料的 ε_h 与薄膜本身的厚度及基底材料有很大关系。采用不同厚度的高 ε_h 薄膜材料和低 ε_h 基底材料进行搭配,可得到具有低—中—高的 ε_h 变化能力的薄膜热控材料。

块体形式的氧化硅(SiO$_2$)材料本身是一种高 ε_h 的材料,它和铝等较低 ε_h 的基底材料搭配可形成上述系列化的薄膜热控材料。铝基底上 SiO$_2$ 薄膜的 ε_h 与其厚度的关系见表 2-15。根据基底材料与薄膜厚度的这种特性,使用不同厚度的 SiO$_2$ 薄膜材料便可以获得不同的 ε_h,从而达到改变材料热控性能的要求。

表2-15 氧化硅的红外发射率与其厚度关系[14]

厚度/μm	ε_h
0.43	0.05
0.52	0.07
0.61	0.08
0.70	0.10
0.88	0.17
1.06	0.23
1.40	0.35
2.83	0.61
3.60	0.64

从表2-15可以看出,SiO_2厚度大于3μm后ε_h的调节范围就会非常有限,所以通常SiO_2层的厚度必须小于3μm。采用玻璃机械加工的方法不能达到这个厚度要求,只能通过薄膜制备的方法实现。

SiO_2薄膜具有高的可见光透过率,厚度变化对α_s的影响可以忽略,因此α_s/ε的调节范围很宽,能够根据用户单位提出的技术要求设计和生产;SiO_2薄膜可在卫星的零、部件表面直接镀制,它不仅能够实现小型不规则部件的温度控制,也适用于无法包裹柔性薄膜的大面积不规则表面,实现工艺简单,可以解决航天器外表面不同区域的精确控温,使被动热控手段应用的局限性得到一定程度的克服。

2.3.2 研究进展

国外早已采用镀膜的方法直接在基底上制备SiO_2热控薄膜。例如,美国早在20世纪70年代就通过在铝片上用蒸发法镀制SiO_2/Al薄膜的方法实现热控,并将试验结果编入热控材料手册。SiO_2/Al结构的热控薄膜结构如图2-8所示。

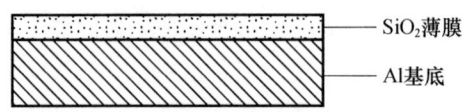

图2-8 Al/SiO_2热控薄膜结构示意图

SiO_2/Al热控薄膜与Al结构板上直接进行阳极氧化制作的热控薄膜均结构简单,可直接应用于结构板上,但铝阳极氧化薄膜有几个缺点:①铝阳极氧化薄膜具有多孔结构,这些孔洞易附着水气及其他污染物,在空间环境下则脱析出来给航天器的光学等敏感器件带来影响;②阳极氧化存在空间环境下的不稳定性。

比较而言 SiO₂/Al 热控薄膜结构致密、材料的空间稳定性好。

SiO₂ 薄膜的传统制备方法有热氧化法、电子束蒸发和化学反应等制备方法。热氧化方法是指在 900～1200℃ 温度下氧化硅片表面形成 SiO₂ 薄膜，包括干氧氧化、湿氧氧化以及水汽氧化法。用热氧化法制备 SiO₂ 温度高，会引起薄膜热应力和杂质扩散等问题，严重影响成膜质量。电子束蒸发方法作为一种热蒸发技术，具有速度快、污染小等优点，但它制备的薄膜堆积密度不够高，是含有孔隙的柱状疏松结构。化学反应方法制备的薄膜其元素化学态和化学配比难以达到理想的稳定态。

离子束溅射镀膜工艺是制备 SiO₂ 的一种有效方法，这种方法制备的膜层结构致密、稳定性强，对于工程化的应用有较好的适宜性。采用离子束溅射镀膜工艺在石英玻璃、LY12 硬铝和轧制的卫星蒙皮表面制备的 SiO₂ 薄膜，其 ε_h 的调节范围为 0.1～0.5，如图 2-9 所示。

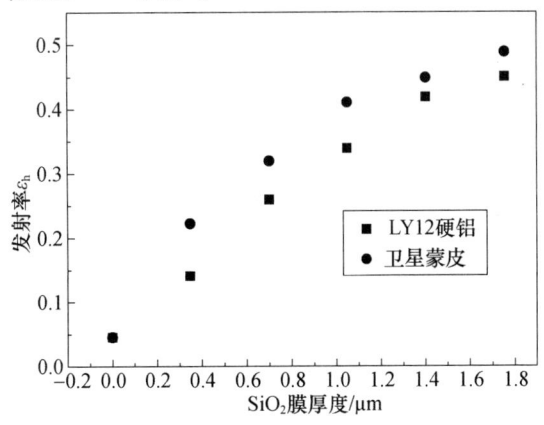

图 2-9　LY12 和卫星蒙皮上沉积的 SiO₂ 薄膜厚度与发射率的关系

2.3.3　发展趋势

SiO₂ 热控薄膜可以根据所用的厚度不同而具有不同的红外发射特性，能够满足精细化的热控设计要求，并可以解决航天器局部外表面不适于粘贴或包覆其他热控薄膜材料的问题，对于丰富热控材料的种类、扩大应用有着积极的作用。当然其应用要受到热控设计水平与精细程度、材料工程化水平的影响，而且还要解决复杂表面薄膜制备等技术问题，才能逐步推进其应用发展。

单层的 SiO₂ 不具备防静电能力。可以在 SiO₂ 热控薄膜表面增加一层防静电薄膜实现防静电功能，具体结构可采用 ITO/SiO₂/卫星蒙皮或者 ITO/SiO₂/LY12 复合结构，如图 2-10 所示。在 LY12 和卫星蒙皮材料上制备的复合热控薄膜，ε_h 可达 0.5、太阳光谱反射率大于 0.7，同时电性能满足空间抗静电要求。

这种结构热控薄膜的性能如表 2-16 所列。

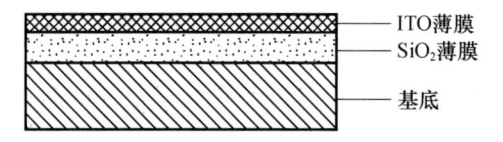

图 2-10　基底/SiO₂/ITO 结构热控薄膜示意图

表 2-16　新型复合热控薄膜性能指标

基片材料	ε_h	太阳光谱反射率	表面电阻/kΩ
卫星蒙皮	0.45	0.80	18
LY12	0.46	0.72	15

上述方法设计的复合结构吸收率不够小,可采用图 2-11 的设计方法进一步降低其 α_s,其基本结构为 ITO/SiO₂/Ag/基底,这种热控薄膜材料不仅可以实现发射率可控、静电防护等功能,更可以具有低的 α_s,对于不规则零星部件或者是星体复杂表面热控需求来说,这种结构的热控薄膜非常具有应用前景[15,16]。

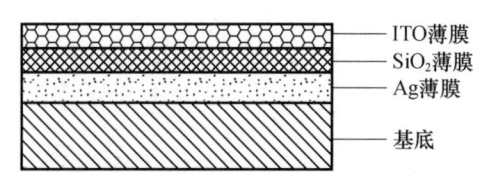

图 2-11　基底/Ag/SiO₂/ITO 结构热控薄膜示意图

2.4　TiAlN 热控薄膜

2.4.1　基本概念

Ti$_x$Al$_y$N$_z$ 薄膜属被动热控薄膜家族中的一种,属于"灰度"热控薄膜。"灰度"薄膜是指其 α_s、ε 均介于高、低 α_s 和 ε_h 之间的一种热控薄膜。

TiN 薄膜为金黄色,α_s 大,但在红外光谱范围内反射率高使得其 ε_h 很低。表面涂镀 TiN 薄膜的卫星,在近地轨道,其平衡温度约为 110℃,这个温度高于星内电子系统的正常工作温度。对于 Ti$_x$Al$_y$N$_z$ 薄膜,由于 Al 元素的加入,ε_h 得到一定程度提高,平衡温度低于 TiN 薄膜。用物理气相沉积(PVD)法沉积制备的 Ti$_x$Al$_y$N$_z$ 薄膜在结构、微硬度、附着力、抗氧化能力等方面都优于 TiN 薄膜。

随着小卫星技术的逐步发展,一些传统意义上的热控技术需要进一步的更新。小卫星由于体积小、质量小、热容小,较小的热源波动就足以引起温度的大幅度变化,所以,特别需要新技术来满足小卫星的热控需求。

卫星完全暴露于宇宙空间辐射当中,为避免局部放电损坏电子系统,要求表面材料导电,空间环境对材料的机械损伤要求表面力学性能好,能够耐得住微小粒子的碰撞侵蚀。由于小卫星质量的限制,很少采用主动式热控技术,而是尽可能地采用被动式的热控技术。

若采用硬质金属薄膜作为热控薄膜,其红外 ε_h 低,平衡温度会过高。在飞行器表面涂镀一层具有较高 ε_h 的 $Ti_xAl_yN_z$ 薄膜,既可以达到飞行器热控制的目的,又能有效地防止紫外辐照、带电粒子辐照、低轨道原子氧侵蚀及空间碎片撞击等,是空间小卫星热控制的理想选择。

一般情况下,卫星内部的电子设备正常工作温度范围在 0~60℃。根据式(1-20),在忽略内热作用下,α_s/ε_h 的比值在 0.93~2.06 之间能满足星内电子设备的正常工作需求。

2.4.2 研究进展

1. 国内外发展情况

国外对氮化钛铝薄膜力学性能和热控性能的研究均早于国内。Munz 等人用直流磁控溅射沉积制备的 $Ti_xAl_yN_z$ 薄膜在 700℃ 没有发现明显氧化,远远优于 TiN 薄膜的抗氧化能力(550℃),且结构、微硬度、附着力等都优于 TiN 薄膜。瑞典乌普萨拉(Uppsala)大学材料科学系 Maria Brogren 等人[17]用非平衡磁控复合靶反应溅射技术系统地研究了 $Ti_xAl_yN_z$ 薄膜的制备工艺(复合靶,图2-12),在 Ti/Al 为 1:1,溅射时间为 30min,溅射功率为 120W,N_2 流量为 1.8sccm(标准毫升/分钟)的沉积条件下,获得了 505nm 厚 $Ti_{0.14}Al_{0.47}N_{0.40}$ 的 α_s 和 ε 分别为 0.75 和 0.51。如果忽略内热作用,计算平衡温度为 32.5℃。ESA 的研究表明,磁控溅射技术是制备 $Ti_xAl_yN_z$ 薄膜的有效手段,该项技术已经成功应用于欧洲系列小卫星的热控中[17]。

国内采用喷涂技术制备了 $Ti_xAl_yN_z$ 涂层,但涂层较厚,组分和均匀性较差,难以满足精确温控的要求。兰州空间技术物理研究所利用磁控反应溅射技术,以独立的 Ti 靶和 Al 靶作为溅射靶,Ar 为工作气体,N_2 为反应气体沉积出 $Ti_xAl_yN_z$ 热控薄膜,对 $Ti_xAl_yN_z$ 热控薄膜进行了热光学性能和结构组份的分析。经光学和热学测试,ε 为 0.53,α_s 为 0.79,如果忽略飞行器内部热作用,计

图2-12 不同扇形尺寸的 Ti_xAl 靶和纯 Al 靶(Ti、Al 比分别是1为1:1,2为2:1,3为7:2)

算平衡温度约为34℃。其结果与目前国外的研究接近,但空间环境及应用性研究尚未开展。

2. 材料组分设计与制备

$Ti_xAl_yN_z$的组分以及薄膜厚度直接决定其α_s和ε比值,制备出合适组分比和恰当厚度的$Ti_xAl_yN_z$薄膜是满足小卫星热控的关键。

近年来的研究表明,磁控溅射技术是制备$Ti_xAl_yN_z$薄膜的有效手段,目前制备主要采用扇形TiAl靶或Ti、Al独立靶共溅射实现。通过调节扇形靶的Ti、Al比或Ti、Al独立靶的功率比,并且控制沉积过程中氮气流量来得到不同组分的$Ti_xAl_yN_z$薄膜,从而得到合适的吸收/发射比。但是由于Ti、Al在溅射系数和熔点等性能上存在着差异,采用机械镶嵌靶将导致两种靶材消耗不均,降低了靶材的使用寿命和薄膜的质量。用分离的Ti靶和Al靶制备$Ti_xAl_yN_z$薄膜,也存在均匀性不好的问题。

在膜层制备过程中,N_2流量对$Ti_xAl_yN_z$薄膜的生长速率有重要的影响。从图2-13中可以看出,随N_2流量的增加,$Ti_xAl_yN_z$、TiN、AlN薄膜的沉积速率明显下降,然后达到一临界值,其中,TiN最先到达临界值(20%),AlN到达临界值最慢(45%),$Ti_xAl_yN_z$居中为40%,大于N_2流量临界值的沉积速率无明显变化。Bor-Yuan Shew等人认为$Ti_xAl_yN_z$薄膜最佳的力学性能处在N_2流量大于临界值(40%)。随N_2流量增加,沉积速率下降的可能原因是"靶中毒"。在溅射过程中,靶表面不断与N_2生成化合物覆盖层,使溅射速率下降。试验发现,溅射气压和N_2/Ar比对红外ε和α_s的影响甚小,影响最大的是Ti/Al比或其功率比。在组分确定时,通过控制薄膜厚度就可得到合适的吸收/发射比,而膜厚是通过控制沉积时间确定的。

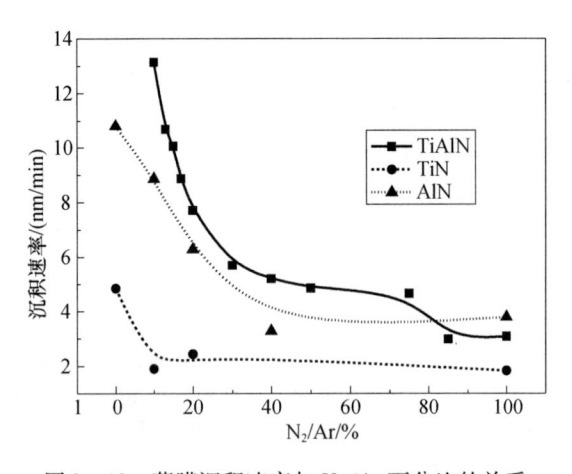

图2-13 薄膜沉积速率与N_2/Ar百分比的关系

3. Ti$_x$Al$_y$N$_z$薄膜的热控特性研究

1）薄膜的厚度对热光学性能的影响

薄膜的厚度对薄膜的热控性能有重要的影响。Maria Brogren 等人[17]对 Ti$_x$Al$_y$N$_z$ 薄膜厚度与热控性能进行研究得出：薄膜厚度在 505nm 左右时热控性能最佳，得到的热控参数为 α_s 为 0.75，ε 为 0.51，此时的计算平衡温度为 32.5℃。工艺条件：转速为 20r/min，基底温度为 300℃，Ti 靶功率为 200W，Al 靶功率为 90W，N$_2$ 流量为 8.8sccm，Ar 流量为 26.3sccm，即 N$_2$/Ar = 30%，沉积时间分别为 5min，10min，20min，40min，60min，80min，100min，120min，测得各个样品的厚度、α_s、ε 参数如表 2-17 所列。

表 2-17 厚度不同的样品及其热控性能参数

沉积时间/min	5	10	20	40	60	80	100	120
厚度/nm	25.3	48.3	66.3	137	206.4	320.5	402.4	463.1
α_s	0.638	0.684	0.735	0.75	0.751	0.733	0.742	0.75
ε	0.62	0.63	0.61	0.55	0.52	0.5	0.48	0.49

从图 2-14 中可以看出，在薄膜厚度逐渐增厚时，α_s 先逐渐升高然后趋于平缓，ε 逐渐降低并趋于平缓。

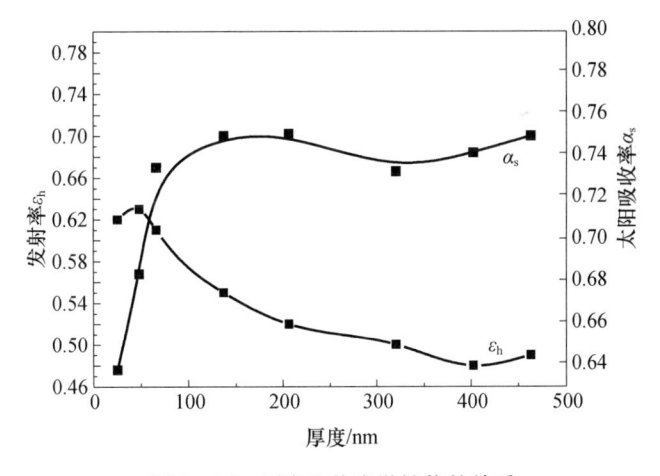

图 2-14 厚度和热光学性能的关系

厚度与平衡温度的关系如图 2-15 所示，厚度在 250~400nm，平衡温度从 62℃降至 34℃；在 400~700nm，平衡温度缓慢升至 39℃；在 700~900nm 时，平衡温度又缓慢降低。

2）功率变化对热光学性能的影响

Ti 靶功率的变化直接影响到 Ti$_x$Al$_y$N$_z$ 薄膜中 Ti 组分变化。Ti 靶功率分别为

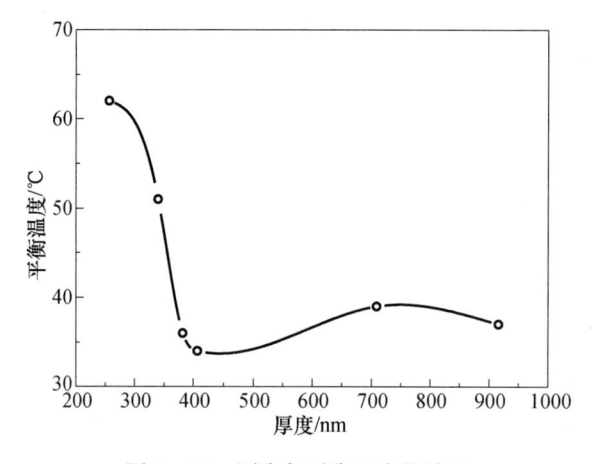

图 2-15 厚度与平衡温度的关系

150W,180W,200W,220W 和 240W,测得各个样品的厚度、α_s、ε 参数如表 2-18 所列。

表 2-18 不同 Ti 靶功率的样品及其热控性能参数

Ti 靶功率/W	150	180	200	220	240
厚度/nm	57.6	66.3	72.4	87.3	105.4
α_s	0.746	0.738	0.735	0.72	0.712
ε	0.6	0.6	0.61	0.58	0.56

通过试验,Ti 靶功率从 150W 变到 240W,薄膜的热光学性能并未产生明显的影响(见图 2-16)。α_s 和 ε 的微量变化,可能是因为薄膜厚度的变化引起的(见图 2-17)。

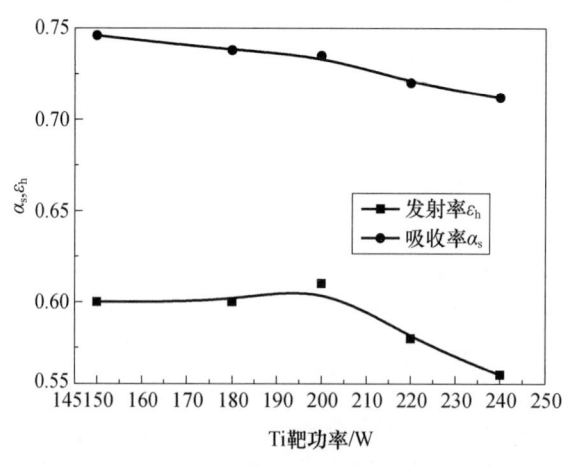

图 2-16 Ti 靶功率与热学性能的关系

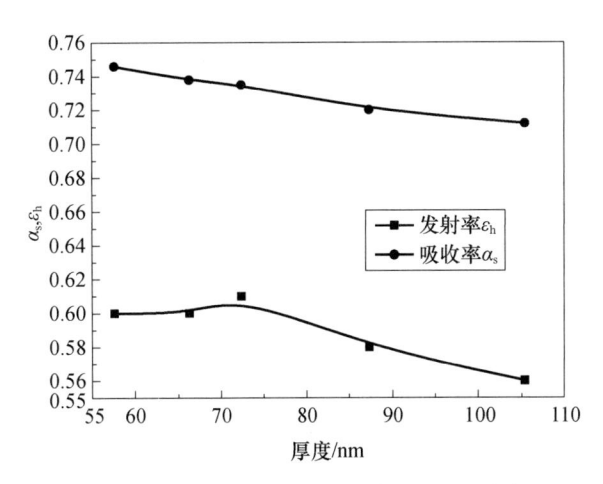

图 2-17 厚度与热学性能的关系(变 Ti 功率)

3) N_2 流量对热光性能的影响

N_2 流量的变化,最直接的影响是薄膜组份中的 N 成分的变化,进而影响薄膜的热光学性能。N_2 流量分别为 1.8sccm,2.6sccm,4.6sccm,6.8sccm,10.8sccm,10.3sccm,即 N_2/Ar 分别是 3%,8%,15%,25%,30%,40% 的试验结果,详见表 2-19。

表 2-19 不同 N_2 流量的薄膜样品及其热控性能参数

N_2/Ar/%	3	8	15	25	30	40
厚度/nm	66.3	91.7	109.3	162.6	189.2	246.7
α_s	0.512	0.615	0.78	0.751	0.735	0.698
ε	0.24	0.33	0.61	0.61	0.61	0.6
α_s/ε	2.13	1.86	1.28	1.23	1.2	1.16

随 N_2 流量的增加,薄膜的吸收率和发射率先迅速增加然后逐渐趋于平缓,在 N_2/Ar 大于 15% 时,吸收率和发射率不再发生明显的变化,见图 2-18。随 N_2/Ar 流量比例从 3% 增加到 40%,α_s/ε 值从 2.13 减小到 1.16,N_2/Ar 大于 15% 时,热光学性能比 α_s/ε 不再发生明显的变化。相应的平衡温度就由 62℃ 降低到 16℃。

从图 2-19 中可以看出,随 N_2/Ar 增加时,相同的沉积时间镀制的薄膜的厚度下降。通常的解释是由于溅射气氛中 N 含量的增多,导致 N 与金属靶发生反应,在靶表面生成 TiN,AlN 等致密性物质,导致薄膜沉积速率下降,即所谓的"靶中毒"现象。"靶中毒"现象的存在致使反应磁控溅射镀膜工艺窗口较窄且不易稳定。有人认为,通过反应气体流量与溅射压力曲线的滞后及金属靶阴极

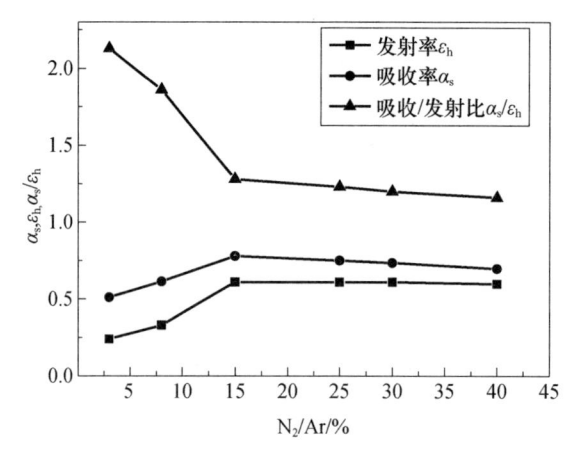

图 2-18　N_2/Ar 与热光学性能比 α_s/ε 之间的关系

表面与溅射清洗的伏安特性进行比较判断,可以有效解决反应磁控溅射过程中存在的"靶中毒"问题,提高成膜工艺的稳定性。从目前来看,根治"靶中毒"的主要技术途径集中在两个方面,一是靶阴极电源的改进,另外则是靶材本身的改进。

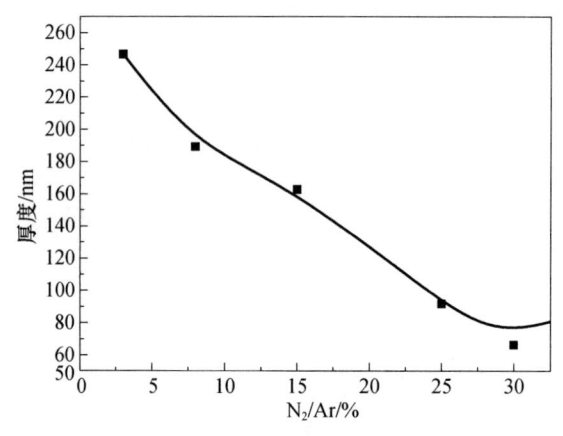

图 2-19　N_2/Ar 与薄膜厚度的关系(相同的沉积时间)

4) 紫外-可见-近红外分光光度计测试

图 2-20 为 $Ti_{31}Al_{26}N_{43}$ 薄膜(归一化后薄膜组分为 $Ti_{0.72}Al_{0.60}N_{1.00}$)的光学反射谱,图中同时给出太阳辐射光谱以作对比。该组分薄膜的沉积条件为 Ti/Al 功率比为 200/90,沉积时间为 2h,N_2/Ar 比为 30%,基底温度为 300℃。经计算 α_s 为 0.94。用 SSR-ER 太阳光谱反射计测得的样品反射率为 0.11,α_s 为 0.89。用 SSR-ER 太阳光谱反射计测得的 α_s 小于用 Lambda900 测得的 α_s,这是因为 Lambda900 是分光光度计,测出的是光谱每一点的反射率,而 SSR-ER 太阳光

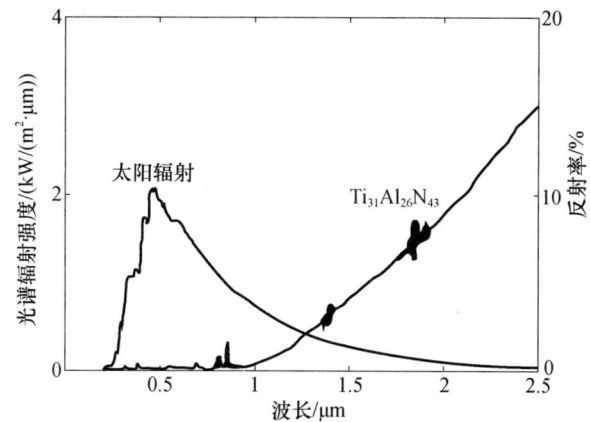

谱反射计是对整个太阳光谱范围进行半球积分。

图 2-20 Ti$_{0.72}$Al$_{0.60}$N$_{1.00}$薄膜在 0.25~2.5μm 的光学反射谱及该波段太阳光谱

在 α_s-ε 图中(图 2-21),忽略内热作用($P_{int}=0$),过原点的 2 条直线(虚线)是平衡温度 10℃ 和 60℃ 所对应的曲线,在这 2 条直线范围内相对应的 α_s 和 ε 值是安全的。如果考虑内热作用,设定等温球体直径 $\phi=40.5$mm,球体内有一热源持续释放出热能为 0.43W,因此有 $P_{int}=85$W/m^2,考虑在地球阴影部分要有热源给球体加热,设定为 0.80W(=150W/m^2),所以在最低平衡温度 10℃ 时的内热为 $P_{int}=85+150=235$(W/m^2)。可以由 $\alpha_s=\dfrac{4\sigma T^4}{S}\varepsilon-\dfrac{4P_{int}}{S}$确定,只有落在考虑了内热的 2 条直线(实线)内的 α_s 与 ε 才能使等温体内电器元件在这种条件下温度控制在 10~60℃ 范围内。这 2 条直线与前面过原点的 2 条直线围成的面积中的 α_s-ε 值是满足小卫星热控要求的 α_s-ε 值。样品 Ti$_{0.72}$Al$_{0.60}$N$_{1.00}$ 的 α_s 为 0.79,ε 为 0.53,落于所围面积中,平衡温度为 34℃[18]。

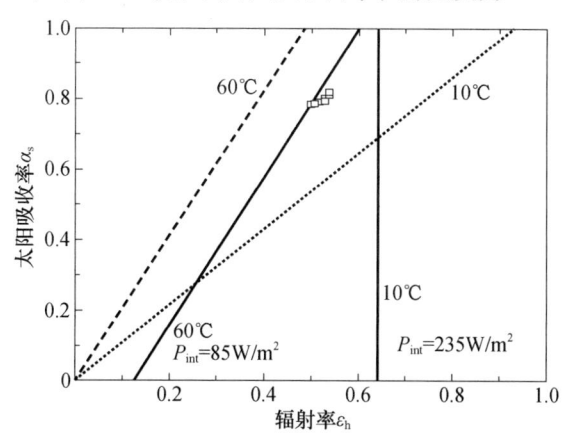

图 2-21 太阳吸收率-辐射率(α_s-ε)图

2.4.3 发展趋势

国内外关于 Ti$_x$Al$_y$N$_z$ 热控薄膜的理论还不十分成熟,相关的资料和报文章等都较少,特别是应用研究缺乏。但是毫无疑问,Ti$_x$Al$_y$N$_z$ 薄膜的应用研究,将为小卫星热控提供新的技术手段,也将有助于小卫星热控技术的发展。

2.5 高热导金刚石薄膜

2.5.1 基本概念

散热历来是功率电子器件(尤其是功率半导体器件)的核心问题之一。例如氮化镓 LED 作为最有潜力的照明与显示发光元件,正成为照明领域最受瞩目的新技术。由于 LED 有源区面积很小,一般为 1mm^2 量级,对于大功率 LED,其耗散功率密度高达 1kW/cm^2,与白炽灯丝大致相当。在航天领域,卫星转发器、功率放大器等重要的航天器件中的功率半导体器件的功率密度也在大致相同数值。这些热量如果不及时扩散,会严重降低电子器件的使用寿命、性能及可靠性。因此,散热已成为功率半导体在更高功率下应用的关键限制因素。对功率半导体器件而言,提高散热能力能带来巨大的效益。在功率不变的前提下,可以大幅度延长器件的使用寿命,提高器件的可靠性。

作为功率半导体器件的散热材料,由于电路设计上的需要,往往需要同时满足两个条件:①尽可能高的热导率;②高的绝缘性能。而这两个指标对大多数材料不可同时具有(表 2-20)。金属热导率较高,但不绝缘;绝缘的陶瓷热导率偏低,加工较困难。目前已应用成熟的导热性能最佳的绝缘材料为氧化铍,室温下热导率 223W/(m·K),电阻率大于 10^{14}Ω·cm。氧化铍陶瓷的热导率约为铜的 1/2,且价格低廉,但在制备过程中有剧毒致癌物质产生,在发达国家已经禁止使用,因此寻找合适的替代品是当务之急。相比较而言,金刚石具有更出色的性能,把金刚石用于功率半导体器件的散热,将显著提高器件的导热性能。

表 2-20 常见散热材料的热导率与电阻率

散热材料	Ag	Cu	Al	金刚石	BeO	SiC
热导率/(W/(m·K))	411	396	247	850~2200	223	84
电阻率/(Ω·cm)	1.6×10^{-8}	1.6×10^{-6}	2.7×10^{-6}	>10^{16}	>10^{14}	>10^{14}

在常温时,金刚石的热导率比银要高 4 倍以上。由于材料的红外辐射随温度的增高而加强,而金刚石透光性能远优于其他材料,因此它的散热效能在高温时好。同时金刚石的比热很小,无法积累热能,因此是散热性能极好的热沉材

料。在使用金刚石薄膜做散热的热沉时,半导体激光器和高功率的集成电路温度的上升远低于陶瓷材料。金刚石电阻高,又耐磨,也很适合与集成电路搭配,是良好的散热基底。半导体上所用硅具有极低的热膨胀系数,金刚石的热膨胀系数和硅的差异很小,因此两者的配合良好,此外,金刚石薄膜热沉片在骤冷骤热时也能承受热冲击,不易损坏。

室温时Ⅱ型单晶金刚石(含极少或几乎不含氮杂质)的热导率为铜的4~5倍,达到2200W/(m·K),Ⅰ型(含有一定数量的氮杂质)的相对差一些,约为900W/(m·K),但仍远高于一般的金属。图2-22列出了多种材料的热导率。由图可知,天然金刚石的热导率比常用地热沉金属材料以及SiC和AlN等陶瓷材料要大几倍。用天然或高温高压合成的金刚石薄片作热沉,可迅速将元件产生的热量散发掉,以维持器件固有的功能。然而,切割金刚石块并将其研磨成薄片作热沉,虽然热传导性很好,但由于其尺寸小且价格昂贵,仅用于非常有限的范围。

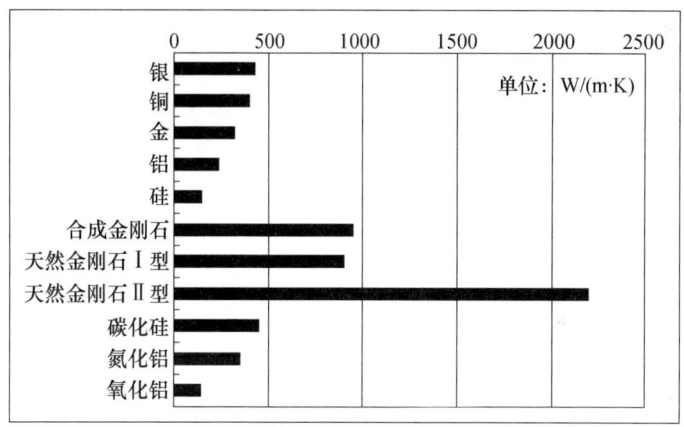

图2-22 多种材料的热传导率对比

近年来,随着化学气相合成金刚石薄膜研究的快速发展,大面积高质量的化学气相沉积(Chemical Vapor Deposition,CVD)金刚石薄膜的生产成为可能,其热导率可达到Ⅱ型金刚石的水平,面积较大而且成本较低。此外,金刚石还具有电绝缘性能好、热膨胀系数低、化学性质稳定等特点,因此金刚石薄膜作为大功率半导体器件、激光器件和微波器件等的热沉,具有最好的散热效果,从而能够起到缩小体积、提高器件输出功率和可靠性的目的。

2.5.2 研究进展

2.5.2.1 国内外发展情况

1982年,S. Matsumolo等人首次利用热丝分解出碳氢活性基团,在硅、钼、二氧化硅基体上成功合成出了金刚石薄膜。随后三十多年间,为了进一步研究和提高金刚石薄膜的形核、生长和质量,出现了一些新的方法,包括微波等离子体化学气相沉积、热丝化学气相沉积、燃烧火焰法等。微波等离子化学气相沉积装置尽管昂贵,但在人工合成金刚石方面获得较为广泛的研究与应用。在试验装置中,微波透过石英窗口后进入腔体内进行放电。气体(通常为甲烷和氢气)中的电子吸收微波的能量后加剧相互之间的碰撞进而导致气体分子在加热之后发生分解。由碳源与氢气分解的各种反应活性基团,最终在等离子体球里面的基体上进行金刚石薄膜的沉积。其中,等离子体球的位置移动可以通过调节螺旋来实现。

最近二十余年来的 CVD 金刚石膜的制备进展主要反映在沉积速率和质量的飞速提高以及制备成本的大幅度降低。与 20 世纪 80 年代中期相比,金刚石膜的沉积速率提高了近 1000 倍,而制备成本也相应降低到原来的 1/10000。这主要归因于大面积、高生长速率沉积设备的成功研发及对于金刚石化学气相沉积机理的深入认识。

Diamond Materials 公司利用微波化学气相沉积方法能够制备具有不同热导率的金刚石膜,制备金刚石的最高热导率在 300K 时可达 2000W/(m·K),接近于天然金刚石的水平[19]。Element Six 公司利用微波化学气相沉积技术制备了热导率大于 2000W/(m·K)的金刚石膜,并利用这种金刚石膜制作成金刚石散热器。这种散热器具有超高的热导率、低热膨胀系数和高电绝缘性,可以在极端热管理领域应用。英国 De Beers 工业金刚石公司采用化学气相沉积方法,沉积出了厚为 0.3mm 的高质量的金刚石板,其在 300K 时的热导率达到 2100W/(m·K)。美国 Sandia 国家实验室已试验了一种多芯片金刚石膜片用于耗散由 25 个电子部件组成的大功率电子系统,可瞬间散出超过 100W 的功率。

国内从"八五"开始相继有一些科研单位,如北京科技大学、兰州空间技术物理研究所以及吉林大学进行了金刚石膜的热学应用研发,在大面积高热导率级别金刚石自支撑膜的制备方面取得了较大进展,已有能力制备 800～1900W/(m·K)的各种热导率级别的金刚石热沉片。国内的研究人员以前一直是在做结构材料研究的,近年来才对其做电子器件散热功能方面进行研究,主要集中在兰州空间技术物理研究所、北京有色金属研究总院、北京科技大学、天津大学等单位。兰州空间技术物理研究所通过微波 CVD 方法制备出了热导率为 1320W/(m·K)的热沉材料,并同时在铜/金刚石复合热沉方面进行了相关的研究。

2.5.2.2 制备方法

1. 金刚石厚膜热沉的制备

固体中传导热量的载体主要是电子、格波声子及磁激发。固体的导热系数是由各种导热载体的贡献叠加而成：

$$k = \frac{1}{3}\sum_i c_i v_i A_i \qquad (2-28)$$

i 代表导热载体的类型。对于金刚石这样的绝缘体,晶格振动的格波是主要的导热载体,这时导热系数应表示为

$$k_\mathrm{D} = \frac{1}{3} c_\mathrm{p} v L_\mathrm{p} \qquad (2-29)$$

式中：c_p 为格波对单位体积比热的贡献；v 为格波在固体中的传播速度。

这里 c_p 可视为金刚石的比热,v 为声速,L_p 是声子的平均自由程,它对导热系数的影响是至关重要的,L_p 的大小是由声子所受到的散射过程所决定的,对于人工合成的多晶金刚石膜,这种散射过程主要包括声子—声子,声子—同位素,声子—杂质以及声子—晶界之间的散射。因此提高金刚石膜的热导率必须从制备工艺入手,通过优化工艺条件减少引起上述散射过程的因素。

目前世界各国已发明了 20 多种低压气相合成金刚石薄膜的方法。如直流电弧等离子喷射 CVD 法(DA – PCVD)、电子回旋共振等离子体 CVD 法(ECRM-WCVD)、激光辅助 CVD 法(LA – CVD)、微波等离子体 CVD 法(MW – PCVD)、热丝 CVD 法(HF – CVD)。其中以微波等离子体 CVD 法(MW – PCVD)和热丝 CVD 法(HF – CVD)最为常见。

微波等离子体化学气相沉积(MPCVD)是目前能够稳定沉积出比较均匀、纯净和高质量金刚石膜的最具前途的技术之一,也是目前最适合用于制造电子器件用金刚石膜的制备方法之一,其主要原因在于 MPCVD 得到的金刚石膜化学纯度高,氢杂质含量为 1000μg/g,保证了金刚石膜的纯度；另一方面 MPCVD 提供了非平衡态等离子体,电子温度高达上万度而离子温度低,从而保证了金刚石膜的低温沉积,避免了对基底的破坏。

热丝化学气相沉积(HFCVD)法目前也已经发展成为沉积金刚石薄膜较为成熟的方法之一,这种方法的基本原理是靠在基底上方设置金属热丝高温加热分解含碳的气体,形成活性的粒子在原子氢的作用下形成金刚石。这种方法设备结构相对简单,金刚石薄膜沉积速率快,可以用来沉积大面积的金刚石薄膜。

总体上金刚石膜的制备主要是利用化学气相沉积法。化学气相合成金刚石薄膜的沉积是在低温(700~1100℃)、低压(几百帕到 1 万帕)条件下,其过程概括为：含 C 气源和氢(氧)气,在低温(700~900℃)热解或等离子激活作用下使气体离化,同时产生大量的中性含碳基团(如 CH_3 或 C_2H_2)和能够刻蚀 sp^2 杂化碳的原子氢(氧),并在这些基团或原子的共同作用下于基体表面沉积,得到以

sp³杂化碳结构的金刚石薄膜。

金刚石的晶粒尺寸、晶粒取向、膜厚、杂质和缺陷等因素对金刚石膜的热导率有比较大的影响。在沉积参数不变的条件下,通过用金刚石粉末研磨基底时间的不同来控制金刚石薄膜的形核密度,从而获得不同晶粒尺寸的金刚石薄膜。通过控制基底温度可获得不同的晶粒取向的金刚石薄膜,数据显示(100)取向的金刚石膜热导率为573W/(m·K),(220)为主要显露面的金刚石膜热率为887W/(m·K),(111)取向的金刚石膜的热导率为1000W/(m·K)。在三个常见的(100),(111)和(111)取向中,(111)取向对金刚石膜的热导率最有利,一般认为这和面致密度和单位频率间隔声指数的关系来解释。

微波等离子体化学气相沉积金刚石薄膜的晶体结构对生长条件非常敏感,受到CH_4/H_2比例、基底温度和生长速率的影响较大。图2-23为金刚石薄膜的生长条件,其中a区既无金刚石生成也无石墨生成;b区(111)取向生长优先;c区(111)取向和(100)取向生长共存;d区(100)取向生长优先;e区(100)取向优先,并且晶粒沿<100>方向生长;f区生成具有光滑表面的纳米金刚石薄膜或非晶碳薄膜;g区生成碳纳米线。在低甲烷浓度、低基底温度的低速生长条件下,生成具有三角晶形的(111)取向金刚石薄膜,薄膜中具有大量的孪晶缺陷;当甲烷浓度、基底温度增加至一定值时,开始出现具有正方晶形的(100)取向金刚石薄膜的生长;在更高甲烷浓度下则倾向于生长纳米晶金刚石薄膜。

兰州空间技术物理研究所利用Overmoded型微波等离子体化学气相沉积系统通过控制沉积条件分别制备了纳米晶金刚石薄膜、(111)取向微米晶金刚石薄膜和(100)增强取向的微米晶金刚石薄膜,沉积条件如表2-21所列。它们表

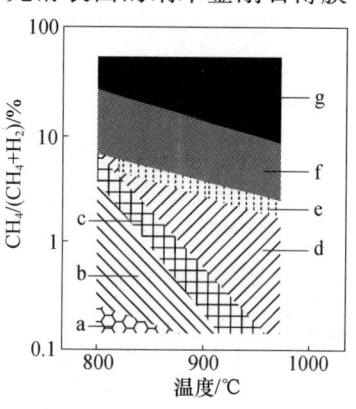

图2-23 不同晶体结构金刚石薄膜的生长条件相图[20]

面和断面的扫描电镜照片如图2-24、图2-25和图2-26所示,纳米金刚石薄膜表面非常光滑,粗糙度仅为8.6nm,金刚石晶粒成球状,根据谢乐公式计算晶粒尺寸在13nm左右,薄膜中存在大量的晶界;(111)取向微米晶金刚石薄膜具有非常粗糙的表面,表面粗糙度为450nm,呈现出三角晶形,晶粒尺寸在8~15μm之间,晶面存在较多孪晶、位错等缺陷,存在较多的晶界;(100)增强取向的微米晶金刚石薄膜呈现出明显的四边形晶体形貌,晶粒较均匀,晶粒尺寸为3~5μm,晶面平整无孪晶,薄膜表面粗糙度为118nm,远小于具有同样厚度(21μm)的(111)取向金刚石薄膜的表面粗糙度[21]。

表 2-21 不同结构金刚石薄膜的沉积条件

沉积参数	纳米晶 金刚石薄膜	(111)取向微米 金刚石薄膜	(100)增强取向的微米 金刚石薄膜
微波功率/W	2000	4000	4200
$H_2/(H_2+CH_4)/\%$	3	1	1
基底温度/℃	820	850~900	1040

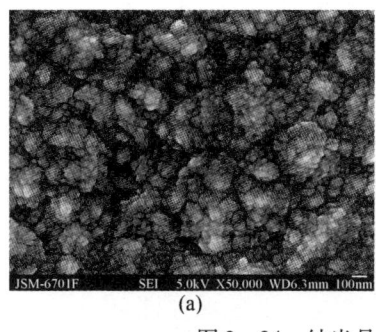

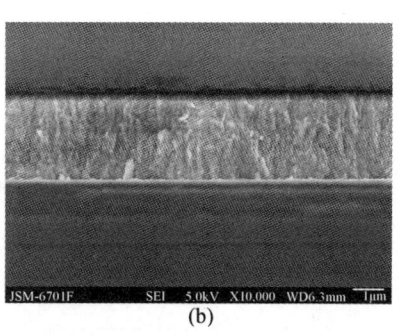

图 2-24 纳米晶金刚石薄膜 SEM 照片
(a)表面;(b)断面。

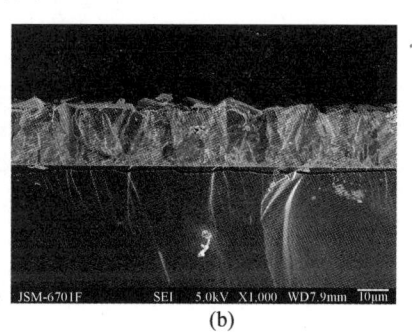

图 2-25 (111)取向金刚石薄膜 SEM 照片
(a)表面;(b)断面。

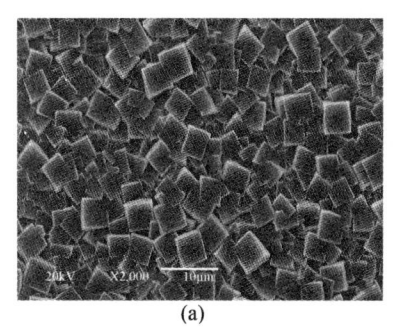

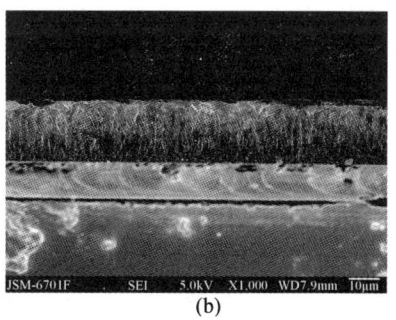

图 2-26 (100)增强取向金刚石薄膜 SEM 照片
(a)表面;(b)断面。

上述三种金刚石薄膜的 X 射线衍射和 Raman 散射谱如图 2-27、图 2-28 和图 2-29 所示。XRD 谱线表明这三种金刚石薄膜的结构与表面形貌一致,其中

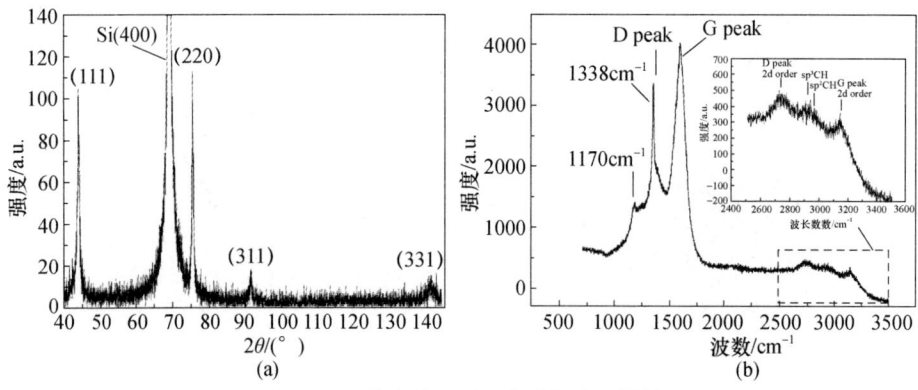

图 2-27 纳米晶金刚石薄膜的微观结构
(a)XRD;(b)Raman 谱线。

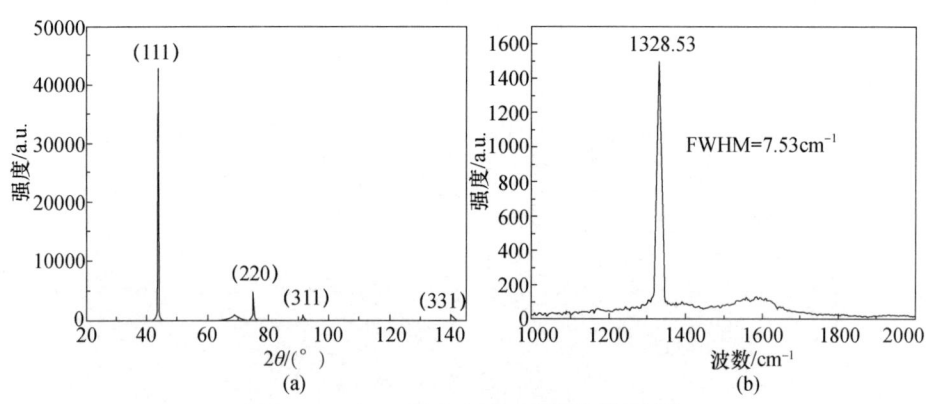

图 2-28 (111)取向金刚石薄膜的微观结构
(a)XRD;(b)Raman 谱线。

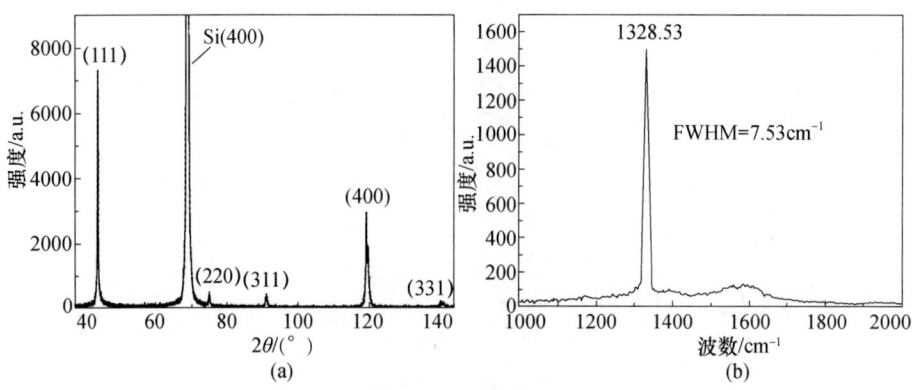

图 2-29 (100)增强取向金刚石薄膜的微观结构
(a)XRD;(b)Raman 谱线。

(100)增强取向金刚石薄膜的 XRD 谱的(100)和(111)衍射峰强度比 I(100)/I(111)为 0.4,远大于天然金刚石的值 0.07,说明了非常强的(100)取向。Raman 谱线表明纳米晶金刚石薄膜的质量最差,其中含有大量的石墨、过聚乙炔碎片等杂质,(100)增强取向金刚石薄膜的一级 Raman 散射峰的半高宽比(111)取向金刚石薄膜的小 $2cm^{-1}$,说明了(100)增强取向金刚石薄膜的晶体质量更高。

在金刚石薄膜中,孪晶、位错、堆垛层错等主要缺陷除了与金刚石薄膜的化学气相沉积条件存在密切关系外,还与金刚石薄膜的取向有关,其中(100)取向的金刚石薄膜能有效地抑制缺陷的形成,主要因为:①金刚石的孪晶缺陷会因不同的生长面而不同,金刚石晶粒长大过程中(100)面方向长大时产生的缺陷较少,而(111)面方向长大时可产生密度很高的微孪晶缺陷。金刚石晶体内存在的大量微孪晶,主要分布在{111}晶面上。金刚石孪晶和晶体取向之间的关系是由不同生长面的特性造成,生长面是(111)面时,表面孪晶形核相对容易,在{111}面上原子排列次序为 ABCABC;形成孪晶后,原子排列次序为 AB-CABACBA,形成孪晶面仅需要将 C-A 旋转 60°。在{100}面上原子排列次序为 ABABAB,形成孪晶的排列次序为 ABABBABA,形成孪晶晶面需要将 A 层原子平移才行,所需的能量较高。更因金刚石为共价晶体,C—C 键极强,因而在{100}面上晶核生长时,难以形成孪晶。②金刚石薄膜中的位错和堆垛层错多形成在金刚石的{111}晶面,当 CVD 金刚石晶粒的显露面为{100}面时,位错和堆垛层错缺陷常分布在靠近晶粒边界的区域,而且(100)取向的金刚石薄膜相比(111)取向具有更低的晶界密度,因此(100)取向的金刚石薄膜含有的位错和堆垛层错缺陷更少。这就是上述(100)取向金刚石膜具有更高晶体质量的原因。

研究表明,金刚石的取向程度对金刚石膜的热导率具有重要影响,较高程度的(100)晶面取向的晶粒构成的金刚石膜具有高的热导率特性,这可能由于(100)取向的金刚石膜相比(111)取向的金刚石膜具有更少的缺陷,从而降低了对导热声子的散射。

2. 铜/金刚石复合热沉的制备

关于复合材料的热导率,颗粒增强金属基复合材料的热导率是可以根据基体和颗粒材料的热导率和颗粒在基体中的含量进行计算的。许多学者对此进行了详细的研究并在假设组成相不固溶的基础上推导出了计算颗粒增强复合材料热导率的理论模型,如 Bruggeman 理论模型、Lewis 和 Nielsen 半经验模型、Maxwell 理论模型和几何平均值模型等。其中几何平均值模型为

$$\lambda_c = \lambda_i^{v_i} \lambda_m^{(1-v_i)} \qquad (2-30)$$

由以上模型可知,复合材料的热导率与颗粒增强体的热导率和体积百分含量有关,并且随着颗粒增强体热导率的增加而增加。如果颗粒增强体的热

导率低于基体,则复合材料的热导率随着颗粒体百分含量的增加而降低。根据马双彦的试验结果,由几何平均值模型计算的金刚石/铜复合材料热导率理论值如表 2-22 所列,其中取 $\lambda_i = 600W/(m \cdot K)$,$\lambda_m = 390W/(m \cdot K)$,复合材料的热导率是随金刚石含量的增加而增加的。但是,实际试验结果却与其相反。

由图 2-30 可以看出,随金刚石含量的增加,金刚石/铜复合材料的热导率逐渐降低。这是因为复合材料的热导率不仅与增强体的热导率和体积含量有关,还与复合材料的界面状态有关。这里必须引入界面热阻的概念。如果增强体和基体界面结合达到理想的状态,即界面热阻为零,则增强体尺寸对复合材料的导热性能没有影响。而实际上复合材料的界面是不可能达到理想状态的,且一般情况下,界面还是材料内部热阻的主要来源。界面越多,界面热阻越大,复合材料的导热性能就会大大下降。

表 2-22 不同金刚石体积含量的金刚石/铜复合材料热导率

样品	金刚石体积 百分含量	密度/ (g/cm³)	理论热导率/ (W/(m·K))	实际热导率/ (W/(m·K))
1	0	8.76	390	355
2	5	8.49	398	314
3	10	8.21	407	272
4	20	7.65	425	246
5	50	6.01	483	185

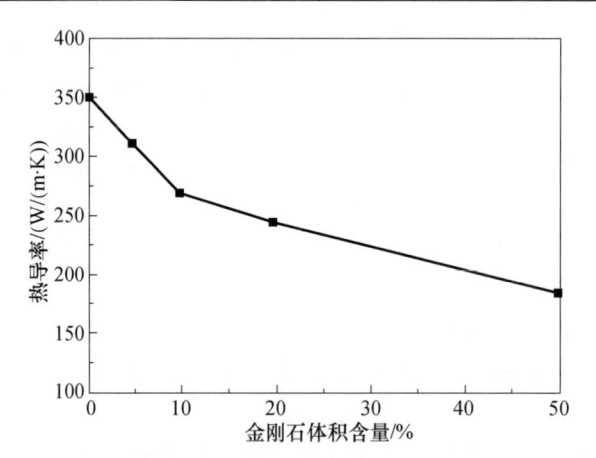

图 2-30 不同金刚石体积含量的金刚石/铜复合材料热导率

界面问题一直是复合材料的关键问题。界面作为增强纤维与基体连接的"纽带",对复合材料的物理、化学及力学性能有着至关重要的影响。从 Hasselman - Johnson 关于复合材料理论热导率公式也可以看出,界面热阻正是由于界面的存在而产生的。金刚石和铜的浸润性极差,在 1150℃时为 145°,而且金刚石是声子传热,而铜是金属,是自由电子导热,两种材料的导热机制也不一样。为了改善铜/金刚石复合材料的界面问题,国内外目前主要从制备工艺和表面改性两方面做了相关研究。从制备工艺上,主要把金刚石和铜复合粉体在高温高压条件下直接成型,金刚石和金刚石直接连在一起,解决了高体积比复合材料中金刚石颗粒接触界面的结合问题[22]。

目前对于金刚石热沉的制备过程中的关键技术主要集中在以下三个方面:

1)大面积、高质量、高导热率金刚石膜制备技术

目前国内外在合成金刚石薄膜方面主要应用的是微波等离子体 CVD 法和热丝 CVD 法。其中微波等离子体 CVD 法由于等离子体体积的大小限制了金刚石薄膜沉积面积的尺寸,很难得到大面积的金刚石薄膜。反应过程中气压、基板温度、反应气体浓度等主要参数对于降低膜的内应力,保证膜的机械强度和稳定的机械外形起到了至关重要的作用。通常情况下金刚石薄膜的沉积速率一般只能达到几微米到十几微米/小时,很难达到更高的沉积速率。而热丝 CVD 法中大面积、变形小的热丝制作比较困难。因此如何获得大面积、高质量、高导热率金刚石膜是 CVD 法制备金刚石薄膜过程中的关键技术。

2)铜/金刚石复合热沉制备技术

影响金刚石/铜复合材料热导率的因素有很多,有时候是多种因素综合导致的结果。但是从材料科学的共性原理出发,材料的性能主要和材料的成分、结构、制备工艺有关,金刚石/铜复合材料也不例外。成分的影响除了金刚石本身的纯度、缺陷等外,金刚石的体积分数、粒度均能显著影响热导率。复合材料的热导率随着金刚石体积分数和粒度的增加,均呈先增加后减少的趋势,中间有个极值,如图 2-31 所示。不同的文献有不同的报道,这和原材料的纯度、制备工艺等有关。一般认为,金刚石的体积分数在 60%~70%,粒度在 200μm 左右,复合材料有较高的热导率。

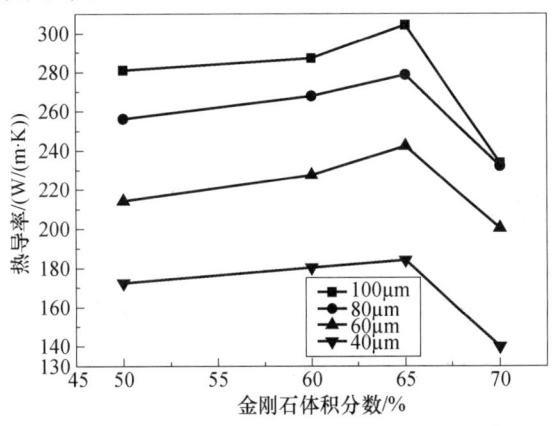

图 2-31 金刚石粒度和体积分数对复合材料热导率的影响

关于复合材料的热导率,很多人提出了一些理论模型,如混合定律、Maxwell 理论模型、Hatta – Taya 公式。从这些理论模型可以看出,随着金刚石体积分数的增加,复合材料的热导率也在增加。同时,Hasselman – Johnson 在上述理论模型基础上,进一步完善了复合材料的热导率模型,他们提出了复合材料的热导率和复合材料的界面(界面导热系数)及增强体粒度有关。金刚石的体积分数和粒度增加到一定程度后继续再增加,复合材料的热导率则又出现降低的趋势,其原因是当两者增加到一定程度后,复合材料烧结致密度降低、界面热阻增大等造成的。

在金刚石/铜复合材料中,金刚石和铜位向排列的微观结构,对其热导率有较大的影响。如果金刚石和金刚石直接接触形成金刚石骨架结构,而铜在金刚石颗粒之间空隙处填充,这样形成了一个网络结构,这种结构有助于提高复合材料的热导率。研究发现,在(8GPa,2100K)和(2GPa,1300~1630K)两种条件下,前者热压合成的复合材料热导率明显高于后者条件合成的复合材料,这主要是由于在前者条件下合成的复合材料形成了金刚石骨架结构而后者没有。另外,金刚石的形状对热导率也有影响,Flaquer J 等人经过研究发现金刚石{001}面导热比{111}面要好。

3) 金刚石薄膜表面抛光技术

CVD 金刚石膜在沉积过程中由于晶体沿着某些晶面择优长大,导致其生长表面凸凹不平,晶粒大小不等,粗糙度 Ra 值一般在几微米至数十微米,而且随着膜厚度的增加,表面粗糙度及晶粒尺寸显著增大。因此,在许多情况下,不经抛光的多晶金刚石膜很难直接应用。然而,由于金刚石膜硬度非常高、厚度薄、化学性能稳定,且块体的内聚强度较低(对金刚石薄膜来说,其附着强度也较低),在抛光时极易发生破裂、损伤。因此,解决 CVD 金刚石膜的抛光已成为扩大金刚石膜应用范围的关键技术之一。

2.5.3 发展趋势

目前,如何将集成电路中的器件产生的热量散发出去,是大规模集成电路的主要问题。如果采用金刚石薄膜做热沉,由于它具有无可比拟的高导热率,这一问题很容易得到解决,可以取代许多电子装置所必需的制冷系统,因而可降低重量,制造出更加紧凑的装置,由此所产生的经济效益是巨大的。因此要满足不同场合的应用需求,制备高热导率的金刚石热沉是未来的主要发展方向。另外,高速高品质金刚石热沉的大面积沉积技术也是尚需解决的重要问题。

2.6 黑色热控薄膜

2.6.1 基本概念

黑色热控薄膜是一类具有较高的 α_s 的薄膜的统称,并不仅仅指表面为黑色的热控薄膜,这里"黑"是一种相对的概念。镀膜型导电黑色 Kapton 薄膜是一种高吸收、高发射的热控薄膜材料,主要应用于消除卫星天线背面及光学敏感器附近的可见杂散光。

镀膜型导电黑色 Kapton 薄膜通常分为两类:一类是只在非导电黑色聚酰亚胺薄膜(Kapton 100CB)上镀制一层 ITO 导电膜;另一类是一面镀制 ITO 导电膜而另一面镀制铝膜。镀制铝膜主要是为了接地方便,但不是必须的。镀膜型导电黑色 Kapton 薄膜具有一系列独特的性能,它的 α_s 与 ε 之比值约等于 1,其反射以漫反射的形式为主,同时具有较好的防静电性能,对于保证航天器在空间环境下的温度水平、整星的等电位设计、天线反射面热控设计和光学敏感器及光学成像卫星的热设计有着重要的作用。相比直接使用黑色 Kapton 薄膜作为消杂光薄膜,镀膜型导电黑色 Kapton 薄膜具有更小的 ρ_s,因此有更强的防静电能力,同时表面的金属氧化物薄膜具有更好的空间防护性能。如图 2-32 所示为兰州空间技术物理研究所研制的镀膜型导电黑色 Kapton 薄膜结构示意图。

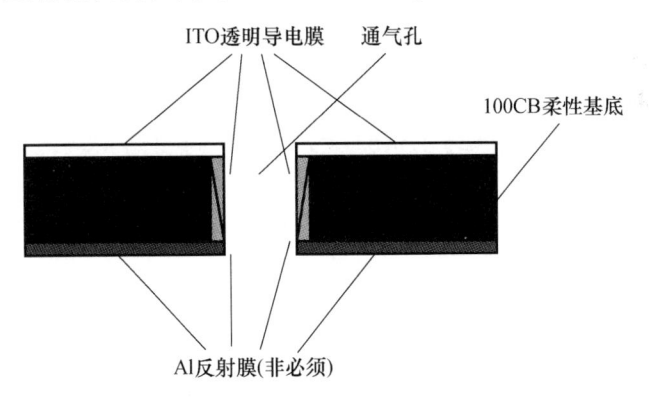

图 2-32 镀膜型导电黑膜结构示意图

2.6.2 研究进展

镀膜型黑色消杂光薄膜是目前在航天器上应用较多的一种黑色消杂光薄膜,一般是由在基底上镀制金属及金属氧化物薄膜,可同时实现选择性消除杂散光、防空间辐照、热控等多种功能,是一种新型的热控薄膜材料。

美国目前使用导电黑色 Kapton 作为消杂光薄膜。黑色 Kapton 在国外卫星上广泛使用,现已普遍用于卫星天线背面的消杂光,消除或避免各种杂散光对成像系统和传感器的干扰;同时也可以减小大型天线的热变形,保障天线的外形尺寸稳定,进而使天线的性能得以保证。另外由于其良好的防静电特性,也可以应用在整星多层隔热材料的外表面。其主要产品特性如表 2-23 所列。

表 2-23 美国的 Sheldahl 公司的黑色消杂光薄膜主要参数

参数	给定值			
薄膜产品型号	100CB	100XC	160XC	275XC
薄膜表面 ρ_s/Ω	$\geqslant 10^{13}$	$10^5 \sim 10^9$	$300 \sim 430$	$230 \sim 290$
瞬时工作温度/℃	$-250 \sim 400$			
连续工作温度/℃	$-250 \sim 290$			
Kapton 面吸收率 α_s	$\geqslant 0.90$	$\geqslant 0.90$	0.93	0.93
Kapton 面 ε	$\geqslant 0.82$	$\geqslant 0.82$	0.84	0.84
铝面吸收率 α_s	$\leqslant 0.18$	$\leqslant 0.22$	$\leqslant 0.22$	$\leqslant 0.22$
铝面 ε	$\leqslant 0.05$	$\leqslant 0.05$	$\leqslant 0.05$	$\leqslant 0.05$
单位质量/(g/m²)	38	38	61	95
薄膜厚度/μm	25	25	41	69

镀膜型黑色消杂光热控薄膜相比黑色导电聚酰亚胺基底具备更优良的耐空间辐照性能,特别是耐原子氧性能远远优于未作任何防护的黑色导电聚酰亚胺基底。

兰州空间技术物理研究所已成功制备出宽幅镀膜型黑色消杂光热控薄膜,产品幅宽可达 1.2m(图 2-33),该产品可以满足卫星热控系统的光、热、电性能要求(表 2-24),该产品在地面上进行了湿热试验和粘贴试验等常规环境试验以及热循环试验、电子辐照、质子辐照、紫外辐照以及原子氧等模拟空间环境试验及充放电地面模拟试验。从表 2-25 可以看出,产品性能的稳定性非常好,满足空间使用要求。

图 2-33 兰州空间技术物理研究所研制的镀膜型导电黑膜

表2-24 兰州空间技术物理研究所研制的黑色消杂光薄膜主要参数

项目	黑色聚酰亚胺基底镀导电膜
厚度/μm	25
幅宽/ m	1.2
颜色	黑色
黑色面 α_s	≥0.90
黑色面 ε_h	≥0.78
黑色面 ρ_s/Ω	≤1×10^7
镀铝面 α_s	≤0.12
镀铝面 ε_h	≤0.05
镀铝面 ρ_s/Ω	≤3
抗拉强度/ MPa	≥100
断裂伸长率	≥50%
200℃热收缩率	≤0.1%
连续环境使用温度/℃	-196~200

表2-25 镀膜型导电黑膜产品的环境稳定性试验结果

试验项目	试验方法	试验结果 α_s	试验结果 ε_h	试验结果 ρ_s/Ω
热循环	-196~+150℃ 100次热循环	≤0.02	≤0.02	≤1×10^7
真空-紫外辐照	压力不大于 1×10^{-3} Pa,辐照总剂量为5000ESH	≤0.05	≤0.05	≤1×10^7
真空-电子辐照	压力不大于 1×10^{-3} Pa,辐照总剂量为 $2.0 \times 10^{16}/cm^2$,电子能量为50keV	≤0.05	≤0.05	≤1×10^7
真空-质子辐照	压力不大于 1×10^{-3} Pa,辐照总剂量为 $2.0 \times 10^{15}/cm^2$,电子能量为50keV	≤0.05	≤0.05	≤1×10^7
原子氧	压力不大于 1×10^{-3} Pa,累计通量为 $3.5 \times 10^{21}/cm^2$	≤0.05	≤0.05	≤1×10^7
湿热试验	相对湿度不小于95%、温度为 50±2℃ 的环境中,连续放置24h	≤0.02	≤0.02	≤1×10^7
附着力	剥离强度为2~4N/cm 的胶带,要求胶带宽度10mm,长度40mm。紧贴膜层中间区域,离边缘不小于3mm,胶带与试件间不留气泡。用手缓慢垂直拉掉胶带,检查该位置的外观	膜层不起皮、不起泡、不开裂、不脱落		

2.6.3 发展趋势

要保证黑膜的可见光高吸收特性,必然要求其反射率尽可能地低。传统薄膜材料其反射率基本无法控制在0.035以下,对于消杂光要求苛刻的热控应用场合,必须采用特殊材料来满足其需求。戈达德飞行中心的研究人员对碳纳米管的消杂光特性进行了测试,表明在300~2000nm波长范围内,其反射率随波长增加单调递减(反射率从0.012降低至0.002),是名副其实的超黑材料[23]。

2.7 单一结构热控薄膜的优缺点及适用性

单一结构的热控薄膜,由于其结构相对简单,因此主要针对某一特定的热控目的,其使用部位较为固定。例如载人航天器密封舱采取隔热措施,最大限度减少与舱外的热交换,而聚酰亚胺镀锗膜则是为了满足大型曲面部件的热控,同时不影响所使用部位的透微波特性。表2-26列出了单一结构热控薄膜的主要优缺点及其适用范围。

表2-26 单一结构热控薄膜的优缺点及适用性

热控材料	优点	缺点	适用性
Ge/Kapton热控薄膜	粘贴于卫星天线表面,面积大,易于装配,具有高的太阳反射率和红外发射率,低的微波差损和良好的防原子氧性能	存在湿热环境敏感性,需要储存在较干燥环境	卫星天线表面的包裹热控材料,应用于各类遥感、通信、导航、深空探测、科学试验卫星
多层隔热反射屏热控薄膜	优良的隔热效果,用于卫星多层隔热,面积大,具有低吸收、低发射特性	贴装较为繁琐	适用于各类遥感、通信、导航、深空探测、科学试验卫星
SiO_2热控薄膜	发射率可根据厚度进行调控,并具有一定的防原子氧特性	高速率薄膜沉积较难实现	良好的空间适应性,较适合低轨航天器
$Ti_xAl_yN_z$热控薄膜	中等吸收率、发射率热控薄膜,能够抵抗紫外辐照、带电粒子辐照、低轨道原子氧侵蚀及空间碎片撞击等	薄膜成分调整困难	是空间小卫星热控制的理想选择

（续）

热控材料	优点	缺点	适用性
金刚石薄膜	高的热传导率,低的热膨胀系数,适于机械加工及焊接	受薄膜制备方法的限制,薄膜表面粗糙度较大,需要对其进行抛光处理降低同散热器件之间的热阻	高密度电子器件的散热,如大功率LED芯片散热
黑色热控薄膜	同时实现热控、选择性消除杂散光、防空间辐照等多种功能	特殊用途的消杂光性能还有待进一步提高	主要应用于各种光学系统,在一定波长范围强烈吸收光线,降低系统的杂光和散光现象,如卫星天线背面、相机筒的消杂光,消除或避免各种杂散光对成像系统和传感器的干扰

第 3 章
复合结构被动热控薄膜

本章介绍了玻璃型二次表面镜、柔性二次表面镜、金属-陶瓷(介质)复合热控薄膜、CCAg 光学多层复合热控薄膜和黑色热控薄膜的概念、材料结构、原理与特性,并对其发展趋势作了简要分析。

3.1 玻璃型二次表面镜

3.1.1 基本概念

光学太阳反射镜(Optical Solar Reflector,OSR)又称为二次表面镜(Second Surface Mirror,SSM),之所以称为二次表面镜是因为 OSR 由高发射率的第一表面和对太阳光谱有高反射率的第二表面组成。OSR 的第一表面是发射率大于 0.8、厚度为 0.2mm 左右的玻璃基材,为了起到防静电积累的作用,通常在第一表面上镀有透明导电薄膜,一般为氧化铟锡(Indium Tin Oxide,ITO);OSR 的第二表面是金属膜层,由高反射层和保护层组成,高反射层通常为银(或铝)层,背后的保护层为高温镍基合金膜。

OSR 具有 α_s 低、ε 高的特点,其 α_s/ε 可达 0.062,是目前吸收—发射率比最低的一种热控薄膜。其主要技术特点是:①对太阳光谱具有高的反射率,可将强烈的日光反射掉,从而减少强日光造成的卫星温升;②在 5~30μm 波段具有很高的发射率,因此可将卫星内部的废热发射出去,有效降低星载仪器的温度,使其始终处于正常工作的温度范围。

OSR 热控薄膜的典型的结构如图 3-1 所示。该产品应用时 ITO 薄膜朝向外太空。ITO 膜层与玻璃基底共同组成了 OSR 产品的第一表面,也就是高发射率层,这个第一表面可以将传导至它的热量以红外的方式向外太空辐射出去,从而排散掉卫星内部多余的热量。导电性能是 ITO 薄膜最重要的性能,通常要求该膜层表面电阻小于 10kΩ,这样能够有效起到防静电的作用。另外高透过率也是ITO薄膜必需的。高透过率是OSR实现高反射的前提。OSR上的ITO薄膜通常可见光谱透过率达到95%以上。ITO薄膜结构致密,具有较高的空间稳定性,能够有效抵抗空间原子氧、紫外辐照、电子、质子辐照等。金属反射层具有非常高的光学反射率,是保证OSR热控薄膜低α_s的重要膜层。通常金属反射层需要高温镍基合金膜层对其加以保护。

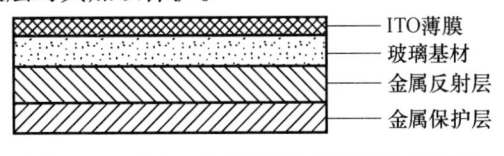

图3-1 玻璃二次表面镜(OSR)结构示意图

3.1.2 研究进展

OSR产品的主要技术指标为α_s、ε和表面电阻等几项,国际上对其性能指标的要求通常为①光学性能:α_s小于0.10;②热学性能:ε大于0.76;③电学性能:导电膜的对角电阻不大于21kΩ,前后表面任意两点电阻不大于200kΩ;④膜层附着力:经符合拉力要求的拉带试验后膜层完好无损伤;⑤具有良好的空间环境适应性。

OSR由基底、透明导电膜、反射膜及保护膜构成,每种膜层都有各自的功能要求,而且膜层之间存在一定的关联,并直接影响OSR的光学性能、热学性能及力学性能。对OSR各膜层的基本要求主要包括①透明导电膜要求具有很高的透过率,一般要求大于95%,同时需要满足导电性的要求;②金属反射膜要求具有很高的反射率,以保证能够形成对太阳光谱的有效反射,最大程度降低α_s,原则上该膜层对红外的反射也尽可能的大,并具有良好的膜层附着力;③金属保护层主要实现对反射膜的保护,防止其被污染增加α_s,同时防止外界对其造成的机械损伤。

ITO薄膜的制备主要采用两种方法:①通过铟锡合金靶反应溅射;②直接用ITO陶瓷靶的溅射工艺。后者避免了反应溅射中形成低价氧化物,造成电学和光学性能下降的问题。ITO镀膜的工艺过程主要通过调整射频溅射功率、沉积时间、溅射气氛、退火条件等工艺参数,并结合ITO的电阻测试以及镀制反射层后的反射率测试结果最终确定。

金属反射膜的制备本身不存在困难,但是要保证高反射率的同时并能够保证高的膜层附着力需要采取一定的技术措施。真空镀膜技术中,提高膜层附着力的方法有很多:基底加热、加入过渡层、偏压溅射、电子轰击、等离子体辉光放电清洗以及离子束清洗或镀膜过程采用离子束辅助沉积等。其中离子束清洗工艺是提高OSR反射膜的膜层附着力的一种有效方法。这种方法能够消除辉光放电清洗过程中的打火而造成的针孔,可以显著提高 OSR 的成品率以及外观质量;其工艺重点是解决溅射气氛、溅射功率、溅射时间等参数,并调整离子源清洗时间、清洗气氛以及清洗功率(电流)等参数,特别是需要优化离子源轰击的时间并调整好离子源轰击的时机。

国际上生产 OSR 产品的主要有美国 Optical Coating Laboratory(OCLI)公司和英国 Point–source(PS)公司,其中美国 OCLI 公司的产品是石英玻璃型,其产品有三种类型:①标准导电型 OSR;②标准非导电型 OSR;③改进导电型 OSR。OSR 产品的尺寸规格通常为 40mm×40(20)mm×0.20mm,40mm×40(20)mm×0.15mm,40mm×40(20)mm×0.10mm,40mm×40(20)mm×0.07mm 等不同的规格产品。另外,根据所用玻璃基材的不同,OSR 又可分为石英玻璃型二次表面镜和掺铈玻璃型二次表面镜;根据是否有导电膜层又可分为导电型和非导电型玻璃二次表面镜;根据反射层材料的不同可分为镀银型和镀铝型玻璃二次表面镜。

英国 PS 公司的产品主要是掺铈玻璃二次表面镜,它占据了国际 OSR 产品商业市场80%的份额。其 OSR 产品主要性能指标见表 3–1。

表 3–1 英国 Point–source 公司 OSR 产品主要性能指标

OSR 类型	产品牌号	最大 α_s	ε	前表面电阻/ kΩ	前后面间导电性/ kΩ
标准 OSR	PS343	0.100	0.86	/	/
导电 OSR	PS344	0.100	0.83	<5	<200
抗紫外 OSR	PS347	0.060	0.83	/	/
导电抗紫外 OSR	PS349	0.060	0.83	<5	<200
导电 CMO 基 OSR	PS613	0.085	0.83	<5	<200
CMO 基 OSR	PS614	0.085	0.87	/	/

国内研制生产 OSR 产品的单位为兰州空间技术物理研究所和上海硅酸盐研究所,两单位均自20世纪80年代开始该产品的研制。兰州空间技术物理研究所从1986年开始研制玻璃型二次表面镜,1989年玻璃型二次表面镜通过技术鉴定,鉴定认为"其主要性能达到国际先进水平"。1990年,玻璃型二次表面镜在"东二甲"上搭载做飞行试验,在轨五年多的飞行数据表明,兰州空间技术物理研究所研制的 OSR 具有较好的空间稳定性。经过研制阶段、工程化阶段、产品化阶段等过程的研究和发展,兰州空间技术物理研究所在 OSR 产品的研制和试验方面有许多自己独特的生产技术,研制的星用 OSR 产品不仅填补了国内生产空白,而且具有完全知识产权;同时还建立了比较齐全的生产体系和测试评价体系,OSR 生产线年生产 OSR 产品可达 100m^2 以上,能够生产32个品种规格的 OSR 产品,成为中国空间技术研究院 OSR 产品的主要定点生产单位,生产的

各类产品技术指标已达到国际同类产品水平,产品工艺固化成熟,质量稳定可靠,生产的各类型 OSR 产品已广泛应用到高、中、低等不同轨道卫星,产品系列完全满足了我国型号设计的需求。图 3-2 所示为粘贴于卫星组件上的由该所研制的 OSR 产品,主要技术指标见表 3-2。上海硅酸盐研究所的产品与兰州空间技术物理研究所相类似,同样应用于我国多个卫星。

图 3-2　粘贴于卫星组件的 OSR 产品

表 3-2　兰州空间技术物理研究所镀银与镀铝两种 OSR 的主要技术指标

玻璃型二次表面镜热控薄膜	α_s	ε_h
石英玻璃型镀铝二次表面镜	0.12 ± 0.02	0.78 ± 0.02
石英玻璃型镀银二次表面镜	0.07 ± 0.02	0.78 ± 0.02
掺铈玻璃型镀铝二次表面镜	0.15 ± 0.02	0.82 ± 0.02
掺铈玻璃型镀银二次表面镜	0.09 ± 0.02	0.80 ± 0.03

随着通信卫星向大功率和长寿命的方向发展的趋势,航天器上仪器设备的增加、散热要求的提高,对 OSR 产品的数量和空间环境寿命提出了更高的要求。为满足日益迫切的需求和提高产品的质量和可靠性的要求,兰州空间技术物理研究所对 OSR 产品进行了相当于 15 年空间环境试验模拟考核,验证了产品的空间稳定性和长寿命高可靠性。考核项目包括高低温循环试验、充放电试验、原子氧冲蚀试验、紫外及电子与质子等空间辐照试验。其中对镀银型取近紫外辐照 5000ESH,对镀铝型取近紫外辐照 3000ESH,加速倍数为 3~5;电子与质子辐照时,电子与质子能量均为 50keV,辐照剂量分别采用相当于地球同步轨道卫星在轨 0.5 年、1 年、3 年、6 年、9 年、12 年、15 年所接受的辐照总剂量(模拟 15 年时,电子通量为 $2 \times 10^{16} e/cm^2$,质子通量为 $2 \times 10^{15} p/cm^2$)。测试了试验样品的表面电阻、ε_h 和 α_s,对空间环境给 OSR 造成的性能影响进行了定量研究[24]。

表3-3为OSR高低温热循环试验的结果。

表3-3 热循环试验结果

试样	试验前		试验后		其他
	ε_h	α_s	ε_h	α_s	
1#	0.78	0.078	0.78	0.078	外观完好
2#	0.82	0.084	0.82	0.084	外观完好
3#	0.82	0.119	0.82	0.120	外观完好
4#	0.79	0.112	0.79	0.113	外观完好

注：热循环试验条件为液氮温度 -196℃ ~100℃间交变100次

从热循环试验结果可以看出，经热循环试验后，膜层无剥落、裂纹现象，吸收率和发射率没有变化，符合要求（吸收率的变化在仪器的测量误差 ±0.002 之内）。

采用SCF-900航天器带电地面综合模拟试验设备对OSR进行了充放电试验中。利用电子枪产生电子环境使OSR薄膜表面充电，用表面电位计探头上的法拉第杯测量电子枪产生的电子束流，通过电子枪的加速电压调节试验所需的电子能量，利用表面电位计测量OSR薄膜充电电位，试验结果见表3-4。

表3-4 充放电试验结果

表面充电电位/V　　电子束能量/keV　　测试试样	10	15	20
1#	<100	<100	<100
2#	<100	<100	<100
3#	<100	<100	<100
4#	<100	<100	<100
5#(非导电)	<100	850	900

注：1. 电子束能量为20keV, 15keV, 10keV；
2. 电子束流密度为2.0nA/cm²；
3. 真空度为优于 1×10^{-3} Pa

通过以上试验结果可以看出，非导电OSR在充电特性试验中表面充电电位达到 -900V，不能满足防静电的要求；而导电OSR接地在充电特性试验中表面充电电位都在 -100V以内，均可满足防静电的要求。

原子氧冲蚀试验在同轴源原子氧模拟装置上进行，试验参数和结果见表3-5。

第3章 复合结构被动热控薄膜

表3-5 原子氧试验结果

试样	试验前 表面电阻/kΩ	ε_h	α_s	试验后 表面电阻/kΩ	ε_h	α_s	质量损耗/mg	其他
2#	3.4	0.82	0.081	7.0	0.82	0.085	—	外观完好
3#	2.1	0.82	0.116	4.3	0.82	0.121	0.18	外观完好
4#	3.8	0.78	0.120	7.5	0.78	0.124	0.20	外观完好

注：1. 原子氧能量为 5~8eV；
2. 原子氧通量密度为 1.16×10^{16} AO/(cm²·s)；
3. 原子氧累计通量为 2#试样为 2×10^{20} OA/cm²，3#、4#试样为 6.0×10^{20} AO/cm²

可以看出，OSR 在经过原子氧试验后，表面电阻和热控性能均满足使用要求，α_s 在经过原子氧试验后分别比试验前增加了 0.005 和 0.004，变化率分别为 4.3% 和 3.3%，ε_h 保持不变，试验表明 OSR 的耐原子氧冲蚀能力很好，α_s 和 ε_h 的稳定性也很好。

紫外辐照装置中对四种类型的 OSR 进行了紫外辐照试验，试验数据见表3-6及图3-3。

表3-6 紫外辐照试验结果

等效太阳小时 (ESH)	1# ε_h	表面电阻/kΩ	2# ε_h	表面电阻/kΩ	3# ε_h	表面电阻/kΩ	4# ε_h	表面电阻/kΩ
0（初始）	0.78	2.0	0.81	2.5	0.82	2.0	0.79	4.3
3000	—	—	—	—	0.82	2.1	0.78	2.9
5000	0.78	2.3	0.81	2.6	—	—	—	—

注：1. 试验时辐照光谱为 200~400nm；
2. 真空度优于 1.0×10^{-3} Pa

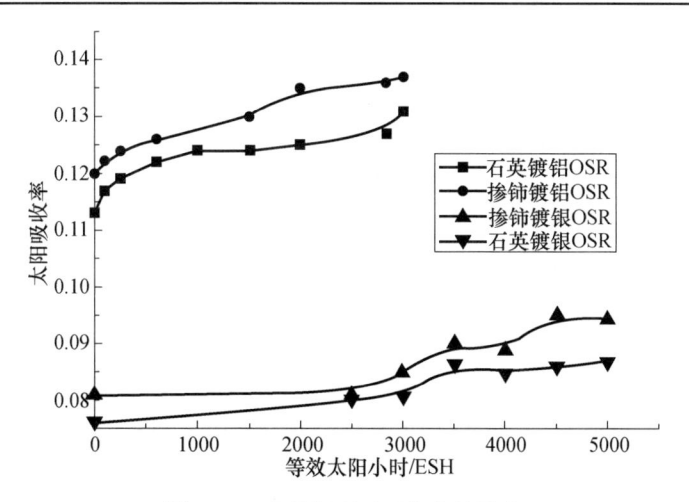

图3-3 紫外辐照对吸收率的影响

从以上数据可以看出,紫外辐照对镀铝 OSR 半球发射率以及表面电阻的影响很小:ε_h 发生的变化最大仅为 0.01,在仪器测量误差之内(±0.01);表面电阻发生的变化最大也仅为 1.8kΩ。紫外辐照后 OSR 的 α_s 均有小幅度的增大,3000ESH 的紫外辐照后掺铈玻璃型镀铝 OSR 的 α_s 增大 0.017,石英玻璃型镀铝 OSR 的 α_s 增大 0.018。

数据同时表明,紫外辐照对镀银 OSR 半球发射率及表面电阻基本没有影响,石英镀银 OSR 的吸收率变化为 0.011,掺铈镀银 OSR 吸收率增加为 0.013。

电子、质子辐照试验在空间综合环境模拟试验设备上进行,电子、质子的总辐照量均按地球同步轨道 15 年的辐照量计算。试验结果见表 3-7 及图 3-4。

表 3-7 电子和质子辐照试验结果

等效辐照时间/年	1# ε_h	1# 表面电阻/kΩ	2# ε_h	2# 表面电阻/kΩ	3# ε_h	3# 表面电阻/kΩ	4# ε_h	4# 表面电阻/kΩ
0(初始)	0.78	2.0	0.81	2.5	0.82	6.5	0.79	4.1
15	0.79	2.3	0.82	3.5	0.82	7.1	0.79	4.6

注:1. 能量均为 50keV;
2. 电子总辐照量为 $2.5\times10^{16}\,e/cm^2$,注量率 $1\times10^{11}\,e/(cm^2\cdot s)$;
3. 质子总辐照量为 $2.5\times10^{15}\,p/cm^2$,注量率 $1\times10^{10}\,p/(cm^2\cdot s)$。

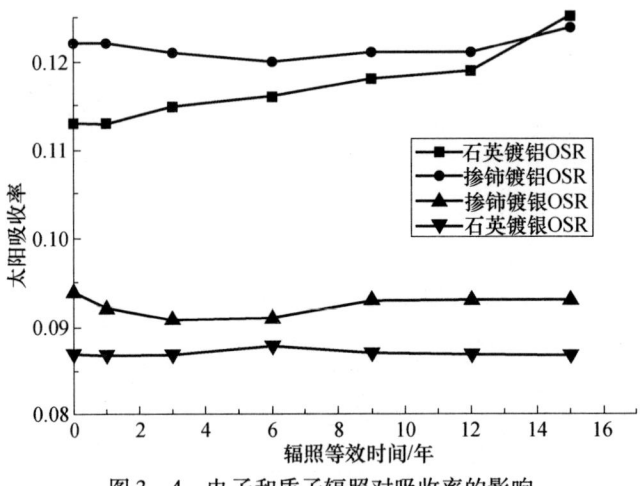

图 3-4 电子和质子辐照对吸收率的影响

从表 3-7 的试验结果来看,电子、质子辐照对镀银 OSR 发射率的影响很小,变化值在测量仪器的误差范围(±0.01)之内;辐照后电学性能(表面电阻)在设计指标之内(表面电阻不大于 21kΩ),对其使用效果影响不大。

从图 3-4 的结果分析可知,电子、质子辐照对 OSR 吸收率的影响也很小,石英镀银 OSR 和掺铈镀银 OSR 的吸收率变化数值仅在 0.001~0.003。相对而言,电子、质子辐照对石英基底的镀铝 OSR 影响要比掺铈基底的镀铝 OSR 影响要大一些。

3.1.3 发展趋势

OSR 产品为一种通用成熟的空间产品,近年来其结构和性能均没有大的变化。国外研制单位在发展改进产品方面主要从改善其空间稳定性上进行了一定的工作,如改善基底材料、增加紫外反射层等。

1. 改善基底材料

OSR 产品的基底是其重要的组成部分,由于改善基底材料的性能能够有效提高其空间稳定性能,国内外研制单位都不断改善 OSR 的基底材料,其中一个主要方面是使用掺氧化铈玻璃。

英国 PS 公司等国内外研究机构还在不断研究改变 OSR 产品基片的组分,提高基片中氧化铈(CeO_2)的含量,以改善 OSR 产品的抗空间环境辐照性能。掺铈玻璃是掺有 5% 二氧化铈的硼硅玻璃的简称,其光学透过性能不如石英玻璃,但具有优良的抗辐照性能。掺氧化铈玻璃的主要优点在空间抗辐照能力强,可有效防止色心的形成造成的吸收增加。但提高氧化铈(CeO_2)的含量,同时也会对其透过性能造成影响,因此,其研究工作要综合考虑 OSR 的整体性能。

2. 增加光学功能薄膜

为了提高 OSR 产品对紫外线的反射能力,一些科研人员在 OSR 的前表面即导电膜层面增加光学多层薄膜。镀有紫外反射层的 OSR 结构如图 3 – 5 所示[25]。

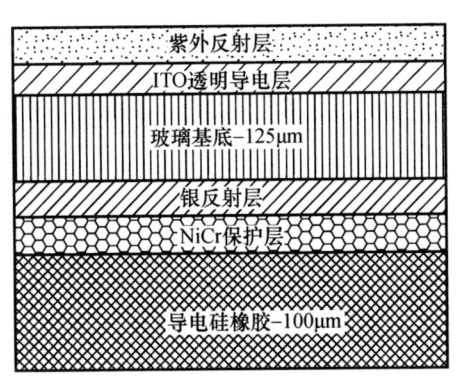

图 3 – 5 镀有紫外反射层的 OSR 结构图

Otto K. Husmann 等人[25]在 OSR 前表面加镀了一些光学薄膜,并通过空间紫外、质子、电子辐照试验,研究了光学薄膜对减小 OSR 吸收率退化方面的作用。研究结果表明：ZnS，ThF$_4$ 和 Al$_2$O$_3$ 等紫外反射薄膜能够有效阻止空间辐照对 OSR 性能的退化作用。但是，前表面增加非导电型的功能光学薄膜，会使玻璃二次表面镜失去前表面防静电的功能，降低了该产品的使用性。

3. 减轻产品重量

星上产品的减重对于降低卫星的发射和运行成本具有重要的意义。目前国内外标准的 OSR 产品玻璃基片为 0.15mm，但是国外已经开发出了基底厚度为 0.10mm 甚至更薄的 OSR 产品。OSR 产品的减重不是简单地将基底材料减薄，相应的工艺措施也会发生变化。

3.2 柔性二次表面镜

3.2.1 基本概念

柔性二次表面镜也是一类由两个表面的特性决定其热辐射性质的热控薄膜，功能和 OSR 相似，但基底采用的是柔性基底，因此可用于曲面部位。柔性二次表面镜可用双面压敏胶带或其他胶黏剂粘贴于航天器表面。由于它能够容易做得较大，所以使用起来要比玻璃型二次表面镜方便，而且成本也大大降低。

3.2.2 研究进展

柔性二次表面镜热控产品最常用的基底材料是聚全氟乙丙烯 F46 或聚酰亚胺 Kapton 基底。其中 F46 基底二次表面镜的典型光学性能为 $\alpha_s = 0.08$，$\varepsilon_h = 0.80$，$\alpha_s/\varepsilon_h = 0.10$。不同基底厚度对应半球反射率见表 3 - 8。镀银 F46 薄膜的优点在于低 α_s/ε_h 比，易于粘贴。镀银 F46 薄膜的缺点是在低地球轨道中会受到原子氧的侵蚀。这种薄膜在低地球轨道中服役 30 年其厚度会减少 0.127mm，发生严重的质量损失。所以为防止质量损失发生后带来的风险，F46 的厚度通常要达到 0.254 mm。在镀银 F46 薄膜的外表面镀制一层厚度为 1～5μm 的二氧化硅可以减少由于原子氧侵蚀引起的质量损失。虽然带有二氧化硅保护层的镀银 F46 薄膜在热循环后会出现龟裂，但其质量损失仍然会明显减少。

表 3 - 8 F46 基底厚度与对应半球发射率

F46 厚度/μm	典型 ε_h
12	0.4
25	0.5
50	0.6
125	0.77

Ag 和 Al 是 F46 第二表面镜最常用的反射膜材料,其 α_s 可低达 0.06。其他类型的反射材料,如铜、铋、锗等,虽然反射率不如前者,但可获得不同的 α_s;表 3-9 列举了采用不同金属膜的 F46 第二表面镜及其对应的 α_s。由于 F46 对可见光透明,且自身发射率较低,在 F46 外加镀铬膜,获得黑镜效果,可以得到不同 α_s/ε 比值的薄膜热控材料。

表 3-9 采用不同反射膜金属的 F46 第二表面镜对应的太阳吸收率

金属	α_s
银	0.06~0.09
铝	0.10~0.14
铜	0.20~0.30
铋	0.35~0.45
锗	0.45~0.55
铬	0.70~0.80

Kapton 基二次表面镜也是一种常用的柔性薄膜热控材料。与 F46 相比,Kapton 聚酰亚胺具有更好的结构稳定性。反射膜金属通常为 Al 和 Au,有时也用 Ag。Kapton 材料本身的厚度对 α_s 影响较大。Kapton 厚度与 α_s、ε 的对应数据如表 3-10 所列。

表 3-10 Kapton 基底厚度与对应半球发射率、太阳吸收率

Kapton 厚度/μm	ε_h	α_s
12	0.56	0.33
25	0.70	0.35
50	0.79	0.38
75	0.85	0.41
125	0.93	0.45

美国 Sheldahl 公司是 NASA 的主要柔性基底热控薄膜供应商,其生产的柔性二次表面镜产品广泛应用于各个型号的航天器。目前主要产品按金属膜的种类划分主要有镀金、镀银和镀铝等材料。有些产品在基底的另一面镀 ITO 膜,可以起到空间环境防护和导电的作用。

如表 3-11 所列为美国 Sheldahl 公司生产的一种 F46 单面镀铝二次表面镜的主要性能参数。

表3-11 美国Sheldahl公司生产的二次表面镀铝F46热控薄膜参数

厚度/μm	α_s	ε_h	ε_n	单位面积质量/(g/m²)	瞬时工作温度/℃	连续工作温度/℃
12.5	≤0.14	≥0.40	≥0.40	28	-185~260	-185~260
25	≤0.14	≥0.47	≥0.48	54	-185~260	-185~260
51	≤0.14	≥0.60	≥0.60	109	-185~260	-185~260
127	≤0.14	≥0.75	≥0.75	273	-185~260	-185~260
254	≤0.15	≥0.80	≥0.85	546	-185~260	-185~260

表3-12所列为美国Sheldahl公司生产的Kapton单面镀铝二次表面镜产品的主要参数。

表3-12 美国Sheldahl公司生产的二次表面镀铝聚酰亚胺参数

厚度/μm	α_s	ε_h	ε_n	单位面积质量/(g/m²)	瞬时工作温度/℃	连续工作温度/℃
12.5	≤0.36	≥0.50	≥0.52	81	-185~230	-60~120
25	≤0.39	≥0.62	≥0.64	98	-185~230	-60~120
51	≤0.44	≥0.71	≥0.75	133	-185~230	-60~120
76	≤0.46	≥0.77	≥0.81	171	-185~230	-60~120
127	≤0.49	≥0.81	≥0.89	243	-185~230	-60~120

国内兰州空间技术物理研究所、上海硅酸盐研究所等单位也在柔性二次表面镜的研制上开展了一些工作。兰州空间技术物理所研制的柔性二次表面镜产品已经形成产品化,并在国内各类航天器上得到大量应用。

如表3-13和表3-14所列为兰州空间技术物理研究所生产的柔性二次表面镜的主要性能参数。

表3-13 聚酰亚胺镀铝二次表面镜主要性能

项目	主要性能
产品外观检测	膜面无划伤,无拉痕,无皱折,无起皮
产品尺寸	宽度:1200±10mm
	长度:3.0m±0.1m
ρ_s/Ω	透明导电膜面ρ_s不大于250kΩ
	铝膜面ρ_s不大于3Ω
α_s	≤0.40
ε_h	0.60~0.80
瞬时使用温度范围/℃	-250~400
连续使用温度范围/℃	-250~290

表 3 – 14 （导电型）F46 镀银（镀铝）二次表面镜主要性能

材料		F46/μm	α_s	ε_h	ρ_s/Ω
F46 镀铝二次表面镜	Aluminum/F46	25	≤0.14	≥0.48	/
		50	≤0.14	≥0.60	
		125	≤0.14	≥0.75	
F46 镀银二次表面镜	Inconel/Silver/F46	25	≤0.09	≥0.48	/
		50	≤0.09	≥0.60	
		125	≤0.09	≥0.75	
导电型 F46 镀铝二次表面镜	Aluminum/F46/ITO	25	≤0.19	≥0.48	2000~10000
		50	≤0.19	≥0.60	
		125	≤0.19	≥0.75	
导电型 F46 镀银二次表面镜	Inconel/Silver/F46/ITO	25	≤0.14	≥0.48	
		50	≤0.14	≥0.60	
		125	≤0.14	≥0.75	

该产品经过地面常规环境试验（包含热循环试验、湿热试验、粘贴试验）以及地面空间环境模拟试验（包括紫外辐照试验、原子氧试验、充放电试验、电子、质子辐照试验），产品性能稳定，满足空间应用要求。相关试验结果见以下各表。

表 3 – 15　热循环试验

试样	试验前			试验后			外观
	ρ_s/Ω	ε_h	α_s	ρ_s/Ω	ε_h	α_s	
1#	2.3×10^3	0.70	0.350	1.44×10^3	0.70	0.344	外观完好
2#	2.4×10^3	0.70	0.361	2.5×10^3	0.70	0.349	外观完好
3#	5.0×10^4	0.69	0.347	6.0×10^5	0.69	0.351	外观完好

注：热循环试验条件为液氮温度 –196~100℃间交变 100 次

表 3 – 16　湿热试验

试样	试验前			试验后			外观
	ρ_s/Ω	ε_h	α_s	ρ_s/Ω	ε_h	α_s	
1#	2.1×10^3	0.70	0.351	2.2×10^3	0.70	0.349	外观完好
2#	2.7×10^3	0.70	0.360	2.5×10^3	0.71	0.350	外观完好
3#	1.0×10^4	0.69	0.347	2.5×10^4	0.69	0.351	外观完好

注：湿热试验条件为温度 50℃±2℃；相对湿度大于 95%，放置 24h

表 3-17 粘贴试验

试样	试验前			试验后			外观
	ρ_s/Ω	ε_h	α_s	ρ_s/Ω	ε_h	α_s	
1#	2.3×10^3	0.70	0.351	2.7×10^3	0.70	0.352	外观完好，镀层未见脱落
2#	2.4×10^3	0.70	0.350	2.6×10^3	0.71	0.361	外观完好，镀层未见脱落
3#	1.1×10^4	0.69	0.345	2.0×10^4	0.69	0.351	外观完好，镀层未见脱落

注：粘贴试验条件为用剥离强度为 2~4N/cm 的胶带，紧贴膜层中间区域，离边缘不小于3mm。用手拉起胶带一端，并使胶带与表面成90°，缓慢（约5mm/s）将胶带拉离表面

表 3-18 紫外辐照试验

试样	试验前			试验后			外观
	ρ_s/Ω	ε_h	α_s	ρ_s/Ω	ε_h	α_s	
1#	2.0×10^3	0.70	0.350	2.44×10^3	0.70	0.359	外观完好
2#	2.0×10^3	0.70	0.351	2.36×10^3	0.70	0.361	外观完好
3#	7.0×10^4	0.68	0.350	3.4×10^5	0.67	0.373	外观完好

注：1. 紫外辐照总剂量为5000ESH（外推至15年辐照剂量）；
　　2. 辐照光谱为 200~400nm

表 3-19 紫外辐照试验不同辐照剂量时太阳吸收率测试数据

试样	辐照剂量（等效太阳小时/ESH）							
	0	120	240	400	1000	2100	3500	5000
1#	0.350	0.357	0.359	0.361	0.359	0.359	0.359	0.359
2#	0.351	0.359	0.361	0.361	0.361	0.361	0.361	0.361

注：外推至15年辐照剂量130000ESH时 ITO/PI/Al 太阳吸收率小于0.37

表 3-20 原子氧试验

试样	试验前			试验后			质量损失/%	其他
	ρ_s/Ω	ε_h	α_s	ρ_s/Ω	ε_h	α_s		
1#	2.0×10^3	0.70	0.352	4.2×10^3	0.70	0.344	0.79	外观完好
2#	2.0×10^4	0.69	0.312	4.0×10^4	0.69	0.314	0.19	外观完好

注：1. 原子氧累计通量为 $6.0 \times 10^{20}/cm^2$；
　　2. 原子氧通量密度为 $4.89 \times 10^{15}/(cm^2 \cdot s)$

表 3-21 充放电地面模拟试验

电子束能量/keV 表面充电电位/V 测试试样	10	15	20
1#	<100	<100	<100
2#	<100	<100	<100
3#	<100	<100	<100

注：1. 电子束能量为 20keV,15keV,10keV；
   2. 电子束流密度为 1nA/cm²。

表 3-22 电子辐照试验

辐照通量	0	$1.667 \times 10^{15}/cm^2$ （地球同步轨道 1.25 年）	$8.333 \times 10^{15}/cm^2$ （地球同步轨道 6.25 年）	$1.667 \times 10^{16}/cm^2$ （地球同步轨道 12.5 年）	$2.5 \times 10^{16}/cm^2$ （地球同步轨道 18.75 年）
α_s	0.354	0.388	0.428	0.442	0.447
ε_h	0.70	0.70	—	—	0.70
ρ_s/Ω	2.0×10^3	3.1×10^3	—	—	4.7×10^3

注：1. 电子辐照总通量为 $2.5 \times 10^{16}/cm^2$；
   2. 电子辐照通量率为 $3.0 \times 10^{10}/(cm^2 \cdot s)$；
   3. 辐照能量为 50keV。

表 3-23 质子辐照试验

试样	试验前			试验后			
	ρ_s/Ω	ε_h	α_s	ρ_s/Ω	ε_h	α_s	外观
1#	4.7×10^3	0.70	0.447	5.5×10^3	0.70	0.398	外观完好
2#	2.0×10^3	0.71	0.354	2.0×10^3	0.71	0.380	外观完好

注：1. 1#试样为电子辐照后串联作质子辐照试验；
   2. 2#试样为新样品作质子辐照；
   3. 质子辐照总通量为 $2.5 \times 10^{15}/cm^2$；
   4. 质子辐照通量率为 $3.0 \times 10^{10}/(cm^2 \cdot s)$；
   5. 辐照能量为 50keV。

3.2.3 发展趋势

柔性二次表面镜热控产品作为一种通用成熟的空间薄膜产品，近年来其结构和性能均没有大的变化。国外研制单位在发展改进产品方面主要从改善其空间稳定性上进行了一定的工作，如采用更加有效的方式改善 F46 基底与膜层附着力，采用新的靶结构和布气结构保证大面积镀膜均匀性等。

1. 用更加有效的方式改善 F46 基底材料性能以增加膜层附着力

F46 具有较好的物理和化学稳定性，较高的太阳透过率和红外发射率。但 F46 材料表面活性非常差，如果不进行彻底的表面活化处理，其上镀制的膜层很容易脱落。

F46 基底大面积连续活化工艺决定了 F46 基底上镀膜牢固度问题。目前国内外对各类柔性基底的表面活化普遍采用两种方法，即化学活化和物理活化。

化学活化是将基底浸泡或煮沸在活性化学试剂溶液中使基底表面具有一定的活性，但对大面积基底而言，其浸泡或煮沸工艺比较难以实现；另一个重要因素是，经化学活化的基底受到二次污染，将明显影响产品性能。

物理活化是利用物理方法使基底表面具有一定的活性。目前正在使用的大束流等离子体活化工艺，有很好的活化效果。采用大束流低电压等离子体活化工作模式不但活化效果好，而且速度快，适合于批生产工艺。离子束活化必须束流输出稳定以保证活化效果。

2. 采用新的靶结构和布气结构保证大面积镀膜均匀性

由于靶面磁场均匀性分布对于镀膜均匀性和镀膜稳定性起着至关重要的作用，因此考虑到磁体选用、磁场分布、磁屏蔽、导电、导热、冷却、密封和绝缘等因素，调整磁控源结构（其中包括永磁体排布方式等），不仅能够提高溅射效率，而且可保证很好的溅射均匀性。另外在保证均匀性方面可加装溅射窗口宽度可调的挡板，使镀膜均匀性得到更大提高。

通过磁控靶磁场和溅射窗口的特殊设计和调整，同时优化其他工艺参数，使大面积溅射沉积薄膜的均匀性得到很大的提高，对于大批量生产性能稳定的产品具有重要的意义。

3.3 金属－陶瓷（介质）复合热控薄膜

3.3.1 基本概念

将金属粒子掺杂于介质基体而形成的金属粒子在介质基体中呈岛状散落分布的金属－介电复合结构称为金属陶瓷，又称 Cermet（Ceramic-metallic）。金属陶瓷是一种粒子膜复合结构。弥散分布于其中的细小金属粒子能够对可见光多次散射而将其吸收，具有对可见及近红外的吸收性，同时在红外波段透过，满足太阳能选择性吸收的基本要求。

选择性吸收材料的特点是在太阳光谱范围（$0.25 \sim 2.5 \mu m$）和热辐射红外区

域(2.5~25μm)有完全不同的光学性质。太阳辐射能量主要集中在波长为 0.25~2.5μm 的可见及近红外光谱范围内,理想的吸收材料对此波段内的太阳辐射吸收率 $\alpha_s = 1$;因为吸收太阳辐射能的选择性吸收材料自身也对外辐射能量,且主要以红外区的长波辐射为主,为了减少辐射热损失,就必然要求吸收材料在红外光谱区有尽可能低的发射率(理想条件下 $\varepsilon = 0$),否则吸收的短波能量又以长波形式辐射掉。因此,选择性吸收材料的光谱选择性就是对可见及近红外光区有高的 α_s,而自身的红外发射率尽可能低。随着薄膜技术的发展,选择性吸收薄膜可实现选择性吸收材料的功能。

理想的选择性吸收薄膜表面的光谱特性应具有如下关系:

$$\begin{cases} \alpha_s = 1, \lambda \leq \lambda_c \\ \alpha_s = 0, \lambda > \lambda_c \end{cases} \quad (3-1)$$

式中:λ_c 为吸收截止波长。

该特性反映到反射光谱上则如图 3-6 所示,即当 $\lambda \leq \lambda_c$ 时,反射率 $R = 0$;当 $\lambda > \lambda_c$ 时,反射率 $R = 1$。理想的选择性吸收薄膜除了应具备良好的光学选择性外,还应该满足光学性能长期稳定、耐候性强、价格低廉、工艺简单、材料供应充足和对环境无污染等条件。

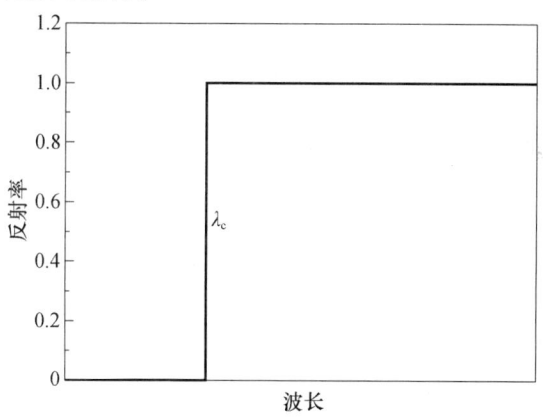

图 3-6 理想选择性吸收薄膜反射光谱特性曲线

3.3.2 研究进展

1. 国内外研究进展

瑞典的 Granqvist C G 等研究了 $Co-Al_2O_3$ 金属陶瓷薄膜的光热转换特性,证明金属纳米颗粒的存在使太阳能的光热转换效率大幅度提高;美国 RCA 公司的 Abeles B. 曾做了系统的研究,并把这类薄膜命名为颗粒膜(Granular Film)。典型的金属颗粒直径为 5nm,包括 Au、Al、Ag、Cr、Fe、Ni、Mo、Sn、Co、W、Nb 等,介

质有 Al_2O_3,Cr_2O_3,AlN,SiO_2,MgO 等;Lissberger,Evans 和 Niklassion C A 等分别研究了 Au – MgF_2,Ag – SiO_x,Au – MgO,Au – Al_2O_3 等金属陶瓷复合膜的光学特性以及组分变化对复介电常数的影响;Chandonnet 等研究了 Cu – NaF,Ag – NaF,Cu – $PbCl_2$ 以及 Ag – $PbCl_2$ 等金属陶瓷复合膜的微结构和组分对薄膜光学常数的影响,并将试验结果与理论结果做了比较;Gajdardziska 等研究了双源真空蒸发法制备 Ag – MgF_2 金属陶瓷膜技术;澳大利亚悉尼大学的 Zhang Q C,Mills D R 等人以 AlN,Al_2O_3 为介质材料,以直流反应共溅射为主要方法,相继研究了 Mo – Al_2O_3,Mo – AlN,Al – AlN,W – AlN 和 W – AlON 等一系列金属陶瓷吸收膜系[26,27]。

金属陶瓷薄膜的梯度化,也是优化选择性吸收的一种有效途径。在梯度化金属陶瓷薄膜中,金属陶瓷吸收层是由多层的金属陶瓷亚层组成,临近高红外反射底层的亚层材料金属含量最大,同时折射率 n 和消光系数 k 也最大;亚层的金属含量自金属底层至外表面逐渐减小,使得各个亚层的折射率 n 和消光系数 k 也自内向外逐渐减小,直到吸收层的最表层。最表层的 n 越小越好,一般表层 n 小于 2.0,k 小于 0.3。通常最外层需要沉积一层减反射层,提高选择性吸收的效果,也可以增强膜层的耐磨、抗腐蚀能力。

Farood M,Hutchins M G 运用 MG 理论和 Br 理论计算并结合试验,指出四层膜系结构的模型可以达到较佳效果;Zhang Q C,Mills D R 等利用有效介质理论研究了梯度金属陶瓷结构,具体膜系结构如图 3 – 7 所示。最新的研究表明,采用掺钼的三氧化二铝(Mo – Al_2O_3)金属陶瓷作为选择性吸收材料,Al_2O_3 为减反射层,双层的 Mo – Al_2O_3 金属陶瓷层作吸收层,Mo 或 Al 作红外高反射层的结构在 350℃下性能稳定,α_s 为 0.96,ε 为 0.11[28,29]。

减反射层
低金属含量金属陶瓷亚层
高金属含量金属陶瓷亚层
反射层
基底

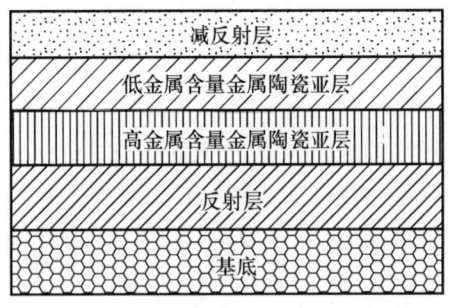

图 3 – 7 梯度 Cermet 层的金属陶瓷

我国从事金属陶瓷选择性吸收薄膜的研究单位主要包括清华大学、北京市太阳能研究所、兰州空间技术物理研究所等单位。清华大学采用磁控溅射工艺研究并开发了多种选择性吸收薄膜,其中多层渐变的铝/氮、铝/氮/氧薄膜的研究和应用最广泛,薄膜的 α_s = 0.93,ε = 0.06;北京市太阳能研究所采用磁控多靶共溅射,制备了 M – AlN(M 为金属)金属陶瓷复合膜,优化设计后 α_s 大于 0.9,ε 小于 0.1,当温度高于 350℃时性能稳定;兰州空间技术物理研究所利用直流磁控溅射 Mo 和脉冲反应磁控溅射 Al_2O_3 共沉积的方法制备了 Mo – Al_2O_3 金属陶瓷复合膜,分析了不同膜层组合对复合膜光学常数的影响。

总体上国内外主要研究的金属陶瓷复合膜系主要包括 Cr – Cr_2O_3,Mo – Al_2O_3,Co – Al_2O_3,Pt – Al_2O_3,Al – Al_2O_3,W – Al_2O_3,Al – AlN 以及 Nb – NbN 等。

以上主要针对的是太阳能应用的背景需求,实际上在某些航天器特殊部位也需要具有高的吸收发射比的一类特殊复合膜材料,用于吸收来自反射和散射的各种短波长光线,而其低的热发射率可以减少红外光学系统的背景噪声,例如空间飞行器光学系统的镜座、卫星天线背面光学阻挡器等。单一的热控薄膜难以实现选择性吸收的功能,利用金属陶瓷复合结构可以满足这种吸热型的应用需求。

2. 金属陶瓷复合膜膜系设计方法

金属粒子改变了原介质基体的折射率 N。金属粒子形状、直径和粒子分布状态直接影响粒子膜的折射率 N。均匀介质理论是目前较常用的求解复合结构复折射率 N 的基本理论,具体主要包括 Maxwell – Garnet(MG)理论和 Bruggeman(Br)理论,两种理论的表达式分别如下如下:

$$(\zeta_c - \zeta_d)/(\zeta_m + 2\zeta_d) = f(\zeta_m - \zeta_d)/(\zeta_c + 2\zeta_d) \tag{3-2}$$

$$f(\varepsilon_m - \varepsilon_c)/(\varepsilon_m + 2\varepsilon_c) + (1-f)(\varepsilon_d - \varepsilon_c)/(\varepsilon_d + 2\varepsilon_c) = 0 \tag{3-3}$$

式中:ζ_m,ζ_p 和 ζ_c 分别为金属粒子、介质基体以及复合材料的介电常数,与波长/频率有关;f 为金属粒子体积分量。

介电常数与光学常数直接对应,因此求解以上方程可以得到复合结构的介电常数,得到与之对应的金属粒子、介质基体及复合结构材料的有效复折射率 N_p,N_m 和 N_c,然后利用多层膜系的矩阵公式进行计算,求出膜系的反射率。

这两个理论的主要区别在于参数 f 的取值范围不同。对于 MG 理论,当 f 值很大时不适用,而 Br 理论对于任意值的 f 都适用。

梯度金属陶瓷复合膜常用的膜系结构由红外高反射金属层、梯度金属陶瓷吸收层和表面减反射层组成,其中梯度金属陶瓷吸收层由多层的金属 – 电介质复合材料亚层组成,亚层的金属含量自金属底层至外表面逐渐减小,因此可以把金属陶瓷吸收层看作是金属体积分数不同的若干个金属陶瓷亚层膜的组合,这样就可以用光学设计原理来对整个膜系进行分析和优化设计,以获得较理想的膜系结构。膜系设计优化是一个复杂的过程,一般通过计算机模拟进行。

利用有效介质理论即可求出不同金属体积因子金属介质复合材料的复数光学常数 $N = n - ik$。利用光学设计软件做出单层金属陶瓷吸收层的金属陶瓷复合膜的反射率光谱曲线。不同金属体积 Al - Al$_2$O$_3$ 金属陶瓷复合膜光谱曲线如图 3 - 8 所示。

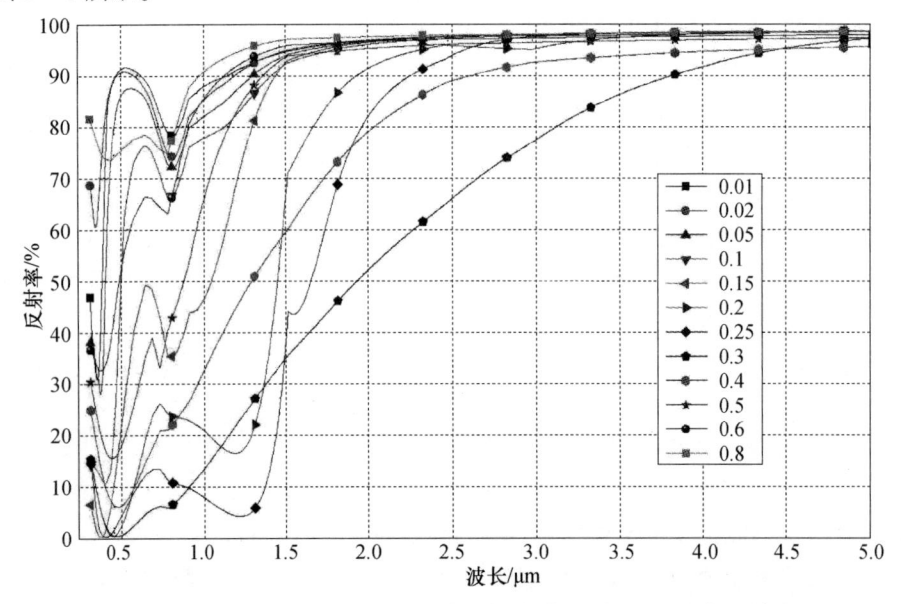

图 3 - 8　不同体积因子下单层金属陶瓷复合膜优化后的反射率光谱曲线

根据反射光谱曲线,利用选择性吸收薄膜的光学特性计算每一种单层复合膜的吸收率 α_s 和 ε ,并做出响应曲线如图 3 - 9 所示。

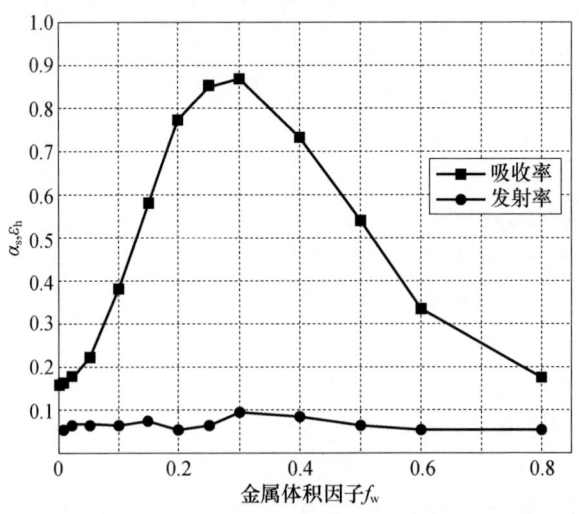

图 3 - 9　单层复合膜的吸收率和发射率随体积因子的变化

对于梯度金属陶瓷复合薄膜,可利用分析结果和求解数据,对不同体积因子的金属陶瓷吸收层进行组合。组合方式由双层以及多层形式实现,每一种组合的膜系结构都是以"反射层/不同组合的金属陶瓷吸收层/减反射层"的方式,组合优化的对象主要是吸收层,吸收层的排列是梯度变化的,即越靠近基底金属体积因子越大,越靠近表面金属体积因子越小。优化的目标是金属陶瓷复合膜对太阳光谱范围内的反射率尽可能地低,而对红外光谱范围内的反射率尽可能地高。

选择了体积因子分别为0.15,0.2,0.25,0.3的四种金属陶瓷吸收层,然后对不同体积因子的膜层进行组合,并优化各个组合的膜层厚度。对上述四种膜层进行组合时,共有15种组合方式。组合方式如表3-24所列,其中a,b,c,d依次代表体积因子0.15,0.2,0.25,0.3的金属陶瓷吸收层,如组合dba代表吸收层为三层,体积因子为0.3,0.2和0.15的三个膜层组合在一起,大因子层靠近基底,小因子层靠近减反射层。

表3-24 吸收层的组合方式

组合	1	2	3	4	5	6	7	8	9	10	11	12	13	14	15
组合方式	a	b	c	d	ba	ca	da	cb	db	dc	cba	dba	dca	dcb	dcba

利用光学设计软件对不同的膜层组合进行厚度优化设计,得到各种组合膜系在各个波长下的反射率光谱图,然后绘制成曲线放在一起进行比较选择(如图3-10和图3-11所示),得到具有最好的吸收效果,且对实际生产具有指导意义的膜系结构。

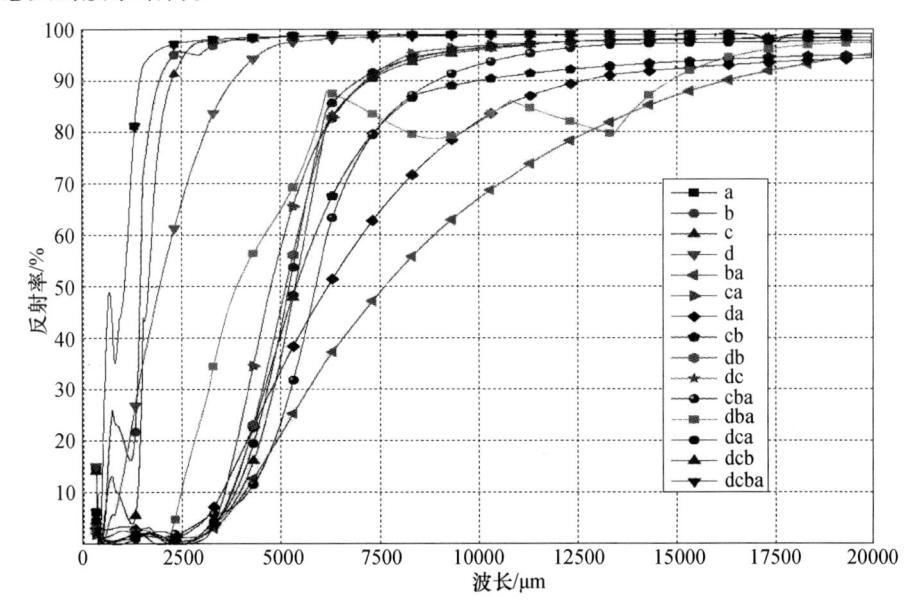

图3-10 各种组合膜系优化后随波长变化的反射率曲线

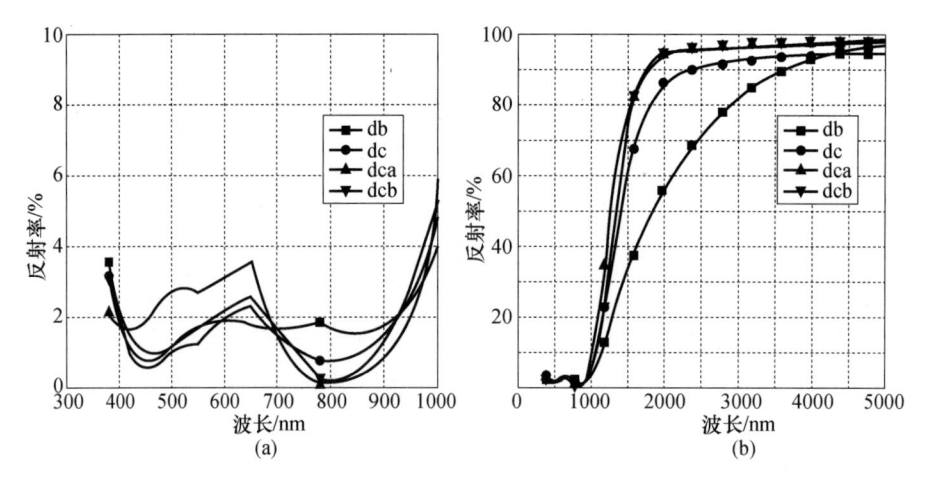

图 3-11 较理想的组合膜系随波长变化的反射率曲线
(a) 可见;(b) 近红外。

从图 3-10 可以看出,膜系组合 9,10,13,14 在太阳光谱范围内的反射率都较小,且吸收截止波长急剧上升,有利于减小发射率。经过计算,组合 9,10,13,14 的 α_s 均大于 0.93;单层组合 1,2,3,4 吸收截止波长处于短波长区域,对太阳辐射吸收不利;其他膜层组合虽然在太阳光谱范围内的吸收率较好,但是吸收截止波长上升平缓,说明在红外区域有一定的吸收,发射率高于图 3-11 中的膜层组合。图 3-11 中的各膜层优化后厚度见表 3-25,通过比较可以看出,组合 9 和组合 14 的各层厚度较为接近,组合 10 中体积因子 $f_W = 0.25$ 层厚度 10nm 左右,这在实际镀膜中是比较难控制的,因此,组合 9,14 比组合 10 更具有实际应用价值。而对于组合 13,由于 $f_W = 0.25$ 层的厚度较大,总厚度超过了 400nm,在同样吸收率的情况下,发射率会较高。

表 3-25 组合 9,10,13,14 各层的优化厚度

不同组合下膜层的厚度	$f_W = 0.30$	$f_W = 0.25$	$f_W = 0.20$	$f_W = 0.15$	Al_2O_3 厚度	总厚度
9	43.22nm	/	28.4nm	/	47.47nm	109.09nm
10	34.7nm	11.5nm	/	/	47.47nm	99.67nm
13	56.3nm	294.4nm	/	31.13nm	47.47nm	429.3nm
14	60.75nm	25.1nm	/	19.8nm	47.47nm	153.12

组合 9,14 的理论计算的吸收率、发射率及吸收发射比见表 3-26。计算结果表明,组合 9 的吸收率高于组合 14,具有最好的 α_s,但是由于组合 9 在近红外处吸收截止波长上升较平缓,导致发射率升高,而表征选择性吸收薄膜吸收性能的指标是吸收率与发射率的比值,即 α_s/ε,由表 3-26 可知,组合 9 的 $\alpha_s/\varepsilon =$

11.8,明显低于组合 14 的 $\alpha_s/\varepsilon = 18.1$,因此,组合 14 具有最好的吸收效果[30]。

表 3-26 组合 9 和组合 14 理论计算的选择吸收性能

组合	α_s	ε	α_s/ε
9	0.967	0.082	11.8
14	0.954	0.053	18.1

3. 金属陶瓷复合膜制备方法

金属陶瓷复合膜的制备方法有涂漆法、水溶液化学转化法、溶胶-凝胶法、电化学沉积法(电镀和阳极氧化法)、气相沉积法(物理气相沉积 Physical Vapor Deposition,PVD 和化学气相沉积法 Chemical Vapor Deposition,CVD)等。

1) 物理气相沉积

(1) 真空蒸发镀膜法:20 世纪 90 年代,慕尼黑大学 Scholkopt 采用电子束共蒸发的方法在金属条带上连续沉积 $TiNO_x$ 选择性吸收薄膜,其 $\alpha_s = 0.95$, $\varepsilon = 0.05(100℃)$。该薄膜最高工作温度达 375℃,由于连续镀膜,成本较低,被称为新一代的薄膜技术。

(2) 溅射沉积:清华大学自 1982 年起致力于采用磁控溅射技术进行研究和开发多种选择性吸收薄膜,其中多层(渐变)Al-N/Al 选择性吸收薄膜,是研究最深入、应用最广泛的一种薄膜,其 α_s 可达 0.93,ε 约为 0.05(80℃)。1992 年郭信章等人用单靶磁控溅射镀膜机,以纯铝为基材,制备 AlN_xO_y 吸收膜后,再沉积一薄层氧化铝作为减反射层。该工艺制备的吸收膜,$\alpha_s = 0.95$,$\varepsilon = 0.09$,具有良好的耐磨、耐腐蚀性能,耐温达 320℃[31]。1997—1998 年 Eisenhammer T 等人以镀铜的硅片作为基底,用溅射法制备的 $AlCuFe/Al_2O_3$ 陶瓷,是晶态和准晶态物质组成的混合物,$\alpha_s = 0.90$,$\varepsilon < 0.09$ (400℃),在空气中加热薄膜到 400℃,维持 450h,光学性能基本无变化。谢光明、于凤琴采用磁控多靶反应共溅射制备 M-AlN(M-金属)金属陶瓷复合膜,优化设计后薄膜 $\alpha_s > 0.90$,$\varepsilon < 0.10(100℃)$,当温度高于 350℃时性能稳定[32]。与多层渐变薄膜相比,金属陶瓷梯度选择性吸收薄膜具有结构简单、高温条件下性能稳定、发射率较低等优点。

事实上,目前工作温度在 500℃以上的太阳能选择性吸收薄膜,通常都是采用真空镀膜的射频溅射工艺制备的。20 世纪 80 年代研制的金属陶瓷膜通常采用 Al_2O_3 介质作为基体材料,主要有 $Ni-Al_2O_3$、$Co-Al_2O_3$、$Pt-Al_2O_3$、$Mo-Al_2O_3$ 以及 $Fe-Al_2O_3$ 等。但是射频溅射技术,相对于直流溅射技术而言,其设备复杂,生产效率低,因而薄膜成本昂贵。20 世纪 90 年代以来,澳大利亚悉尼大学 Zhang Q C[28]在渐变 AlN-Al 的基础上,研制以 AlN 介质为基体的金属陶瓷选择性吸收薄膜,采用直流反应溅射沉积 AlN 介质,并用直流共溅射方法将不锈钢、钨等金属粒子注入介质基体,提高了溅射速率,大幅度降低了镀膜层成本。

2）其他方法

（1）化学气相沉积法：Berghaus 等采用低压冷壁 CVD 系统，同时热分解 $W(CO)_6$ 和 $Al(C_3H_7O)_3$（ATI），制备得到无定型的 $W-WO_x-Al_2O_3$ 薄膜。在铜基底上形成的膜 α_s 为 0.85，ε 为 0.04。通过吸收膜中钨含量的梯度变化、加减反射层和粗化基底及膜的表面等方法可提高膜层的吸收率，该陶瓷膜至少耐温 500℃。

（2）溶胶-凝胶法：采用溶胶-凝胶法制备的薄膜具有多组分均匀混合、成分易控制、成膜均匀、能大面积实施、成本低、周期短和易于工业化生产等优点。Kaluza 等人通过溶胶-凝胶法由醋酸锰、氯化铁及氯化铜前驱物浸涂和 500℃ 热处理得到黑色 $CuFeMnO_4$ 尖晶石结构薄膜。α_s 和 ε 值表明 $CuFeMnO_4$ 膜是很有潜力的吸收薄膜。

（3）快速原子蚀刻法：亚微型周期的二维 W 表面光栅具有良好的光谱选择性和热稳定性，适用于高温应用的太阳能选择性吸收表面。

3.3.3 发展趋势

金属陶瓷复合膜作为优秀的选择性吸收材料在军民方面都有广阔的应用前景。目前主要在其光谱选择吸收机理和工程化制备工艺上开展研究，如细小金属粒子的形貌、粒度对光吸收性能影响规律，在复合制备中如何实现梯度均匀掺杂，且保证掺入的细小金属粒子不被氧化或氮化。

3.4 CCAg 光学多层复合热控薄膜

3.4.1 基本概念

CCAg（Compound Coatings on Ag）热控薄膜为金属-介质复合结构。该材料首先通过气相沉积的方法在基底上制备一层 100~200nm 厚的金属（一般为 Ag 或 Al），然后在其上镀一层或多层的介质材料，如 Al_2O_3，SiO_2。CCAg 热控薄膜最简单形式为 $Al_2O_3/Ag/$基底。为提高薄膜的耐原子氧和耐空间辐照性能，防止 Ag 反射层及基底材料的性能退化，可在 Al_2O_3 上制备一层保护层，如 SiO_2。要具备防静电功能，最外层还需要镀制一层薄的透明导电膜。

CCAg 热控薄膜材料的主要特点是通过调节外层介质膜的成分、结构及厚度，可以实现 α_s 和 ε 在一定范围内调整，扩大航天器热控设计时的材料选择范围。除此以外，CCAg 不受各类辐照和原子氧侵蚀的影响很小，具有良好的耐辐照及防原子氧性能。

3.4.2 研究进展

1. 国内外研究进展

美国 OCLI 公司在其热控薄膜的介绍中重点指出了 CCAg 型热控薄膜：低 α_s 且 ε_h 可按用户要求调节。这种 Ag 基镀层具有小的太阳吸收率 0.06，根据外层 SiO$_2$ 层厚度的不同红外发射率可在 0.03～0.25 范围内调节，其光谱发射率曲线见图 3-12[33]。

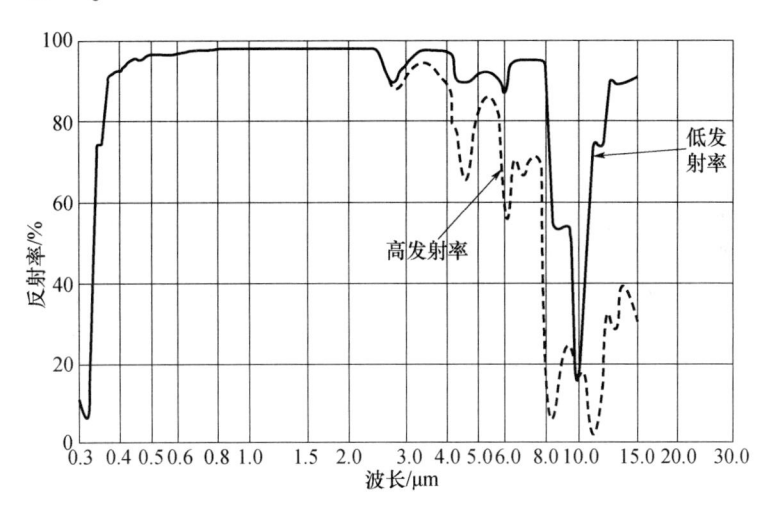

图 3-12　不同介质层厚度的 CCAg 型热控薄膜光谱反射率曲线

该类型产品目前在美国已应用于卫星表面，2000 年 3 月美国发射的"IMAGE"卫星，在其瞄准仪前端最外层使用了戈达德宇航飞行中心研制的 CCAg 型热控薄膜（ITO/SiO$_2$/Al$_2$O$_3$/Ag），太阳吸收率为 0.08，ε_h 为 0.66，保证了外界对瞄准仪有最小的传热效果[34]。

美国 Sheldahl 公司研制的宇航用热控材料产品目录中介绍了"Aluminum Coated Polyimide Film Overcoated With Silicon Oxide"，其产品结构也为 CCAg 型（图 3-13），并指出此种热控薄膜发射比可按照用户要求设计，产品的吸收发射比可在 0.5～1.0 间调节，其典型性能见表 3-27。

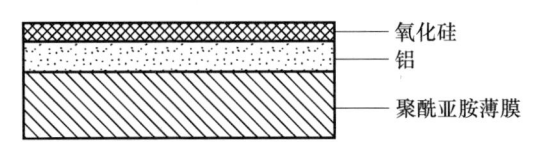

图 3-13　Sheldahl 公司"Aluminum Coated Polyimide Film Overcoated With Silicon Oxide"产品结构

表 3-27　Sheldahl 公司 CCAg 热控薄膜产品典型性能（高、低反射率）

参量	典型值	
	低发射	高发射
聚酰亚胺厚度/μm	12.5	12.5
瞬时使用温度范围/℃	-185~260	-185~260
持续使用温度范围/℃	-185~150	-185~150
α_s	0.12	0.13
ε_h	0.11	0.26

2. CCAg 型热控薄膜膜系核心设计方法

对于 CCAg 热控薄膜其优点在于膜系的热控性能和环境防护性能基本与基底无关，可制备于柔性基底上实现大面积批量化生产，又可制备于硬质基底甚至直接沉积于器件表面，具备良好的工艺适应性。膜系设计方法的建立是实现热控性能的核心基础，现以低吸收发射比为例介绍其膜系设计方法。

1）确定膜系结构

CCAg 型热控薄膜的膜系最基本结构为：基底+高反射率层+介质层（高发射率层+保护层），如图 3-14 所示。

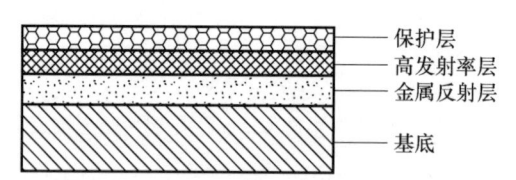

图 3-14　CCAg 型热控薄膜的基本结构

此膜系结构中金属层作为高反射层，对可见及近红外波段具有高的反射率，使薄膜具有较小的 α_s；高发射率层选用介质薄膜，应具有低的 α_s 和高的 ε_h；保护层必须具有很好的耐原子氧和耐空间辐照性能。另外，在最外层可以镀制一层薄的透明导电膜，起到防静电的目的。

2）确定膜系材料

在确定膜系基本结构的基础上，建立膜系的第二步是确定各膜层的材料。

CCAg 型热控薄膜的基底可以是刚性的铝片、玻璃片，也可以是柔性的铝箔、不锈钢带、聚酰亚胺、F46、聚酯等。

金属反射层材料可选用 Ag、Al，其中 Ag 对太阳光谱的反射率更高，因此选用 Ag 作为反射层材料可使薄膜具有更好的热控性能。

高发射率层所选介质材料必须对可见及近红外波段具有高的透过率，同时对热红外波段要有一定的吸收从而提高膜系的 ε_h，可选的材料有 Al_2O_3、SiO_2、

ZrO_2,WO_3 等。图 3-15 为 Al_2O_3 的光谱特性曲线,可看出其在可见及近红外波段(0.2~4μm)具有高的透过率,在热红外波段(6~11μm)的吸收比其他几种材料高,更容易提供高的 ε_h;Al_2O_3 同时具有很好的耐原子氧和耐空间辐照性能,提高整个膜系的寿命及可靠性。

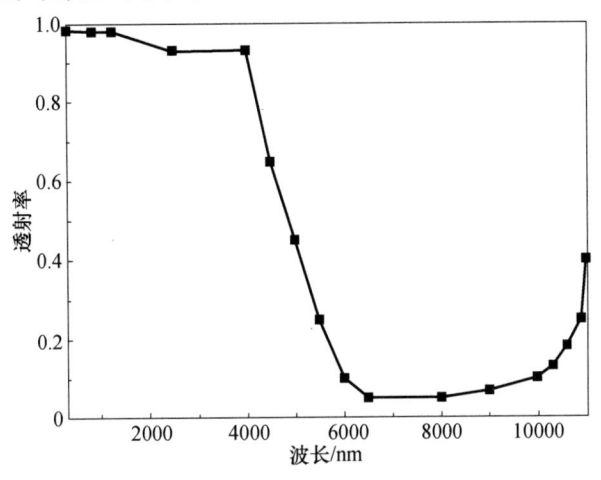

图 3-15 Al_2O_3 的光谱特性

保护层所选介质材料必须对可见及近红外波段具有高的透过率,同时必须具有良好的耐原子氧和耐空间辐照性能。SiO_2 可满足以上要求。SiO_2 对热红外波段的吸收谱段和 Al_2O_3 不重合(主要吸收区在 5~8μm),因此其对 ε_h 的提高也有较大的贡献。其光谱特性曲线如图 3-16 所示。SiO_2 的另外一个优点是防原子氧性能非常优秀,是 NASA 推荐的低轨道航天器防原子氧材料。

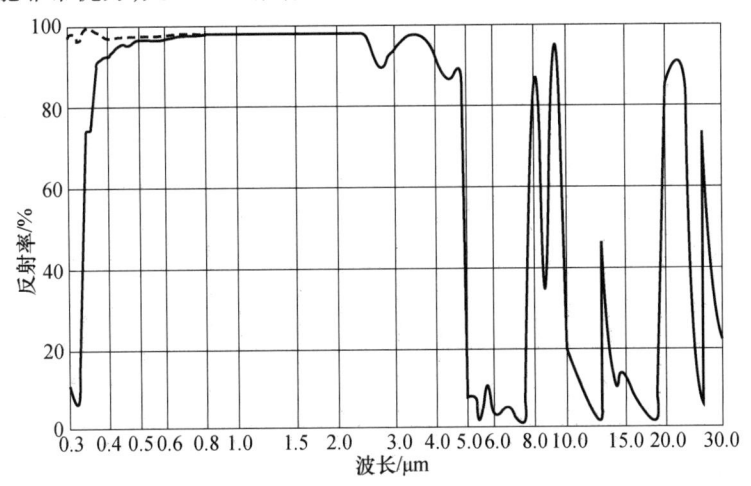

图 3-16 SiO_2/Ag 的反射率光谱

通过上述选材确定的 CCAg 型热控薄膜的最终设计结构如图 3-17 所示。

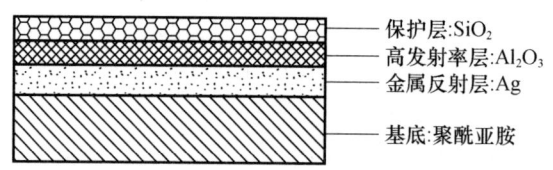

```
保护层:SiO₂
高发射率层:Al₂O₃
金属反射层:Ag
基底:聚酰亚胺
```

图 3-17　CCAg 型热控薄膜最终设计结构

在膜系结构和膜层材料确定的基础上,建立膜系的第三步为确定各膜层厚度。为了保证 CCAg 型热控薄膜具有小的 α_s,金属反射层的适宜厚度为 150~200nm,如果膜层较薄则透过率会较大,使得 α_s 上升,如果膜层较厚则影响成膜质量降低膜层附着力。

3) 热控性能理论计算及膜厚确定

初步确定膜层厚度后需要结合热学计算来判定膜厚的合理性。此类 CCAg 型热控薄膜的 ε_h 和 α_s 可以通过理论计算。

首先代入初步确定的金属反射层和介质层的厚度,构建模型程序需要两个随波长变化的光学参数 – 折射率 n,消光系数 k,通过光学设计软件,可得到理论计算的波长 250~25000nm 范围整个膜系的反射率曲线。

根据此曲线通过热力学相关知识利用数值计算的方法可以计算出薄膜的 ε_h 和 α_s,相应的公式已在第 1 章作了介绍。

根据以上方法可计算出初步确定膜厚的 CCAg 型热控薄膜的 α_s 和 ε_h,根据计算结果对薄膜厚度进行调整,重新带入光学设计软件得到新的热控参数,如此反复最终可得到所需热控性能的膜系厚度结果,图 3-18 为示例光谱曲线。

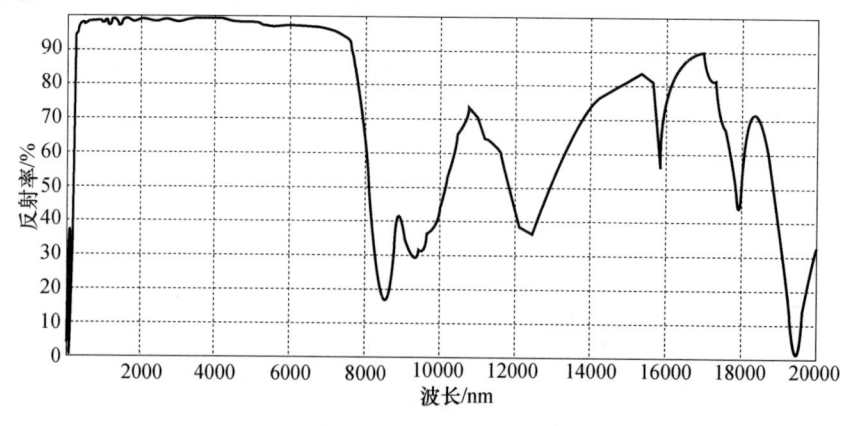

图 3-18　CCAg 型热控薄膜模拟光谱曲线(优化膜厚)

3. CCAg 型热控薄膜制备方法

CCAg 型热控薄膜的制备主要包括金属反射层的制备和氧化铝及氧化硅等氧化物介质膜的制备。金属反射层(Al 或 Ag)的制备可采用蒸发镀、磁控溅射等多种方法,制备工艺成熟。目前制约 CCAg 型热控薄膜的主要问题在于柔性聚合物基底上 Al_2O_3 和 SiO_2 两种氧化物介质膜的低温、高速、卷绕制备技术。

采用真空蒸发镀膜法可以制备 CCAg 热控薄膜,采用同时配备电阻蒸发源和电子枪蒸发源的真空设备进行镀制。在高真空度条件下采用电阻蒸发源蒸镀法实现金属 Ag 或 Al 的制备,采用电子枪加热方式进行 Al_2O_3、SiO_2 及透明导电膜的制备。

兰州空间技术物理研究所采用离子束氧化(IBO)加脉冲反应磁控溅射工艺制备 Al_2O_3 薄膜,研究了薄膜制备中的重要工艺参数对薄膜性能的影响,研究表明:离子能量、离子源放电电流、离子源氧气分量及磁控靶溅射功率是影响薄膜沉积速率、成分及光热学性能的重要因素。IBO 辅助脉冲反应磁控溅射沉积 Al_2O_3 薄膜依然存在靶中毒现象及迟滞效应,通过协调沉积速率与成分、性能的关系,对上述参数的合理配置,可在磁控靶未完全氧化的状态下应用 IBO 技术使沉积的薄膜完全氧化,实现薄膜的低温快速沉积。薄膜的沉积速率为传统脉冲反应磁控溅射的 4~5 倍,且有更良好的光学透明性。

在 CCAg 热控薄膜的研究中,柔性聚酰亚胺基底上厚氧化物薄膜的制备是其中的一个难点。当氧化物达到一定厚度时,随着厚度的增加其内应力也将逐渐增大,而过大的内应力将导致薄膜结构产生破坏,最终使膜层发生开裂等严重后果。为了保证柔性基底上厚氧化物薄膜不开裂,降低氧化物薄膜内应力,因此在制备过程中必须采取适当方法降低内应力。采用脉冲直流反应溅射、低沉积速率配合离子束辅助轰击工艺进行厚氧化物膜的制备是解决该问题的手段之一。通过离子束辅助轰击的作用,可以提高膜层附着力、致密度和减小膜层应力。

CCAg 热控薄膜在 200~20000nm 的反射率光谱见图 3-19,为方便对比,300K 黑体的辐射强度同时给出,其峰值强度在 8~13μm 范围。根据反射光谱可知,在此谱段薄膜具有较高的 ε_h,实测薄膜的 ε_h 为 0.59。

在可见-近红外波段 CCAg 热控薄膜有高的反射率,其中 200~2500nm 反射率光谱见图 3-20。图中也给出了太阳辐照强度,可看出 CCAg 薄膜对太阳辐照能量具有高的反射能力,通过 SSR 太阳光谱反射计实测薄膜的 α_s 为 0.12。

聚酰亚胺基底 CCAg 热控薄膜需完成耐原子氧环境试验以验证其耐原子氧性能。聚酰亚胺基底 CCAg 薄膜样品经过 $1.2 \times 10^{21} AO/cm^2$ 积分通量的原子氧侵蚀后,α_s 及质量损失结果见表 3-28。

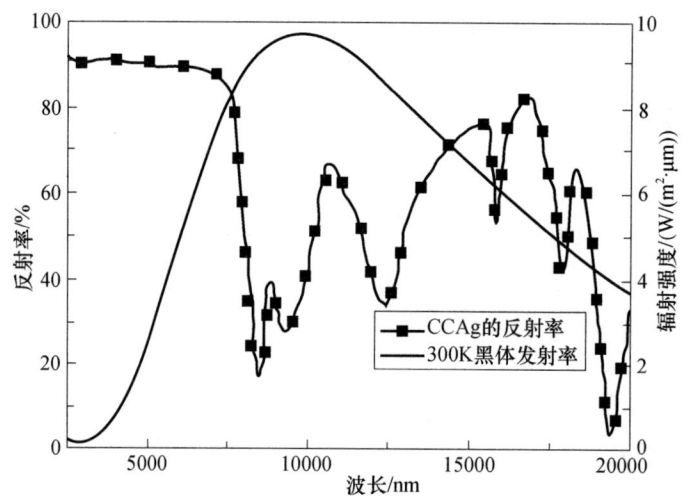

图 3-19　CCAg 热控薄膜的反射率曲线(2500~20000nm)及300K黑体辐射强度

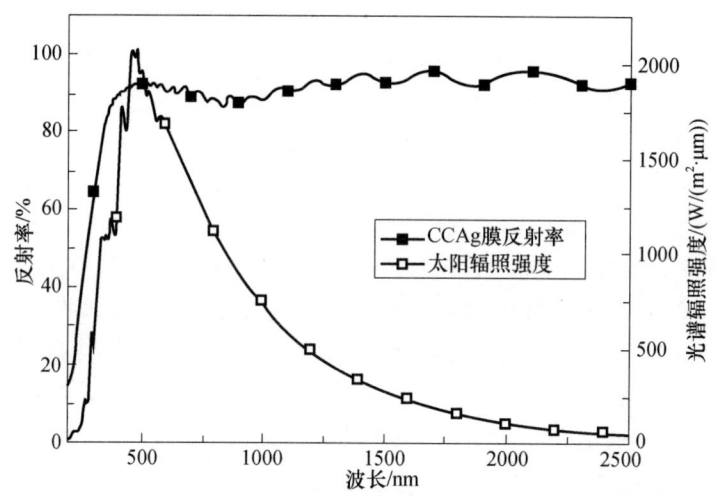

图 3-20　CCAg 热控薄膜的反射率曲线(200~2500nm)及太阳辐射强度曲线

表 3-28　聚酰亚胺基底银基复合膜原子氧试验结果

试样	试验前		试验后			外观
	试验前质量/mg	太阳吸收率	试验后质量/mg	太阳吸收率	质量损失/%	
1#	77.44	0.12	77.16	0.11	0.36	外观完好

注：1. 原子氧试验条件为原子氧累计通量 $1.2 \times 10^{21} AO/cm^2$；
　　2. 原子氧通量密度为 $4.89 \times 10^{15}/(cm^2 \cdot s)$。

从试验结果可以看出，α_s 变化非常小，质量损失为 0.36%。说明所镀制的聚酰亚胺基底银基复合膜具有非常好的耐原子氧性能。

3.4.3 发展趋势

CCAg 型热控薄膜是各国重点发展的热控薄膜之一,目前已经作为一种常规热控产品使用,国内外研究重点在于其制备工艺上:

(1) 大面积柔性基底上 CCAg 的低温、均匀、快速制备方法。

(2) 复杂器件内外表面 CCAg 的薄膜的直接均匀沉积。

3.5 复合结构被动热控薄膜的优缺点及适用性

复合结构被动热控薄膜通常是为了满足热控薄膜的多功能化和性能提升。以玻璃型二次表面镜为例,要求具有低的 α_s,高的 ε_h,同时具有防静电的特性。任何一种复合结构热控材料都有其自身特点,其应用范围主要根据其自身的特点而使用。表 3-29 列出了复合结构热控薄膜材料的主要优缺点和其适用范围。

表 3-29 复合结构热控薄膜的优缺点及适用性

热控材料	优点	缺点	适用性
玻璃型二次表面镜	高的发射吸收比;耐空间辐照性能强;结构简单,可靠性高	加工装贴工艺复杂;复杂曲面不易安装	适用于各类卫星,如导航、通信、深空探测等
柔性二次表面镜	粘贴于卫星表面,面积大,重量轻,易于装配,在保证实现卫星热控的同时,具有静电防护功能,能消除卫星表面的充放电效应和防止原子氧冲蚀	太阳吸收率较玻璃型二次表面镜大,发射率稍低于玻璃基底二次表面镜	适用并已应用于各类遥感、通信、导航、深空探测、科学试验卫星等的舱体表面。
金属陶瓷薄膜	具有高的吸收发射比的一类特殊复合膜材料,可用于卫星特殊要求部位	中高温抗老化特性不强	用于吸收来自反射和散射的各种短波长光线,而其低的热发射率将减少光学系统的背景噪声,提高光学系统的观测和成像质量,适合安装在各种复杂面的空间飞行器光学系统中,例如光学系统的镜座、镜筒内壁、卫星天线背面光学阻挡器
CCAg 热控薄膜	特定吸收发射比的热控材料,可按热控要求提供不同吸收/发射比材料,具有优良的耐空间辐照性能	在硬质基底材料上镀制时会出现较大的应力,造成薄膜附着力不强	热辐射器和低轨道航天器防原子选用材料,适用于各类遥感、通信、导航、深空探测、科学试验卫星

第 4 章
智能型热控薄膜

本章对基于热致变色材料和电致变色材料的智能热控薄膜材料及器件的热控原理、材料结构、材料关键制备技术、材料特性以及未来发展趋势进行了介绍。

4.1 二氧化钒智能型热控薄膜

4.1.1 基本概念

过渡金属如 V,W,Mn 或其氧化物由于温度、压力、电场、掺杂组分的不同会出现金属-绝缘体转变(Metal–insulator Transition)。过渡金属的 d 电子轨道部分填充,形成金属键的电子电导。过渡金属也容易形成多种含有 d 电子轨道的复杂化合物。在与其他配位体形成化合物时会产生 d 能级劈裂,能级劈裂的大小不同,会表现出不同的金属、半导体或者绝缘体特性。

过渡金属钒的价电子具有 $3d^34s^2$ 构型,可以形成 V^{2+},V^{3+},V^{4+} 和 V^{5+} 离子。V–O 系统中则存在多达 13 种稳定的氧化物相,比如 VO,V_2O_3,VO_2,V_2O_5,Wadsley 相 $V_{2n}O_{5n-2}$ 和 Magnéli 相 V_nO_{2n-1} 等。到目前为止,至少有 8 种氧化钒具有从高温金属相到低温半导体相转换的特性,其中 VO_2 相变温度接近常温而受到各国研究者的关注[35]。

二氧化钒(VO_2)在 340K 附近会发生可逆的金属—绝缘体转变(Mott 相变),而且其光学性质也会同时发生明显变化,是一种很好的热致变色材料,可用作热激活的电子开关和光开关器件、信息存储介质和热色窗口等,具有很高的应用价值。

基于二氧化钒的智能热控薄膜的基本工作原理为:二氧化钒在一定温度或静电作用下发生 Mott 相变,从金属性质转变为绝缘体性质,与之伴随的是薄膜的电导率发生数个量级的变化,造成材料红外波段的光学常数发生巨大的改变,反射率和透射率发生变化,最终影响到发射率。

4.1.2 研究进展

1. 国内外发展情况

加拿大航天局将基于二氧化钒薄膜的相变智能型热控薄膜称为 Smart Space Radiator Device(SSRD),该材料具有静电控制、光照控制和温度控制三种方式实现材料的相变。温度控制的方式具有更可靠和更简便的优势,不存在与空间等离子体环境的相互电耦合造成效率降低等问题,更便于航天器热控,所以热致发射率变化热控材料是他们研究的重点。

图 4-1 为制备在 Al 箔上可变发射率智能热控薄膜的结构。该结构兼容温度和静电控制两种方式的发射率调节模式。表 4-1 为利用该结构制成的智能热控薄膜 4 个试件因温度引起发射率变化的实测结果,可以看出发射率的变化量在 0.25 左右,同时基础发射率可以通过薄膜的结构调整来改变,更符合各航天器使用要求。试样经历了原子氧、紫外和真空性能综合试验,模拟了国际空间站三个月原子氧的试验结果,说明没有可测到的质量损失,X 射线光电子能谱分析(XPS)测试结果说明没有明显的化学成分变化,光学测试也没发现明显的反射率变化。

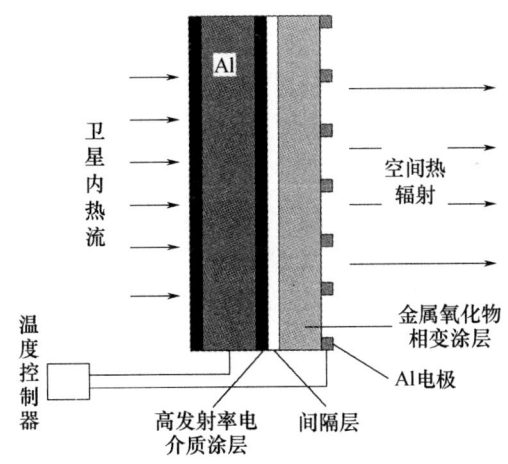

图 4-1 沉积在 Al 片上的可变发射率智能热控薄膜

表 4-1 Al 基底上的可变发射率智能热控薄膜温度引起发射率变化实测结果

样品	ε_h(低温)	ε_h(高温)	$\Delta\varepsilon_h$
AD-07-Al-01	0.45	0.72	0.27
MCL-01-Al-01	0.29	0.54	0.25
MCL-02-Al-01	0.32	0.58	0.26
MCL-04-Al-01	0.23	0.48	0.25

MPB通信公司(MPB Communications Inc.)以及欧空局开发一种基于氧化钒的被动薄膜型智能辐射片(Smart Radiation Tile,SRT),这种智能辐射技术采用热传输/发射结构,可以直接用在铝蜂窝辐射器上替代目前广泛应用的OSR辐射元件,而且质量不超过100mg/m^2。这种SRT采用$V_{1-x-y}M_xN_yO_n$薄膜结构被动响应空间结构的温度,动态改变红外发射率。掺杂元素M和N被用来调整红外发射的转变温度特性。在较低的温度下,它的发射率在0.3以下,实现航天器的"自加热",减少了加热器的功率消耗;当航天器温度超过预设温度,向空间的红外发射逐步增加。这种发射率的动态调节已经超过了0.45。SRT比电致变色器件的结构大为简单,在成本、重量及功率需求方面有很大的优势,而且无活动部件,可靠性高,可以和其他的空间结构具有很好的集成性。经过空间环境试验,包括VUV和AO辐照,证明具有很好的空间稳定性[36]。

单层的VO_2通常高低温发射率变化量不够大,为提高实际应用效率,需要提高其发射率调节能力。兰州空间技术物理研究所及MPB公司通过光学多层设计来实现此目的。多层光学薄膜的材料选择、结构设计、制备工艺都直接影响智能热控薄膜发射率变化量、变化范围以及变化温度。在多层光学薄膜中,通常采用Ge,Al,Al_2O_3,SiO_2,TiO_2等薄膜材料与VO_2薄膜相结合,进行整体的薄膜结构设计,然后采用专业的光学薄膜软件对其光学性能进行仿真分析。冯煜东最早采用该方案设计出了发射率变化量达到0.44~0.50的光学多层薄膜。近年来MPB公司也在这方面做了很多的研究工作,图4-2为其研发的多层智能热控薄膜的实测数据。

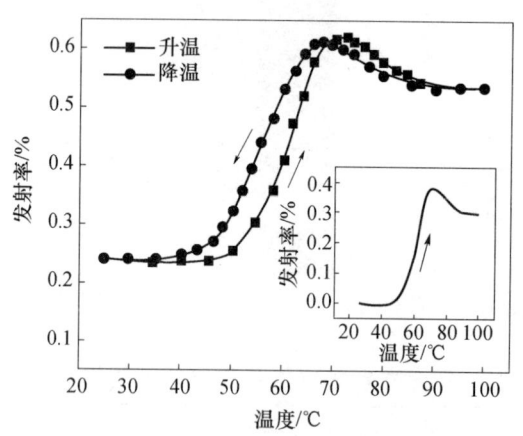

图4-2 α-Si:H/SiO_2/VO_2/Al光学薄膜的
温致发射率变化特征(插图为升温发射率变化量)

实际应用中二氧化钒(VO_2)的相变温度高于室温,需要降低其转变温度。外延型的VO_2相变温度仅为(45℃),远远小于常规条件下制备的VO_2的相变温度(68℃),而且热迟滞现象也不明显,但外延生长较为困难,且外延生长的 VO_2 薄膜相变温度与实际应用需求还存在差距。

  掺杂法是一种能有效降低 VO_2 相变温度的方法。掺杂是一个逐步破坏 VO_2 半导体态稳定性的过程,其原理是通过掺杂离子对二氧化钒中氧离子或钒离子的取代来破坏 $V^{+4}-V^{+4}$ 的同极结合。随着 $V^{+4}-V^{+4}$ 同极结合的减少,VO_2 相变得不稳定,使得 VO_2 金属态-半导体态的转变温度得到降低。显然,掺杂离子对二氧化钒中离子的取代会造成二氧化钒晶格结构的变化,直接后果是导致掺杂后的薄膜在相变前后光学、电学特性变化幅度的减小。因此,在掺杂的过程中必须合理选择作为供体的杂质,以保证既可以有效降低相变温度,又不使 VO_2 的相变幅度太小。目前掺杂的主要办法有两个:①在制备二氧化钒膜的同时进行掺杂;②采用高能离子注入已制备好的二氧化钒薄膜。试验研究表明,在离子注入法的掺杂试验中,对于某些掺杂物质,每百分比的杂质浓度可以导致 VO_2 薄膜的相变温度降低十几度。这种方法的优点是工艺过程比较容易控制,但掺杂均匀性不容易控制。MPB 公司通过掺杂 W 将转变温度降低到室温附近,图 4-3 是掺杂量不同的 VO_2 的发射率变化特性[37]。

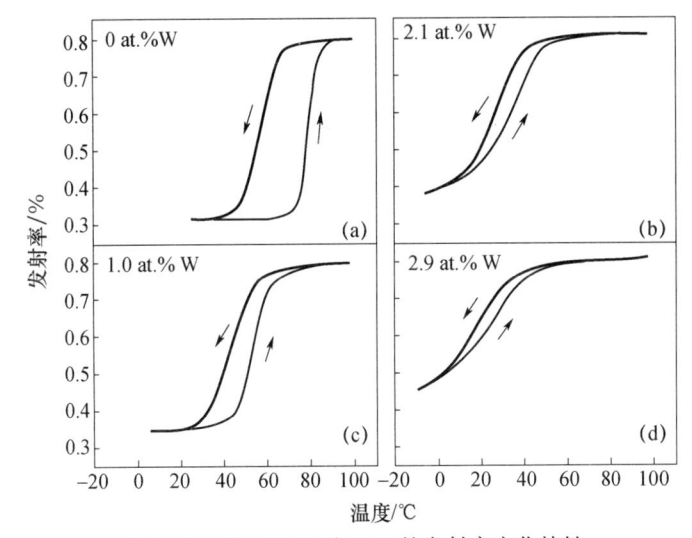

图 4-3 $V_{1-x}W_xO_2$ 基 SRD 的发射率变化特性

(a)不掺杂 VO_2;(b)1.0%at.% 掺杂 VO_2;(c)2.1%at.% 掺杂 VO_2;(d)2.9%at.% 掺杂 VO_2。

2. 核心设计方法

  二氧化钒的相变特性使得其具有很好的应用前景,但是因为二氧化钒材料本身在相变点以上处于金属态,发射率较低,直接影响相变前后发射率的变化量,因此单层的二氧化钒薄膜不能直接应用于航天器,必须进行多层薄膜的设计与制备。采用多层薄膜结构一方面可以优化基于二氧化钒的可变发射率智能热控薄膜光学性能,使其满足航天器应用的具体技术指标需求;另一方面可以提高二氧化钒薄膜的空间环境下的稳定性,满足航天器使用寿命的需求。

多层薄膜结构设计主要考虑以下几个方面的因素:①保持二氧化钒薄膜的化学稳定性。在钒的氧化物中,只有二氧化钒具有能够适用于航天器热控的相变特性,因此如何在整个热控薄膜使用寿命中保证二氧化钒薄膜的成分与微观结构不发生变化就是需要考虑的一个关键技术,通常在二氧化钒薄膜与基底之间镀制金属氧化物过渡层来阻止氧原子的扩散,在外层镀制保护层阻止真空环境下薄膜氧原子的逸出。②薄膜的光学特性,主要包括智能热控薄膜的相变温度以及相变前后光学性能变化量、变化范围。③空间环境下的性能稳定性,由于智能热控薄膜直接与外太空环境相接触,受到空间的原子氧作用、质子电子辐照、静电积累、宇宙射线辐照等空间环境的综合作用,这些空间环境的作用会使薄膜的性能发生退化,甚至薄膜脱落、剥蚀等情况发生,通常采用在最外层镀制空间防护薄膜的方法来对智能热控薄膜进行整体的防护。

3. 制备方法

如何精确控制薄膜的成分是制备技术需要重点解决的一个问题。另外,需要解决多层复合结构中各层薄膜的厚度、结构的精确控制问题。二氧化钒薄膜的制备方法主要有真空蒸镀法、溅射法、化学气相沉积法、溶胶-凝胶法等。在薄膜镀制之后,在特定的气氛下对薄膜进行退火可以调整二氧化钒薄膜的成分,并使薄膜得到充分的结晶。

采用真空蒸镀法制备 VO_2 薄膜时以 O_2 为活性气体、加热蒸发纯金属钒,使其沉积到基底上,得到钒氧化物薄膜,然后再进行镀后热处理即可获得 VO_2 薄膜。

采用溅射法在 Ar 和 O_2 低压环境下溅射纯金属钒靶,可制备出性能优越的 VO_2 薄膜。但是对靶材的要求较高,一是纯度要求高,二是尺寸及表面光洁度要求较高。

金属有机化合物化学气相沉积法沉积 VO_2 薄膜使用的原料是一些钒的有机化合物,如乙酸丙酮化钒等。同其他方法一样,为了提高薄膜中的 VO_2 含量,要对薄膜进行保护气氛下的热处理。

氧化钒薄膜的制备工艺直接影响其成分及微观结构,采用磁控溅射的方法在柔性基底制备的氧化钒薄膜的发射率达到 0.43。首先常温下在 Al 箔基底上沉积了氧化钒薄膜及氧化钒/锗薄膜,并且在 200℃下进行了退火。对原始氧化钒薄膜样品、退火后氧化钒薄膜样品以及氧化钒/锗膜的红外反射光谱进行了测试分析。

图 4-4 为常温状态下沉积的氧化钒薄膜在常温以及 80℃ 下的红外反射光谱图,在各波长处,薄膜的反射率变化量为 1%~1.5%,相变特性不明显,说明薄膜的成分比较复杂,并没有完全形成二氧化钒相。

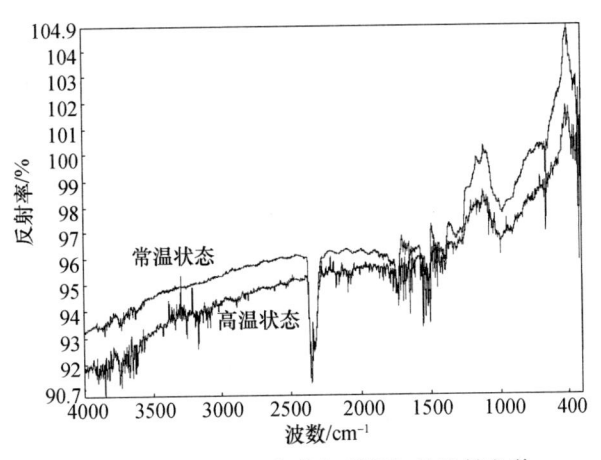

图 4-4 常温沉积氧化钒薄膜红外反射光谱

图 4-5 为 200℃ 退火的氧化钒薄膜的红外反射光谱图,从图中可以看出薄膜在波数 400~4000cm^{-1} 的范围(对应波长 25~2.5μm 内)高低反射率变化量均在 15% 左右,具有一定的相变特性。

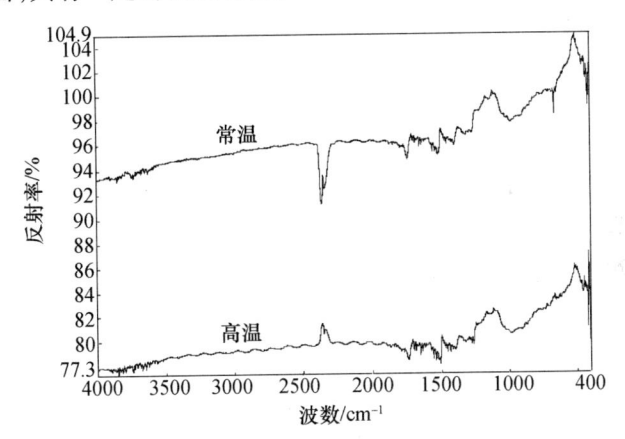

图 4-5 200℃ 退火氧化钒薄膜的红外反射光谱

图 4-6 为 200℃ 退火的氧化钒/锗薄膜红外反射光谱图,在 1300~2800cm^{-1} 的范围内红外反射率相比单层的氧化钒薄膜有所降低,这是由于氧化钒/锗双层薄膜结构中产生光的干涉效应,从而导致了薄膜的反射率下降,增加了薄膜的基础发射率;薄膜在各波长处的高低温反射率变化量在 14% 左右,说明锗膜对薄膜整体的相变特性影响不大。

图 4-7 为在不同氧气流量及不同沉积温度下沉积的 VO$_2$/Ge 薄膜常温及 80℃ 下在波长为 10μm 处反射率变化情况。从图中可以看出,随着沉积温度的升高,薄膜反射率变化量均有所升高。氧流量为 5sccm 时,反射率变化量从

0.058升高到了0.199;氧流量为10sccm时,反射率变化量从0.091升高到了0.334;氧流量为15sccm时,反射率变化量从0.028升高到了0.421;氧流量为20sccm时,反射率变化量从0.089升高到了0.363,这说明较高的沉积温度有利于薄膜中二氧化钒相的生成。

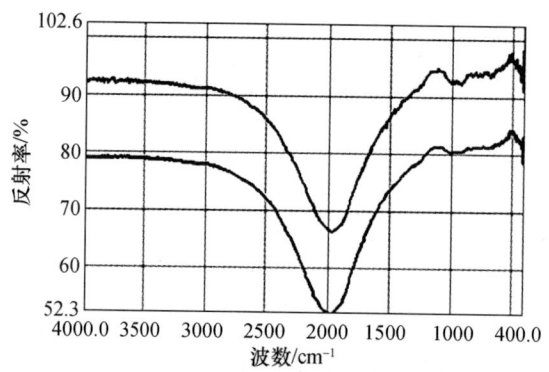

图4-6 200℃退火氧化钒/锗薄膜红外反射光谱(上曲线为常温状态测试结果,下曲线为80℃状态时测试结果)

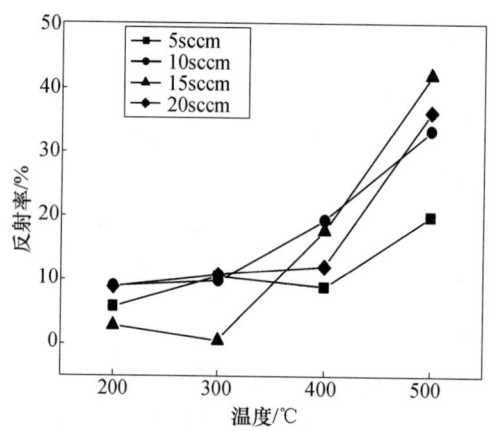

图4-7 VO_2/Ge薄膜在常温及80℃下在波长为10μm处反射率变化情况

沉积气氛中氧分压对二氧化钒膜的形成也具有一定的影响,在不同的沉积温度下二氧化钒相形成所需的氧分压也不同。从图4-7中可以看出,沉积温度为200℃及300℃时,氧气流量为10sccm时反射率变化量最大,形成的二氧化钒相最多;当沉积温度升高到500℃时,氧气流量为15sccm时反射率变化量最大,形成了最多的二氧化钒相。这是因为在不同的沉积温度下原子的活性不同,沉积温度越高,反应溅射过程中V原子和O原子的反应就越充分。在较低的氧气流量下,低的沉积温度已经可以较完全的消耗掉反应气体中的氧,高的沉积温度则需要更多的氧原子来进行反应,但是如果气氛中的氧过多,则会形成V_2O_5等不具有相变特性的氧化钒相,因此会造成薄膜中 VO_2 的减少,影响薄膜整体的热致相变性能。

图 4-8 为 500℃下制备的 VO_2/Ge 薄膜红外反射率光谱图。从图中可以看出,不同氧气流量下制备的 VO_2/Ge 薄膜高低温红外反射率变化量都较高,薄膜具有良好的热致变反射率性能,当氧气流量为 15sccm 时,薄膜在各波长处的红外反射率变化量均高于 40%,说明在此条件下可以制备出性能较好的 VO_2/Ge 热致变反射率薄膜。

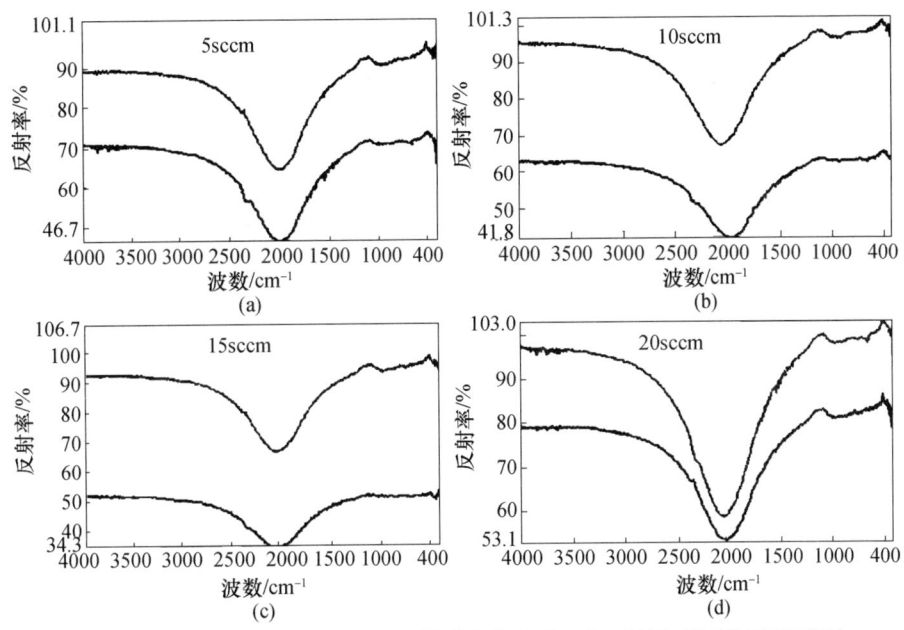

图 4-8 500℃下制备的 VO_2/Ge 薄膜在常温及 80℃时的红外反射率光谱图
(a)5sccm;(b)10sccm;(c)15sccm;(d)20sccm。

将 500℃,氧气流量为 15sccm 时制备的 VO_2/Ge 薄膜红外反射率光谱数据代入式(1-14),通过计算得出:在常温下,薄膜的 ε_h 为 0.06,在 80℃时,薄膜的 ε_h 为 0.49,变化量达到了 0.43。

4.1.3 发展趋势

要满足空间技术的应用需求,需要降低二氧化钒的相变温度。二氧化钒的相变温度为 340K 左右,比空间元器件要求的温度范围要高,因此需要降低二氧化钒智能热控薄膜的相变温度。对于降低相变温度的努力主要集中在两个方面:一个是在不掺杂的情况下探索不同的薄膜制备工艺,另一个就是采取掺杂的办法。

4.2 稀土锰氧化物掺杂智能热控薄膜

4.2.1 稀土锰氧化物掺杂材料基本概念

稀土锰氧化物掺杂材料 $La(M1,M2)MnO_3$（M1 和 M2 为二价碱土元素）属于热致相变型材料，可用于航天器智能热控。该类型热控材料的主要特征是其光学性能能够随外界温度的变化产生可逆的变化，相应的发射率也随之发生变化。当航天器温度升高时，智能热控材料的发射率相应地增大，能够将内部废热有效地排散出去，防止航天器内部温度的进一步升高；而当航天器温度降低时，智能热控材料能自主降低其发射率，保证航天器温度不至于过低。

热致金属-绝缘体转变是引起掺杂稀土锰氧化物材料发射率变化的主要原因。$La(M1,M2)MnO_3$（M1 和 M2 为二价碱土元素）体系是 ABO_3（其中 La,M1,M2 处于 A 位，Mn 处于 B）型钙钛矿结构材料 $LaMnO_3$ 在 A 位掺杂二价碱土金属元素后形成的一类材料。这类材料随掺杂元素、浓度及温度的不同，其体系的晶体结构、电磁转变特性也呈现复杂的变化[38]。图 4-9 是该体系中的典型代表-镧锶锰氧 $La_{1-x}Sr_xMnO_3$（LSMO）和镧钙锰氧 $La_{1-x}Ca_xMnO_3$（LCMO）的电磁相图，两者的电磁相图非常相似，以转变温度为界，划分为高温区和低温区。依据掺杂浓度的不同，高温区存在顺磁绝缘态（P.I.）和顺磁金属态（P.M.），低温区存在自旋倾角绝缘态（CN.I.）、铁磁绝缘态（F.I.）和铁磁金属态（F.M.）。一般金属的发射率比绝缘体低，因此随温度升高发生金属-绝缘体相变时同时，其发射率也相应地增大，这是其能够应用于航天器热控的基本原理。

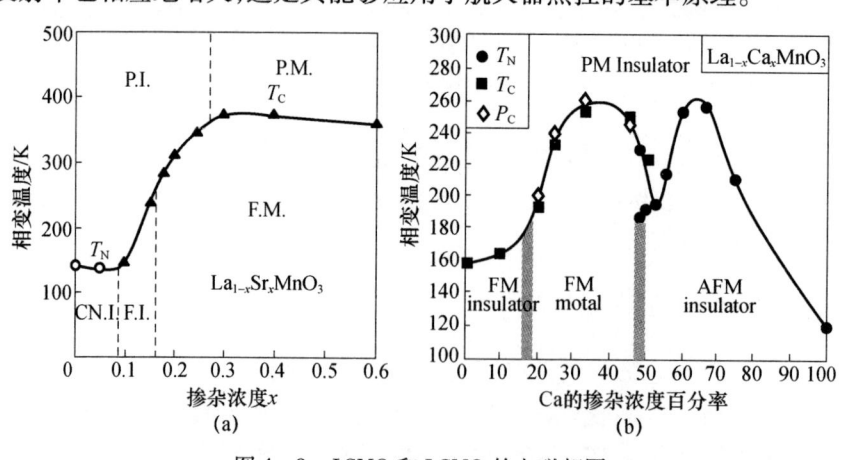

图 4-9 LSMO 和 LCMO 的电磁相图

该体系的相变十分复杂，材料的特性是不同的机制共同作用的结果。最近十年来,逾渗理论被广泛应用于此体系,并对其电磁特性进行了合理的解释,唐根初、吴春华等基于相分离的逾渗理论,借助金属相和绝缘相体积分量随温度变化的玻尔兹曼分布,对此体系材料的发射率-温度特性进行了建模,较好地解释了其发射率变化机理[39,40]。

根据两相分离的模式的描述,金属相体积分量(或绝缘相体积分量)对材料的电学性能有很大的决定作用。利用相分离的概念,可对 LSMO 材料的发射率数据进行模拟。图 4-10 中连续曲线和离散点分别为为 $La_{0.8}Sr_{0.2}MnO_3$ 薄膜和 $La_{0.67}Sr_{0.33}MnO_3$ 薄膜的模拟和测试结果,两者吻合的较好。

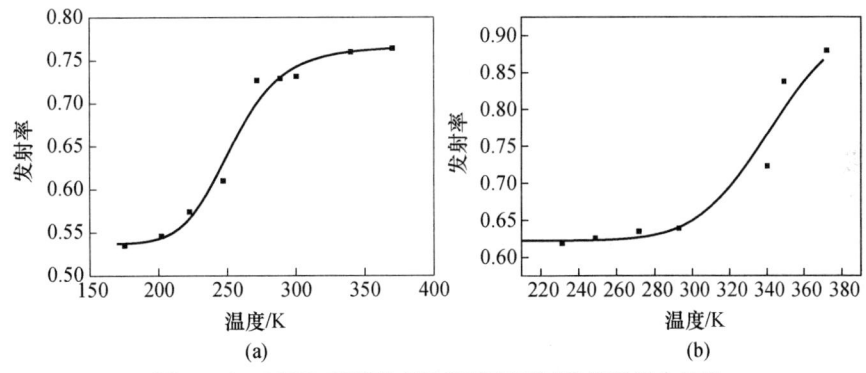

图 4-10 LSMO 薄膜的变温发射率测试数据及拟合结果
(a) $La_{0.8}Sr_{0.2}MnO_3$ 薄膜;(b) $La_{0.67}Sr_{0.33}MnO_3$ 薄膜。

模拟原理如下:假设该材料为金属相和绝缘相的混合相,则其相应的发射率可以表示为

$$\varepsilon_h = \varepsilon_{hm} \times f_h + \varepsilon_{hi} \times (1 - f_h) \qquad (4-1)$$

式中:ε_{hm} 为金属相发射率;ε_{hi} 为绝缘相发射率;f_h 和 $1-f_h$ 分别为金属相和绝缘相的体积分量。

根据 Li 等人的研究结果,金属相和绝缘相体积分量的大小符合玻耳兹曼分布公式:

$$f_h = \frac{1}{1 + \exp(\Delta U/k_B T)} \qquad (4-2)$$

$$f_h' = (1 - f_h) = \frac{\exp(\Delta U/k_B)}{1 + \exp(\Delta U/k_B T)} \qquad (4-3)$$

式中:$\Delta U \approx -U_0(1 - T/T_c^{mod})$ 是单位晶胞中金属相和绝缘相在温度 T 时的能量差别;U_0 为单位晶胞中金属相和绝缘相在温度 0K 的能量差别;T_c^{mod} 是一个与相变温度有关的值。

将式(4-2)代入式(4-1)得到

$$\varepsilon_{\mathrm{h}} = \varepsilon_{\mathrm{hm}} \times \frac{1}{1+\exp\left(\frac{U_0}{k_{\mathrm{B}} T_{\mathrm{c}}^{\mathrm{mod}}} - \frac{U_0}{k_{\mathrm{B}} T}\right)} + \varepsilon_{\mathrm{hi}} \times \frac{\exp\left(\frac{U_0}{k_{\mathrm{B}} T_{\mathrm{c}}^{\mathrm{mod}}} - \frac{U_0}{k_{\mathrm{B}} T}\right)}{1+\exp\left(\frac{U_0}{k_{\mathrm{B}} T_{\mathrm{c}}^{\mathrm{mod}}} - \frac{U_0}{k_{\mathrm{B}} T}\right)} \quad (4-4)$$

参数 $\varepsilon_{\mathrm{hm}}$，$\varepsilon_{\mathrm{hi}}$，$U_0/k_{\mathrm{B}} T$ 和 $T_{\mathrm{c}}^{\mathrm{mod}}$ 可通过拟合测试得到的发射率数据得到(结果见表 4-2)。与期望的一致，金属相发射率 $\varepsilon_{\mathrm{hm}}$ 具有较小的值，而绝缘相发射率 $\varepsilon_{\mathrm{hi}}$ 具有较大的值。

表 4-2　红外发射特性的拟合参数

参数＼样品	$La_{0.8}Sr_{0.2}MnO_3$ 薄膜	$La_{0.67}Sr_{0.33}MnO_3$ 薄膜
$\varepsilon_{\mathrm{hm}}$	0.5371	0.6226
$\varepsilon_{\mathrm{hi}}$	0.7667	0.95
$U_0/k_{\mathrm{B}} T$	3500	5500
$T_{\mathrm{c}}^{\mathrm{mod}}$	253.7	345.2

再将发射率拟合参数 $\varepsilon_{\mathrm{hm}}$，$\varepsilon_{\mathrm{hi}}$，$U_0/k_{\mathrm{B}} T$ 和 $T_{\mathrm{c}}^{\mathrm{mod}}$ 代入式(4-2)可得到 f_{h}（见图 4-11）。计算结果表明，2 种组分样品在一定温度以下金属相体积分量基本为 1。稍高于此温度，金属相体积分量变化缓慢并逐步减小，说明在材料总的金属相背景下绝缘相开始出现，即发生了金属相和绝缘相的共存。随温度进一步升高，金属相体积分量迅速降低。这个快速转变在 60K 范围内很快完成。再继续提高温度，金属相体积分量又开始缓慢减小。在样品温度超过其居里温度时，其金属相体积分数基本变为零，说明在此温度绝缘相已基本分布至整个样品内成为完全的绝缘态。

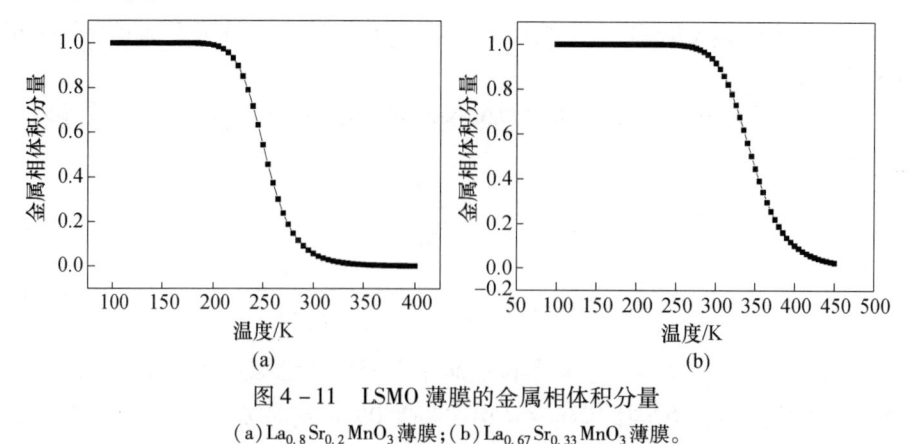

图 4-11　LSMO 薄膜的金属相体积分量
(a) $La_{0.8}Sr_{0.2}MnO_3$ 薄膜；(b) $La_{0.67}Sr_{0.33}MnO_3$ 薄膜。

通常将 $La_{1-x}Sr_xMnO_3$ 材料发射率的变化归结为其金属-绝缘体相变，其基本特征为变温电阻曲线上出现峰值。实际测试中这 2 种薄膜样品中并没有显示出所谓的金属-绝缘体相变(仅从磁化强度曲线观察到明显的铁磁-顺磁转变),但仍然观察到较大的发射率变化。这种反常现象有助于正确理解材料发射率发生变化的深层原因。在薄膜样品中尽管没有观察到表观的金属-绝缘体转变,但基于金属相体积分量的计算表明,内在的金属相到绝缘相的转变在整个温区内持续发生,正是这种持续的变化导致发射率的持续变化,特别是在金属相体积分数变化幅度相对较大的温区,其发射率变化幅度也最大。

4.2.2 研究进展

1. 国内外发展情况

日本 JAXA 最早研制了发射率变化量达到 0.42 的陶瓷型稀土锰氧化物掺杂智能热控材料并在 MUSEC-C 星上进行了搭载验证。搭载部位包括 X 波段功率放大器(X Band Power Amplifier,XPA)、电源部件(Power Supply Unit,PSU)和太阳帆板的背面,用来减小应用部件处的温度波动,并节约 XPA 和 PSU 在不开机条件下的电加热器的功耗。报道结果表明:MUSEC-C 星从发射后到 2005 年 8 月之间,XPA-PSU 的日温度波动小于 XTX 的 24%,最低温度没有达到加热器的设定开启温度 -28℃;和固定发射率的柔性 OSR 的辐射器相比,节约功率 18W,和配备同样尺寸的机械百叶窗相比,质量减轻 250g。经过 2.5 年的在轨遥测,热控性能无退化[41]。

陶瓷型智能热控材料难加工,特别是后续机械切割、减薄、抛光、尺寸公差控制等方面的原因,材料减薄非常困难,厚度难以达到 200μm 以下,应用难度大。鉴于此原因,日本创新技术验证试验(Innovative Technology Demonstration Experiment,INDEX)卫星上使用的涂层型的智能热控材料,其具体应用部位为太阳帆板的背面,用来抑制太阳帆板的温度波动,也获得成功,其发射率变化量接近陶瓷型智能热控材料。

虽然涂层型智能材料相比陶瓷型使用更为方便,但从技术发展的趋势看,薄膜型智能热控材料更具优势,它可根据需要使用低、中、高发射率的基底材料,形成不同发射率变化区间的薄膜材料,这就很大程度扩展了其应用范围。

日本 NEC 公司与空间和宇航科学研究所通过溶胶-凝胶法制备了不同组分和厚度的 $LaSrMnO_3$ 热控薄膜,高低温薄膜材料的发射率的变化接近块体陶瓷材料(图 4-12),说明溶胶-凝胶法在制备此类多组分的复杂热控薄膜方面具有很大的优势[42]。

Cumberland R 等人利用溶胶-凝胶法制备了类似于 $La(Sr,Ca)MnO_3$ 的 $M1_{(1-x-y)}M2_xM3_yMnO_3$ 的热致相变可变发射率材料,其中 M1 所包含的元素涵盖了 La,Sc,Y,Pr,Nd 及 Sm 等,M1 和 M2 均为二价碱土元素,M2 涵盖 Ba,Sr,Ca

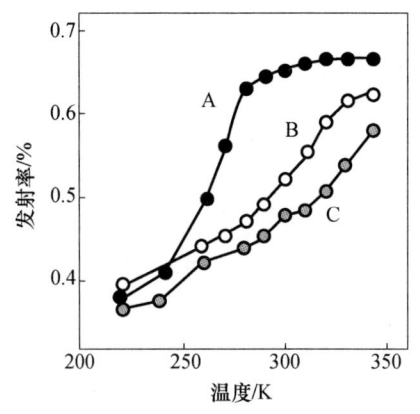

图 4-12　溶胶-凝胶法制备的（A）$La_{0.9}Sr_{0.10}MnO_3$、（B）$La_{0.825}Sr_{0.175}MnO_3$ 和（C）$La_{0.7}Sr_{0.3}MnO_3$ 变温发射率特性

等，M3 主要为 Be 和 Mg。虽然专利数据中没有关于发射率的直接数据，但根据 La(Ba,Be)MnO$_3$ 的变温磁化强度曲线推测，其发射率随温度的转变幅度可能高于 La(Sr,Ca)MnO$_3$。该专利选用的初始原料为相应金属的乙酰丙酮盐，溶剂选用甲醇，催化剂选用丙酸。在将溶胶涂覆在基底之前需要在其表面涂覆一层 PVA 水溶液作为成膜剂，然后干膜在 150℃ 干燥后于 400~600℃ 热处理以得到干膜。和固相反应法等制备方法相比，材料结晶化温度大大降低。

国内兰州空间技术物理研究所、南京理工大学及上海硅酸盐研究所都进行了陶瓷型智能热控材料的研究，主要指标—发射率的变化量接近甚至超过日本的水平，最高可以达到 0.52（测试方法为光谱法），但空间环境试验、应用性研究尚未开展。加拿大航天局 Jang X 利用激光脉冲沉积技术制备了 $La_{1-x}Sr_xMnO_3$ 薄膜，测试了发射率的变化量。和块体材料的发射率特性对比，发射率的变化率仅达到 0.25，而且这种方法不适合较大面积的薄膜制备。兰州空间技术物理研究所通过磁控溅射的方法开展此类型薄膜型智能热控材料的研究，在薄膜智能热控材料的设计方面获得较大的突破，薄膜的红外发射率调节能力高于通过脉冲沉积方法制备的薄膜。

2. 核心设计方法

1）材料组分设计

智能热控材料的自主调控能力主要表现在其发射率的变化量上，要求其高低温发射率变化量应尽可能大。对于大多数的应用场合，需要控制其相变温度接近室温。因此实现发射率变化量的最大化，同时兼顾相变温度控制是智能热控材料设计的重点。这两方面均与智能热控材料的化学成分紧密相关。尽管通过单掺杂即可将材料转变温度控制在室温附近，但其发射率变化量通常会受到影响。

一种有效的方法是通过双掺杂获得 $La(Sr,Ca)MnO_3$ 或者 $La(Ba,Be)MnO_3$ 以改善单掺杂材料的 LSMO 和 LCMO，以及 LBMO 和 LBeMO 的缺点（图 4-13）。例如尽管 $La_{0.7}Ca_{0.3}MnO_3$ 比 $La_{0.825}Sr_{0.175}MnO_3$ 具有更大的发射率变化量，但其转变温度低于 $La_{0.825}Sr_{0.175}MnO_3$ 的转变温度（接近室温），通过共掺杂的方式获得的 $La_{0.775}Sr_{0.115}Ca_{0.11}MnO_3$ 材料，既保留了 $La_{0.7}Ca_{0.3}MnO_3$ 的大的发射率变化量，又可以将转变温度控制在室温附近。

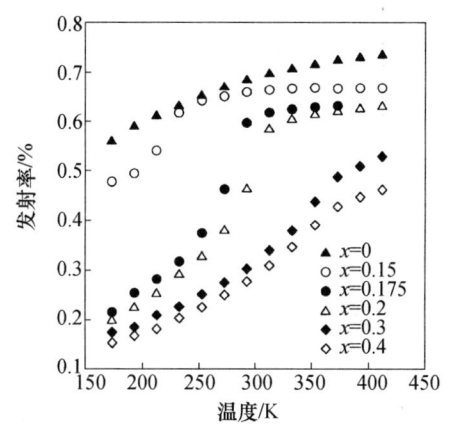

图 4-13 变温红外发射特性与材料组成的关系

稀土锰氧化物掺杂是一种复杂的过渡金属氧化物，细微的化学组分差别都会对其变温红外发射特性产生很大的影响，实现组分的最优化是材料设计的重点，目前的设计主要依靠试验方法。尽管有一些通过基于密度泛函理论的第一性原理进行材料预测方面的研究，但由于该体系存在过渡元素，是一种强关联的电子体系，预测的准确性还未得到验证。

2）薄膜膜系设计

对于薄膜型智能热控材料，材料厚度通常在 μm 量级以下，基底的影响不能忽略。对智能材料组分、基底材料选择以及膜厚的优化是实现薄膜型智能热控材料实现应用的最为重要的 3 个因素。在确定材料组成的前提下，通过对材料厚度和基底的优选，可以对材料的发射率变化区间以及发射率的变化量进行优化，扩展其应用范围。图 4-14 是以发射率变化量作为目标的优化过程，该过程利用光学薄膜原理，基于数学遗传算法对智能薄膜热控材料进行了优化（图 4-15）。此优化过程是通过 K-K 关系获取材料在高低温条件下的复数光学常数，然后通过薄膜光学原理计算得到材料的反射率，并通过反射率与发射率的关系得到高低温的发射率，以发射率的变化量作为优化目标函数进行最大化优化以获得最优化学组分和最优薄膜厚度（结果见表 4-3）。理论上其高低温发射率变化量（173~373K）可以达到 0.62，而陶瓷型智能热控材料高低温发射率变化量只能达到0.41,相比而言,智能薄膜热控材料的高低温发射率变化量相应地提高了51%[43]。

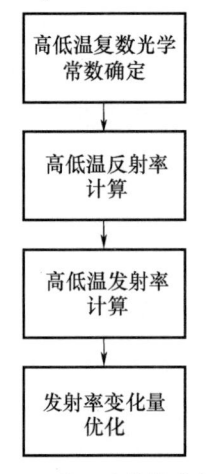

图4-14 基于遗传算法的薄膜智能热控材料的优化过程

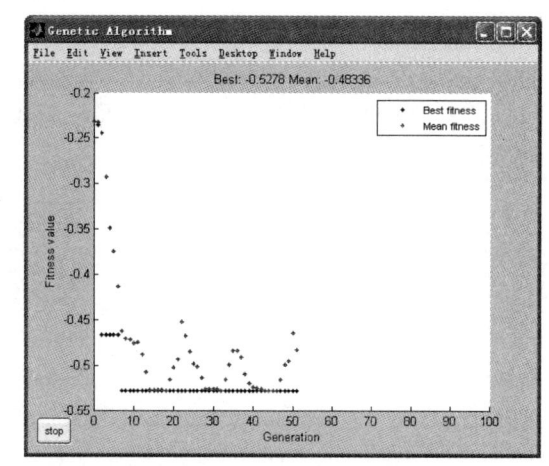

图4-15 基于遗传算法的薄膜智能热控材料的优化

表4-3 薄膜智能热控材料的优化结果

化学组分	基底	ε_{173}	ε_{373}	$\Delta\varepsilon$	薄膜厚度/nm
$La_{0.825}Sr_{0.175}MnO_3$	石英玻璃	0.18	0.76	0.58	124
	氧化锆	0.18	0.80	0.62	125
$La_{0.7}Sr_{0.1}Ca_{0.2}MnO_3$	石英玻璃	0.23	0.76	0.53	177
	氧化锆	0.20	0.75	0.55	216

优化过程没有考虑薄膜材料晶界效应对材料发射率的影响。吴春华等从晶界对材料发射率的影响对薄膜和块体陶瓷材料的发射率变化特性进行了定性分析,认为高的晶界比例会降低该体系的高低温发射率变化量,同时拓宽该体系的发射率变化的温度范围,据此预测外延薄膜的发射率变化范围将十分适合实际的应用。

3) 低 α_s 稀土锰氧化物掺杂智能热控薄膜

该体系材料 α_s 介于0.85~0.90之间,尤其适合有吸热需求且环境温度变化比较剧烈的航天器温度控制。以火星为例,其日平均温度在220K左右,而通常的航天器设备一般在290~330K的范围内才能正常运转,因此火星环境特别需要这种高 α_s 的热控材料;但是对于需要散热的应用情况,其 α_s 显然过大。基于多层薄膜的光学薄膜技术可以解决此项问题。通过在这类智能热控材料的表面镀制由 MgF、Ge 等介质材料组成的光学多层膜,只需要10层,就可以将这 α_s 降低到0.28,而且对其红外特性基本无影响(图4-16)。本质上这种光学多层薄膜是一种长波通滤光片,它在太阳光谱范围内具有很高的反射率,而在红外波段,特别是对热辐射影响较大的 2.5~25μm 的近红外、中红外波段具有很高的透过率[44]。

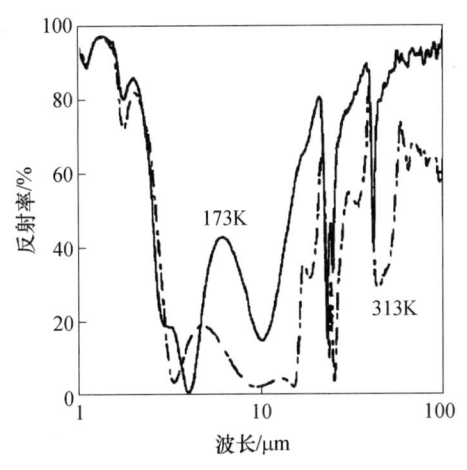

图 4-16 低太阳吸收率的智能热控材料的反射光谱

4.2.3 发展趋势

目前影响薄膜型智能热控材料应用的一个主要问题是:材料的发射率变化量还不够大,而且材料的发射率变化温区相对较宽,没有在一个较窄的温度范围内完成。理想条件下,希望这种热控材料的发射率变化能在一个较小的温区,例如 -30~+30℃ 的温区实现 0.3 以上发射率的变化量。而目前该体系的发射率变化主要在 -50~+50℃ 范围内完成,这不符合材料在苛刻环境下的应用条件。

通过优选掺杂元素种类和掺杂浓度有望在一定程度上改善此问题,这方面的研究工作主要是通过共掺杂 Sr 和 Ca 制备 La(Sr,Ca)MnO$_3$ 来对其进行性能调制。另外国外也在进行其他不同元素的共掺杂研究。美国在 2010 年申报一项专利,该专利涉及 Ln$_{1-x}$M1$_x$M2$_y$MnO$_3$ 可变发射率材料的加工过程,其中 Ln 为镧系元素,M1 和 M2 均为二价碱土元素,这两种元素分别起到调控材料居里温度和转变温区宽度的作用。例如 La$_{0.7}$Ba$_{0.3}$MnO$_3$ 虽然居里温度接近室温,但其转变温区宽度达到 70K 范围;而 La$_{0.7}$Be$_{0.3}$MnO$_3$ 的转变温区虽然很窄(20K),其居里温度却很低。为弥补 La$_{0.7}$Ba$_{0.3}$MnO$_3$ 和 La$_{0.7}$Be$_{0.3}$MnO$_3$ 各自的缺点,专利发明人通过共掺杂以实现材料居里温度和转变温区的优化。专利中给出了具体 La$_{0.5}$Ba$_{0.25}$Be$_{0.25}$MnO$_3$ 实施例,证明 Ba 和 Be 在居里温度和转变温区的调控作用,虽然具体发射率的变化量没有给出,但从 La$_{0.5}$Ba$_{0.25}$Be$_{0.25}$MnO$_3$ 的磁化强度-温度特性分析,其相变温区宽度有望获得最大程度的压缩。

目前在材料发射率变化幅度和变化温区调节方面的研究主要建立在实验的

基础上,材料的筛选要同时优选掺杂元素的种类和最优掺杂浓度,其工作量非常大。国际上已经开发出了基于量子物理和化学的第一性原理软件,可以允许科学工作者从根源和本质上研究材料的性质,包括晶格常数、弹性常数、能带、态密度、介电常数及光学性质的预测和计算,以解决固体物理、材料化学等领域中的一些问题。如果能够通过第一性原理来对智能热控材料不同温度下的介电常数和光学性质进行计算,则可以计算出不同掺杂智能热控材料的发射率变化量,进而可以初步优选出其化学组成。通过这种方法指导实验,可大幅度减少研究工作量,加速智能热控材料的研究进度。

另外,要满足不同场合的应用需求,智能热控薄膜的系列化是未来的主要发展方向。通过智能热控材料的系列化,可以形成不同发射率变化区间和不同转变温区的智能热控材料。兰州空间技术物理研究所利用有效介质理论和薄膜光学理论,采用在智能热控材料中掺入低发射率材料的方法,通过控制掺入介质的体积分量,设计出不同发射率变化区间的复合智能热控材料,其结果见表4-4。

表4-4 复合智能热控材料的红外发射特性调制

材料组分	掺入介质体积分量	发射率变化区间(173~373K)
$La_{0.7}Sr_{0.1}Ca_{0.2}MnO_3$	0	0.34~0.83
$La_{0.7}Sr_{0.1}Ca_{0.2}MnO_3$	0.10	0.28~0.79
$La_{0.7}Sr_{0.1}Ca_{0.2}MnO_3$	0.15	0.24~0.74
$La_{0.7}Sr_{0.1}Ca_{0.2}MnO_3$	0.20	0.20~0.66
$La_{0.7}Sr_{0.1}Ca_{0.2}MnO_3$	0.25	0.16~0.52

4.3 电致变色热控器件

4.3.1 基本概念

电致变色(Electrochromism)是指在外加电场的作用下,发生电子或离子的注入、抽出,使得材料中离子的化学价态、化学组分和微观结构发生变化,导致材料光学和热学性能发生可逆变化的现象。

由于电致变色材料具有在电场作用下改变颜色的特性,该类材料在信息显示、太阳光控制、可控反射镜方面有着广阔的应用前景,可以制备成变色玻璃窗、大面积屏幕、防炫镜、灵巧窗等薄膜器件。在空间飞行器上,电致变色材料同样可以发挥其技术特性的优势,采用电致变色材料可以制备成发射率或反射率可调节型器件,因此在主动热控以及空间太阳帆姿态控制等方面具有很好的应用前景。

1. 电致变色材料

20世纪60年代,Platt在研究有机染料时首次发现了电致变色现象,自此,电致变色现象引起了人们广泛的关注。1969年Deb S. K.在蒸镀的无定形WO_3薄膜两侧制作Au电极,在外加电场的作用下,观察到了电致变色现象,并提出了著名的"氧空位色心"机理。随后,Deb又发现了MoO_3的电致变色特性。1973年,Schoot等人合成了有机电致变色材料,使有机电致变色材料成为该领域的一个重要研究方向。1978年Brauntein等人发现了碱钨硼酸盐系玻璃的电致变色现象。20世纪80年代,Lampert C M提出的基于电致变色材料的智能窗(Smart Windows)则被认为是电致变色应用研究的另一个里程碑。1995年,Granqvist C G编写了《无机电致变色材料手册》(*Handbook of Inorganic Electrochromic Materials*),对无机变色材料的研究情况进行了整理与总结[45]。

电致变色材料分为两大类:①有机电致变色材料,通过控制材料内部电子的得失发生氧化还原反应,从而使材料发生着色和褪色的可逆变化;②无机电致变色材料,由于离子在材料中的注入和抽出而造成材料价态或晶体结构发生改变,从而发生着色和褪色的可逆变化。有机电致变色薄膜中具有代表性的有导电聚合物、金属酞花青、紫罗精、聚合金属络合物等;无机电致变色薄膜多为过渡族金属氧化物或其衍生物。过渡金属氧化物中金属离子的电子价带结构不稳定,在一定条件下价态发生可逆转变或形成混合价态,随着离子价态和浓度的变化,薄膜的颜色也发生相应的变化。常见的无机电致变色材料有WO_3,MnO_2,MoO_3,TiO_2,V_2O_5,Nb_2O_5,CeO_2,NiO,IrO_2,Rh_2O_3,Co_2O_3等。

根据着色方式不同可将电致变色材料分为阴极着色材料和阳极着色材料。在高价氧化态为无色,低价还原态为着色态的称为阴极着色材料,常见的有WO_3,MoO_3,TiO_2,Nb_2O_5,Ta_2O_5等。阳极着色材料的情况与阴极着色材料相反,如NiO,Ir_2O_3,Rh_2O_3,Co_2O_3,MnO_2,V_2O_5等。

WO_3材料是典型的阴极着色材料,其变色反应方程为

$$WO_3(透明) + xM^+ + xe^- \Leftrightarrow M_xWO_3(色)\ (0 < x < 1, M^+ 为 H^+, Li^+, Na^+ 等)$$

电子和离子注入透明的氧化钨材料中时,材料就会变成蓝色。当离子和电子被抽出时,材料又恢复成原来的透明状态。经研究发现,在这个反应中有部分W^{6+}被还原成W^{5+}。一般认为W^{5+}的形成产生了电致变色效应,在这个过程中离子和电子的注入起到了关键作用。所以,更精确的反应式应为

$$WO_3(透明) + xM^+ + xe^- \Leftrightarrow M_xW^{6+}_{(1-x)}W^{5+}_xO_3(蓝色)$$

电致变色效应如图4-17所示。

为适应空间辐照的要求,通常选用全无机电致变色材料,在满足使用环境要求的情况下,为提高变色效率,也可以采用有机无机相结合的方式。

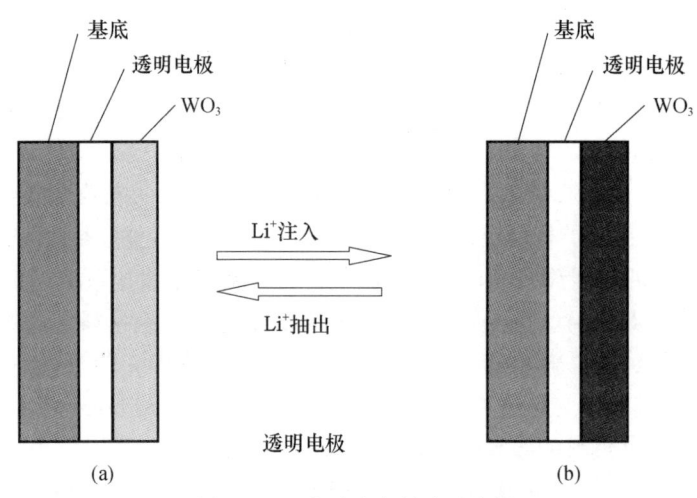

图 4-17 电致变色效应示意图
(a)变色前;(b)变色后。

2. 电致变色薄膜制备

电致变色热控器件是由多层薄膜复合而成,这些薄膜的制备方法通常有溅射法、蒸发法、溶胶-凝胶法、脉冲激光法、化学气相沉积等,这些方法各有优缺点,如溶胶-凝胶法制备流程简单,成本较低,对设备无特殊的要求,但对于厚度控制精度、薄膜的均匀性等方面质量不高;脉冲激光沉积技术能够制备高精密薄膜,薄膜组分准确,能获得高纯度的薄膜,但其缺点是无法实现大面积均匀沉积,易产生熔滴,不易沉积较厚薄膜;化学气相沉积技术则对设备和工艺控制过程有较高的要求。溅射法因沉积面积大、低温制备等优点受到较多的研究,而且由于能够采用同一技术方法完成全部电致变色热控器件各层薄膜的制备,所以成为电致变色热控器件的主要制备工艺方法。

为了满足空间应用等条件的要求,研究人员一直在努力研制全固态的电致变色热控薄膜器件,其结构通常如图 4-18 所示。它一般由 5 层薄膜组成,其中最外 2 层是透明导电层,2 个次外层是电致变色层和离子存储层,中间是电解质层。电致变色层是电致变色器件的核心,一般为过渡金属氧化物薄膜,如 WO_3,M_0O_3 等。它通过电压控制变色离子(Li^+ 或 H^+)的注入和抽出,由此引起薄膜的光学、热学性质发生变化。离子存储层又叫对电极层,是用来存储离子用的。近年来人们较多采用与电致变色层互补的对电极。电解质层又叫离子导电层,它在电致变色层与离子存储层之间起传导离子而阻断电子的功能,保证变色所需的离子传输途径,而又不使电极之间形成短路。当两电极之间加上电压时,随着电压在一定范围内变化,离子储存层的离子穿过离子导体层,进入到电致变色层,使电致变色层逐步着色;当需要电致变色层退色时,加反向电压,随着电压在一定范围内变化,电致变色层逐步恢复到漂白态。

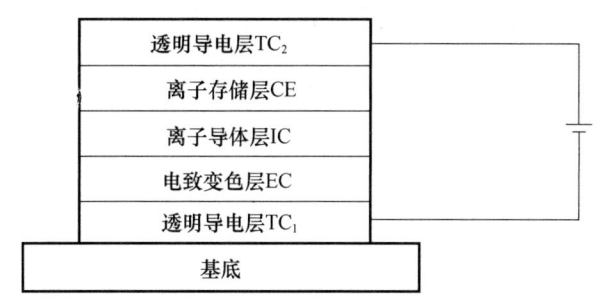

```
透明导电层TC₂
离子存储层CE
离子导体层IC
电致变色层EC
透明导电层TC₁
基底
```

图4-18 电致变色薄膜器件的结构示意图

电致变色热控器件可以做成发射率模式和反射率模式的电致变色器件的结构。发射率模式的电致变色器件是在高发射率衬底上沉积电致变色器件,当离子注入电变色层以后,器件具有较高的反射特性,对应低的发射率;当在器件电极施加电压离子从变色层抽出,进入存储层,器件变成红外透明,对应高的发射率,这种情况非常类似机械式热控百叶窗叶片关闭的状况;而反射率模式的电致变色器件是在高反射衬底上制备这种电致变色器件,在这种情况下,当离子被注入电变色层,器件的反射率变低,与此对应高的发射率,而当离子被抽出的情况恰好相反。

由于电致变色热控器件可以通过外加直流电场可连续、可逆地改变薄膜的光学性质,从而能够实现对红外辐射率和α_s的连续调控,达到控制航天器温度的目的。在功耗方面,采用薄膜制备技术制备的多层膜系电致变色热控器件,由于所需的控制电压非常低(一般为3~5V),不产生较大电流,因此功耗非常小(几十微瓦每平方厘米),对卫星平台的能源需求很低。电致变色热控器件具有如下特点:

(1) 反射率(发射率)变化范围大。
(2) 质量轻,可实现系统的有效减重。
(3) 可根据航天器环境变化实现热控性能的实时主动控制。
(4) 控制电压低,功耗小。

4.3.2 研究进展

国外目前有多家研究机构开展了电致变色热控器件的研究工作,主要有美国 Ashwin - Ushas 公司、美国 Eclipse Energy System 公司等。Ashwin - Ushas 公司开发的反射率模式的电致变色器件是基于一种导电聚合物的电变原理来实现。器件面积为 1~225cm^2,厚度 1~2mm,质量只有 160mg/cm^2。这种器件的反射率可以在一个很宽的波长范围内进行调节(0.4~2.5μm 的可见光到近红外以及 2.5~45μm 的红外部分)，它的电变色原理基于可逆还原反应。可见光到近红外发射率的变化基于载色体的光吸收变化，而红外部分发射率的变化基于传导的双极化子的光吸收变化。当在2个电极之间加上±1V电压，离子往返于2个电极之间，改变表面的有效辐射。红外波段 $\Delta\varepsilon$ 可达到0.6，开关时间为1~7s，循环次数大于 10^4[46]。

NASA 在 2006 年 3 月发射的 ST-5 卫星上，对几种新型热控技术进行验证，其中就包括 Ashwin-Ushas 公司研制的电致变色热控器件。该薄膜器件采用无机材料和有机材料相结合的结构，克服了全有机材料耐空间环境和辐照性能差的缺点。这种薄膜器件可在 ±1.5V 直流电压下实现着色态(dark)和褪色态(light)的变化，并能够通过调节电压来控制发射率的变化幅度，可实现发射率和 α_s 的连续可调。

NASA 的 JPL 实验室对电致变色热控器件的空间稳定性进行了相关测试，表明该器件的主要性能指标都达到了空间应用的要求。经过辐照后的反射率测试结果表明，该电致变色热控器件在经过各种不同剂量的辐照之后，其反射光谱与没有经过辐照的样品相比变化非常小。

美国 Eclipse Energy Systems 公司的电致变色热控器件基本结构为 5 层薄膜结构，如图 4-19 所示。该器件采用了全无机材料，空间稳定性更高。基于该设计的器件如图 4-20 实物照片所示。该器件从着色状态变化到漂白状态时其发射率可以从 0.06 变化到 0.77。图 4-21 所示为红外热像图。

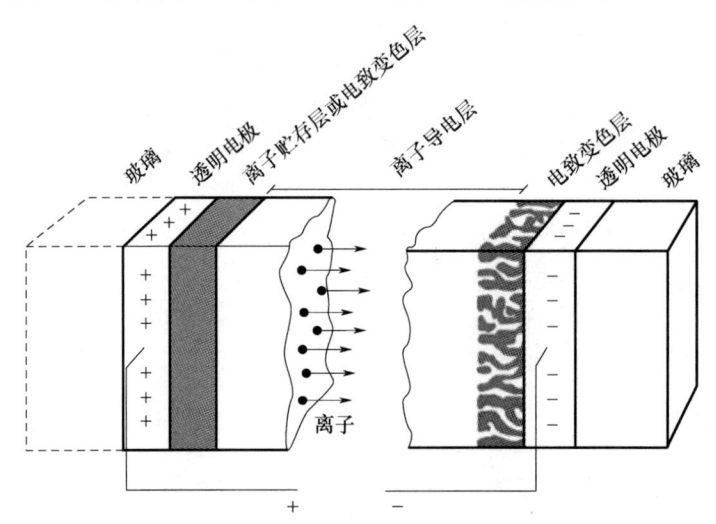

图 4-19 全无机电致变色热控器件的基本结构

该热控器件于 2007 年 9 月由 MidStar 卫星进行了搭载飞行试验，成功进行了在轨性能验证。平均发射率从着色态(colored) 的 0.77 变化到漂白态

图 4-20 Eclipse Energy Systems 公司的电致变色热控器件

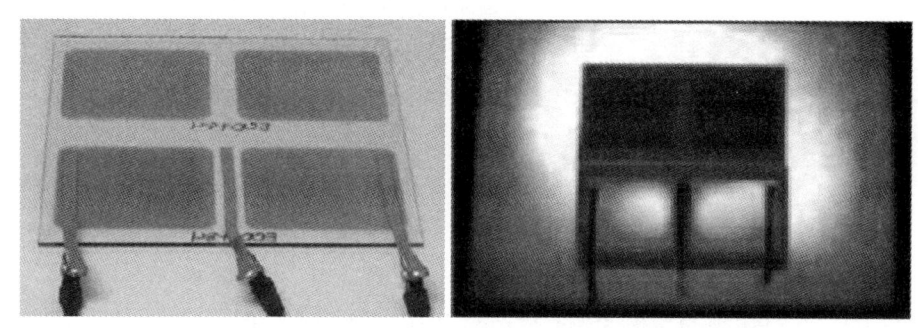

图 4-21 Eclipse Energy Systems 公司研制的电致变色热控器件

(bleached)的 0.06(图 4-22)。根据技术成熟度等级通用标准(TRL),其技术成熟度在 6 级以上[47]。

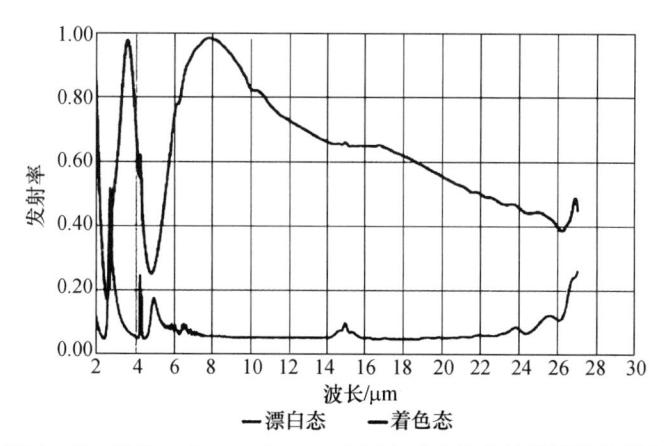

图 4-22 Eclipse Energy Systems 公司电致变色热控器件的发射率

国内北京航空航天大学、复旦大学、兰州空间技术物理研究所等单位相继开展了全固态电致变色薄膜的研究工作,在电致变色材料的制备、结构、性能等基础研究中取得了较大进展,并实现了原理验证。如北京航空航天大学采用无机与有机相结合的方案,研究了 ZAO/WO₃/PAMPS/ZAO 体系的全固态电致变色薄膜器件,其透射率变化量近40%(图4-23)[48]。

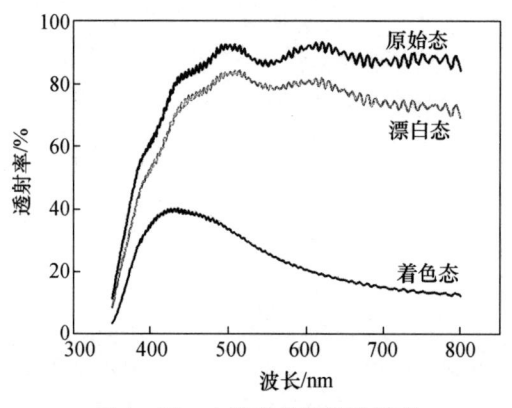

图4-23 电致变色薄膜透射率

4.3.3 发展趋势

总体来说,电致变色薄膜型热控器件的应用是未来空间飞行器主动式智能热控产品的一个发展趋势,而全固态的电致变色热控器件则是应用的一个必然选择,但该类器件产品的应用则需要突破以下几个技术难点。

(1) ε_h 和 α_s 变化值仍需进一步提高,以满足舱外散热面使用的要求。由于电致变色薄膜热控器件可以采用无机材料、有机材料和无机有机结合等几种方式,因此,在围绕提高性能方面,侧重点有以下几点不同:

① 无机类电致变色薄膜材料的变色性能需要从复合膜系的各功能层分别入手,提高主要功能层的制备工艺水平及其各功能层之间的匹配。

② 有机电致变色材料中,聚合物电解质材料是使电致变色器件全固态的关键,选取合适的聚合物的种类及其制备工艺是提高有机型电致变色薄膜器件性能的主要途径。

③ 采用有机与无机复合的方式研制电致变色热控薄膜器件,需要充分利用有机薄膜变色能力好、无机材料空间稳定性好的优点,制备复合式的热控薄膜器件。

(2) 需要解决工艺稳定性问题,特别是优化各组成薄膜的复合制备技术及薄膜的干法锂化技术等,得到具有稳定技术性能的产品。

(3) 空间环境的适应性。由于航天器热控器件,尤其是空间飞行器外部所用的热控器件必须要求具有较好的空间实用性,对于电致变色热控器件来说,除必须能够承受高真空、紫外辐照、原子氧侵蚀等带来的影响外,还要重点考虑静电电压以及带电粒子辐照造成其功能不可控带来的影响。

4.4 智能型热控薄膜的优缺点及适用性

20世纪90年代以来,航天技术的快速发展使航天器的热控技术在内涵、外延、技术途径和应用背景上都发生了巨大变化。现代新型航天器,特别是用于深空探测的航天器及一些微小型航天器,不但要能经受真空、冷黑、周期性外热流变化的考验,而且要能在轨道机动、姿态调整、激光打击、红外侦测等条件上生存与工作。同时,随着航天科技的快速发展,航天器内部的热负荷类型和特征日益多样化,对热控系统的控制品质和效率要求也越来越高。因此,为适应未来航天任务的需求,实现大范围轨道机动、大幅度姿态调整以及快速响应能力成为微小卫星顺利完成空间任务的重要前提,要求微小卫星平台的热控系统能够在复杂、多变而难以预知的外部热环境下适应能力和自主调节能力,其中,智能热控薄膜成为这类航天器实现自主热控管理的首选。

尽管智能热控薄膜本身具有诸多的优点,但作为一项新型的热控材料,其发展及应用水平受目前薄膜材料体系的限定和当前的薄膜制备技术的制约,还不能完全适应各种工况下的应用需求。以本章介绍的智能型热控薄膜为例,基本尚处于搭载推广的阶段。理想状态的智能热控薄膜,其ε_h变化量应该越大越好,但就目前的技术水平,其ε_h的变化量基本处于0.40~0.70。因此在这个前提下,寻找更适合航天器自主热控管理的材料体系是未来的一个发展重点;同时在现有基础上,优化材料制备工艺,提高材料的自主调节能力,增强其空间环境的适应性,并同时兼顾其他的功能实现,如电磁特性。

表4-5列出了目前几种智能热控薄膜的主要优缺点及适用性。

表4-5 智能热控薄膜的优缺点及适用性

热控材料	优点	缺点	适用性
二氧化钒热控薄膜	无功耗,发射率调控范围大	转变温度稍高于室温;需要增加复杂的光学多层结构提高环境适应性,并且需要防止高温段发射率有所降低的缺点	各类微小型航天器
稀土锰氧化物掺杂热控薄膜	结构简单,无功耗,空间环境适应性好	发射率调节无法在窄温区内完成,应用范围受限	各类快速响应卫星
电致变色热控薄膜	调控范围大,控制精度高	需要相应的电控组件,增加系统复杂度	各类微小卫星、快速响应卫星

第 5 章
微结构热控薄膜器件

本章对通过 MEMS 技术制备和加工的微型热控薄膜器件的结构、仿真技术、国内外发展情况以及器件性能进行了详细介绍,器件类型包括 MEMS 热控百叶窗、MEMS 热开关以及微型薄膜加热器。

5.1 MEMS 热控百叶窗

5.1.1 基本概念

微型热控百叶窗是下一代航天器热控系统所采用的一种重要的薄膜热控部件,其原理是通过调节被低发射率的百叶窗窗叶遮盖的高发射率辐射器的面积来实现对航天器向外辐射热量的主动调节,从而达到控温的目的。传统的热控百叶窗体积大、重量重,且由于采用记忆合金驱动,具有响应速度慢、难以主动控制等缺点。

微型热控百叶窗是一种采用静电力等作为驱动源,通过驱动低发射率可动叶片不同程度地遮挡高发射率散热表面的方法来控制温度的装置。由于整体采用驱动和执行机构一体化的设计和 MEMS 微加工的制作工艺,具有体积小、重量轻、响应速度快、可主动控制等特点,因此能够在器件体积和重量大大减小的情况下获得接近传统热控百叶窗有效发射率变化量的热控性能,对迫切需要轻小的主动热控元件的深空探测航天器和微纳卫星具有重要的意义。

5.1.2 微型热控百叶窗国内外研究现状

微型热控百叶窗的研究单位主要有美国霍普金斯大学应用物理实验室、南京理工大学、清华大学和兰州空间技术物理研究所等。根据开关方式,微型热控百叶窗可以分为推拉式和扭转式两种。美国霍普金斯大学应用物理实验室为 NASA 新盛世计划的 ST-5 试验卫星研制推拉式微型热控百叶窗如图 5-1 所示。推拉式微型热控百叶窗整体基于体硅微加工工艺制造,主要采用静电梳齿电极驱动上层可动叶片水平推拉,与下层结构相同但固定的叶片形成相对位移,从而调节可与外部环境直接进行热交换的高发射率基底的散热面面积。

图 5-1 推拉式微型热控百叶窗工作原理示意图
(a)ON;(b)OFF。

霍普金斯大学应用物理实验室研制的推拉式微百叶窗整体和局部如图 5-2 所示,整体尺寸为 12.65cm×13.03cm,共有 36 个推拉式微百叶窗阵列,驱动电压为 30~60V,有效发射率变化范围为 0.05~0.3。地面试验中,器件耐受温度为 -55~+60℃,工作温度为 -20~+40℃。在 4Hz 的激励下,工作 3 个月未损坏;开关次数达 40000000 次。热冲击,热振动试验未见损坏。在轨运行试验显示,器件经受住了严苛的外太空环境的考验,运行 3 个月未见异常[49]。

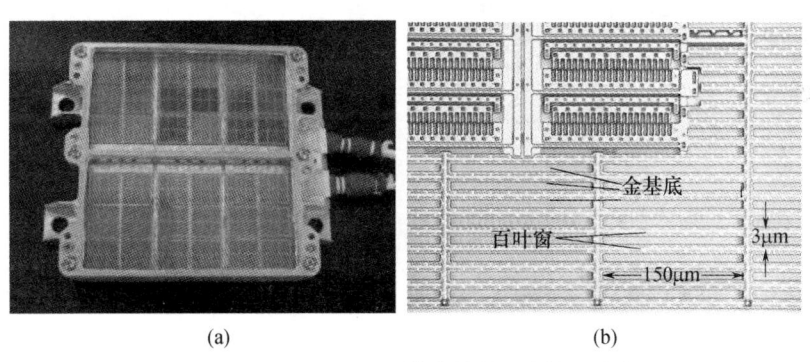

图 5-2 NASA ST-5 搭载的微型热控百叶窗
(a)整体;(b)局部。

南京理工大学开展了推拉式微型热控百叶窗相同结构的微型热控百叶窗的设计、仿真分析、制造和性能测试,由于没有合适的测试手段,没有对有效发射率变化量进行测试,只进行了理论分析,分析结果显示发射率变化范围为 0.07~0.13[50]。

清华大学开展了采用热电制冷片控制双金属片驱动的微型热控百叶窗的设计和仿真分析[51]。

5.1.3 扭转式微型热控百叶窗结构设计

微型热控百叶窗的设计需要考虑多种因素,包括工作原理和技术方案,材料特性,驱动形式,与现有技术的兼容性,重量和尺寸,环境试验耐受能力等。

扭转式微型热控百叶窗分别采用静电力和扭梁扭转恢复力完成微百叶窗的开合控制。微型热控百叶窗总体为三明治结构,主要由顶层的微窗阵列、中间的支撑框架和底层的基底电极组成,如图5-3所示。其中,微窗阵列为低发射、高反射面,其基本组成单位是可实现大角度扭转的微窗单元,基底电极为高发射率材料。

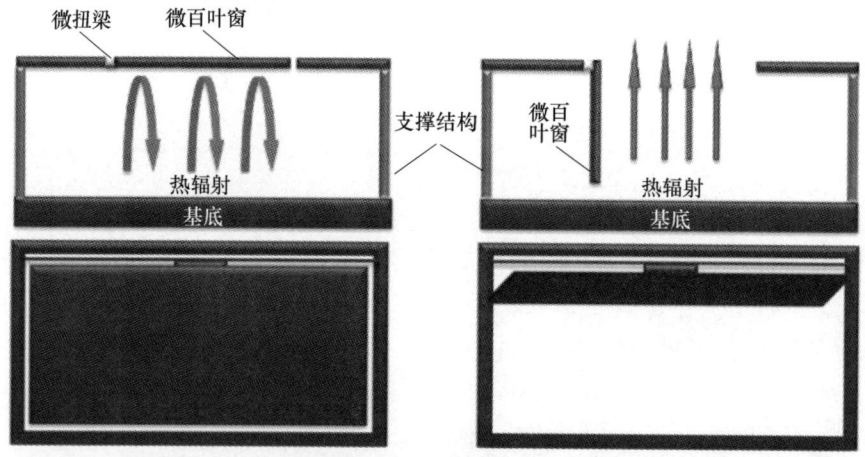

图5-3 微型热控百叶窗结构和工作原理(其中左图为关闭状态,右图为打开状态)

扭转式微型热控百叶窗工作时,通过调整施加在微窗阵列和基底之间电压的通断及大小来控制微窗阵列的开合角度,改变热控元件的吸收发射比,从而实现航天器与外界环境之间的主动热控。为了降低控制机构的复杂程度,提高工作的可靠性,微窗单元是以二进制的方式进行控制,即只有打开或闭合两种工作状态,没有中间位置。通过控制微窗阵列打开或关闭的单元数来获得所需要的发射率,并可以实现发射率的线性控制,也可以通过控制百叶窗上特定区域的微窗单元的开关,来控制特定部位的发射率。扭转式微型热控百叶窗总体结构及原理示意图如图5-4所示。

5.1.4 扭转式微型热控百叶窗材料选择

鉴于硅基材料固有的硬脆性,作为大角度扭转部件结构材料时可靠性方面会有较大问题。同时,对于扭转式微型热控百叶窗而言,由于硅的弹性模量高达130~150GPa,所需驱动电压较高。因此,为了降低驱动电压,提高器件可靠性,

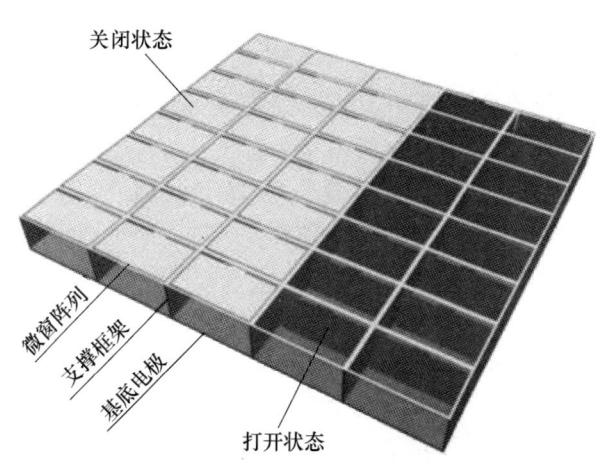

图5-4 扭转式微型热控百叶窗的总体结构及原理示意图

选择一种弹性模量较低、疲劳强度大、空间环境适应性好的材料作为微型热控百叶窗的关键结构材料。通过深入调研分析,最终选择聚酰亚胺作为微型热控百叶窗的结构材料。聚酰亚胺作为一种高性能聚合物材料,主要有如下优点:

(1) 聚酰亚胺具有很高的耐辐射性能,试验表明,其薄膜经过 5×10^9 rad 剂量的辐射后,强度仍保持86%,能够耐受太空高辐射环境,这是其他薄膜材料无法比拟的,因此它是航空航天首选的材料之一。

(2) 聚酰亚胺的热稳定性好。对于全芳香聚酰亚胺纤维进行热重分析表明,其开始分解温度一般在500℃左右。由联苯二酐和对苯二胺合成的聚酰亚胺,热分解温度达到600℃,是迄今聚合物中热稳定性最高的品种之一。可在超声速航空和航天设备上安全地使用。

(3) 聚酰亚胺有良好的介电性能。芳香族聚酰亚胺纤维的介电常数为3.4左右,含氟的聚酰亚胺纤维其介电常数可降到2.5左右,介电损耗 10^{-3},介电强度 100~300kV/mm,体积电阻率为 $10^{17}\Omega \cdot cm$。这些性能在宽广的温度和频率范围内仍能保持较高的水平。

(4) 聚酰亚胺可耐极低温。在-269℃的液态氦中仍不会脆裂,保证了微百叶窗在极冷的条件下也不会因为材料问题而导致微窗失效。

(5) 聚酰亚胺还具有很好的力学性能。弹性模量为1.7~3.2GPa,远低于硅,因此可以获得更低的驱动电压。此外未填充的塑料的抗张强度都在100MPa以上,均苯型聚酰亚胺的薄膜(Kapton)为170MPa,而联苯型聚酰亚胺(Upilex S)达到400MPa,作为工程塑料,弹性模量通常为3~4GPa,纤维可达到200GPa。

(6) 聚酰亚胺的热膨胀系数在聚合物中较小,一般为 2×10^{-5} mm/℃,温度变化不会使微百叶窗的结构因热膨胀而变形。

5.1.5　扭转式微型热控百叶窗的机电特性的理论分析

扭转式微型热控百叶窗的结构和驱动方式类似于光通信用扭转微镜,但常见的作为光开关使用的静电驱动扭转微镜大都工作在小角度变形的范围内($\theta <$ 30°),对此类微镜器件的理论分析一般采用小角度近似的方法,假设电场只局限于微镜和基底电极之间,并且忽略了扭转梁的弯曲变形的影响。但是对于扭转式微型热控百叶窗中的大角度扭转微窗来说,极外电场的影响已经变得非常重要,因此必须考虑极间电场和极外电场对微窗的共同作用。此外,当微窗发生大角度扭转时,其扭转梁受静电力作用在发生扭转变形的同时也会产生明显的弯曲变形,由此引起的垂直方向位移的变化对微型热控百叶窗的机电特性的影响也是相当显著的。因此,必须综合考虑极外电场的作用和扭转梁的弯－扭耦合效应,才能够对扭转式微型热控百叶窗的机电特性做出较为准确的分析。

图 5-5 是扭转式微型热控百叶窗的微窗单元的三维结构示意图。为了方便观察,对支撑结构进行了简化。其中,微窗作为活动电极,与固定的基底电极构成一对电极板,并且基底电极的面积远大于微窗叶片的面积。为了满足微窗大角度变形的工作要求,极间距 d 略大于微窗叶片的长度 L_M。

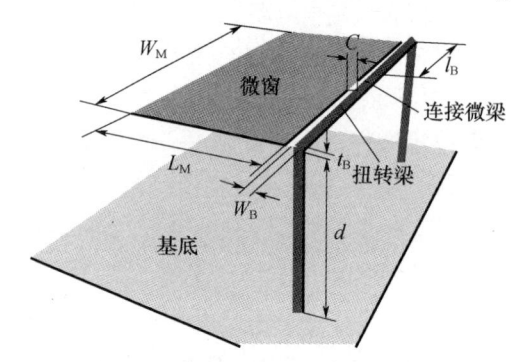

图 5-5　微窗单元的三维结构示意图

当在两极板之间施加直流偏压时,会在微窗与基底之间及其周围形成静电场,由于静电场的形状会随着微窗扭转角度的改变而变化,因此分析起来是非常复杂的。为了简化计算,做了三个假设:①假设静电场沿扭转梁平行方向均匀分布;②假设静电场的形状可以用一系列圆弧来表示,弧心位于微窗沿长度方向的延长线与基底的焦点上,这些圆弧之间是等间距的,即不考虑微窗叶片扭转后引起的感应电荷的重新分布;③假设微窗的自身重量忽略不计。

在小角度变形的情况下,极外电场对微窗的作用较小,可以忽略不计,微窗只在极间电场所产生的静电力矩的作用下绕扭转梁向基底电极方向发生转动。但在微窗大角度扭转的情况下,极外电场对微窗的作用随着微窗扭转角度的增大而增强,在极间电场将微窗拉向基底电极的同时,极外电场会对微窗产生相反的提升作用,并且这两种相反的作用在微窗扭转角趋近于90°时趋向相等,这使得微窗的扭转角不可能完全达到90°。

微窗在极间电场与极外电场的共同作用下会产生两种运动效果,如图5-6所示。一方面,微窗在静电力矩的作用下绕扭转梁向基底电极方向发生转动;另一方面,微窗在静电力的垂直分量的作用下向基底电极方向产生垂直位移。静电力的水平分量由于只引起微窗在水平方向的微小位移,不改变电场的相对分布,对微型热控百叶窗的机电特性的影响很小。

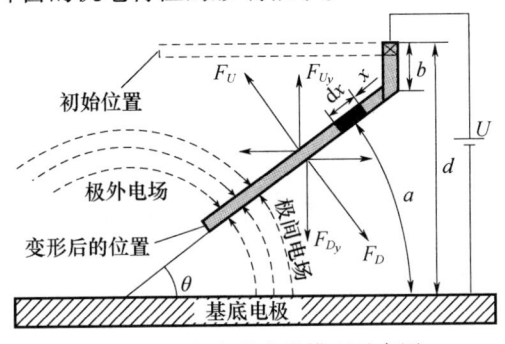

图5-6 微窗的力学模型示意图

当微窗向基底电极扭转 θ 角时,在对应于微窗叶片上距离扭转梁为 x 的点附近,代表电场的弧长近似为 $a = (d-b)/\sin\theta - x$,其中,b 为微窗受静电力作用在垂直方向上的位移。

考虑到扭转梁弯—扭耦合效应后的极间电场为

$$E_{\text{outer}} = \frac{U}{a} = \frac{U}{\left(\dfrac{d-b}{\sin\theta} - x\right)\theta} \tag{5-1}$$

极外电场为

$$E_{\text{iner}} = \frac{U}{\left[\dfrac{d-b}{\sin(\pi-\theta)} - x\right](\pi-\theta)} \tag{5-2}$$

在电场 E 的作用下,微窗叶片单位面积上受到的静电力为 $P = \varepsilon E^2/2$,其中,$\varepsilon = 8.85 \times 10^{-12}$ F/m 为真空静电常数。由此可以得到在极间电场和极外电场共同作用下的两组力与力矩的关系,即 F_D 的垂直分量与 F_D 所产生的静电力矩和 F_U 的垂直分量与 F_U 所产生的静电力矩。

下拉静电力的垂直分量为

$$F_{Dy} = \frac{\varepsilon U^2 W_M}{2} \int_{c+\frac{w_B}{2}}^{L_M+c+\frac{w_B}{2}} \frac{\cos\theta}{\left[\left(\dfrac{d-b}{\sin\theta} - x\right)\theta\right]^2} dx$$

$$= \frac{\varepsilon U^2 W_{\mathrm{M}} \sin\theta\cos\theta}{2\theta^2} \left[\frac{1}{d-b-\left(L_{\mathrm{M}}+c+\frac{w_{\mathrm{B}}}{2}\right)\sin\theta} - \frac{1}{d-b-\left(c+\frac{w_{\mathrm{B}}}{2}\right)\sin\theta} \right] \quad (5-3)$$

下拉静电力矩为

$$T_{\mathrm{D}} = \frac{\varepsilon U^2 W_{\mathrm{M}}}{2} \int_{c+\frac{w_{\mathrm{B}}}{2}}^{L_{\mathrm{M}}+c+\frac{w_{\mathrm{B}}}{2}} \frac{x}{\left[\left(\frac{d-b}{\sin\theta}-x\right)\theta\right]^2} \mathrm{d}x$$

$$= \frac{\varepsilon U^2 W_{\mathrm{M}}}{2\theta^2} \left[\frac{\left(L_{\mathrm{M}}+c+\frac{w_{\mathrm{B}}}{2}\right)\sin\theta}{d-b-\left(L_{\mathrm{M}}+c+\frac{w_{\mathrm{B}}}{2}\right)\sin\theta} + \ln\left(1 - \frac{\left(L_{\mathrm{M}}+c+\frac{w_{\mathrm{B}}}{2}\right)\sin\theta}{d-b}\right) - \right.$$

$$\left. \frac{\left(c+\frac{w_{\mathrm{B}}}{2}\right)\sin\theta}{d-b-\left(c+\frac{w_{\mathrm{B}}}{2}\right)\sin\theta} - \ln\left(1 - \frac{\left(c+\frac{w_{\mathrm{B}}}{2}\right)\sin\theta}{d-b}\right) \right] \quad (5-4)$$

提升静电力的垂直分量为

$$F_{Uy} = -\frac{\varepsilon U^2 W_{\mathrm{M}}}{2} \int_{c+\frac{w_{\mathrm{B}}}{2}}^{L_{\mathrm{M}}+c+\frac{w_{\mathrm{B}}}{2}} \frac{\cos\theta}{\left[\left(\frac{d-b}{\sin(\pi-\theta)}-x\right)(\pi-\theta)\right]^2} \mathrm{d}x$$

$$= -\frac{\varepsilon U^2 W_{\mathrm{M}} \sin\theta\cos\theta}{2(\pi-\theta)^2} \left[\frac{1}{d-b-\left(L_{\mathrm{M}}+c+\frac{w_{\mathrm{B}}}{2}\right)\sin\theta} - \frac{1}{d-b-\left(c+\frac{w_{\mathrm{B}}}{2}\right)\sin\theta} \right]$$

$$(5-5)$$

提升静电力矩为

$$T_{\mathrm{U}} = -\frac{\varepsilon U^2 W_{\mathrm{M}}}{2} \int_{c+\frac{w_{\mathrm{B}}}{2}}^{L_{\mathrm{M}}+c+\frac{w_{\mathrm{B}}}{2}} \frac{x}{\left[\left(\frac{d-b}{\sin\theta}-x\right)(\pi-\theta)\right]^2} \mathrm{d}x$$

$$= -\frac{\varepsilon U^2 W_{\mathrm{M}}}{2(\pi-\theta)^2} \left[\frac{\left(L_{\mathrm{M}}+c+\frac{w_{\mathrm{B}}}{2}\right)\sin\theta}{d-b-\left(L_{\mathrm{M}}+c+\frac{w_{\mathrm{B}}}{2}\right)\sin\theta} + \ln\left(1 - \frac{\left(L_{\mathrm{M}}+c+\frac{w_{\mathrm{B}}}{2}\right)\sin\theta}{d-b}\right) - \right.$$

$$\left. \frac{\left(c+\frac{w_{\mathrm{B}}}{2}\right)\sin\theta}{d-b-\left(c+\frac{w_{\mathrm{B}}}{2}\right)\sin\theta} - \ln\left(1 - \frac{\left(c+\frac{w_{\mathrm{B}}}{2}\right)\sin\theta}{d-b}\right) \right] \quad (5-6)$$

扭转梁在上述力与力矩的作用下会发生相应的变形,并产生和静电力作用相反的应力作用,由此可以得到另外一组力与力矩的关系。

扭转梁因扭转变形产生的弹性回复转矩为

$$T_{\mathrm{M}} = \frac{2Gw_{\mathrm{B}}t_{\mathrm{B}}^3\theta}{3l_{\mathrm{B}}}\left[1 - \frac{192}{\pi^5}\frac{t_{\mathrm{B}}}{w_{\mathrm{B}}}\tanh\left(\frac{\pi w_{\mathrm{B}}}{2t_{\mathrm{B}}}\right)\right] \qquad (5-7)$$

扭转梁因弯曲变形产生的弹性回复力为

$$F_{\mathrm{M}} = \frac{24EI_{\mathrm{B}}b}{l_{\mathrm{B}}^3} \qquad (5-8)$$

式中：E 和 G 分别为材料的弹性模量和切变模量；$I_{\mathrm{B}} = w_{\mathrm{B}}t_{\mathrm{B}}^3/12$ 为扭转梁计算横截面的抗弯惯性矩。

静电力和弹性回复力达到平衡的条件为 $F_{Dy} + F_{Uy} = F_{\mathrm{M}}$，即

$$\frac{\varepsilon U^2 W_{\mathrm{M}} \pi(\pi - 2\theta)\sin\theta\cos\theta}{[\theta(\pi-\theta)]^2}\left[\frac{1}{d-b-\left(L_{\mathrm{M}}+c+\frac{w_{\mathrm{B}}}{2}\right)\sin\theta} - \frac{1}{d-b-\left(c+\frac{w_{\mathrm{B}}}{2}\right)\sin\theta}\right]$$

$$= \frac{4Ew_{\mathrm{B}}t_{\mathrm{B}}^3 b}{l_{\mathrm{B}}^3} \qquad (5-9)$$

静电力矩和弹性回复转矩达到平衡的条件为 $T_{\mathrm{D}} + T_{\mathrm{U}} = T_{\mathrm{M}}$，即

$$\frac{\varepsilon U^2 W_{\mathrm{M}} \pi(\pi - 2\theta)}{\theta^3(\pi-\theta)^2}\left[\frac{\left(L_{\mathrm{M}}+c+\frac{w_{\mathrm{B}}}{2}\right)\sin\theta}{d-b-\left(L_{\mathrm{M}}+c+\frac{w_{\mathrm{B}}}{2}\right)\sin\theta} + \ln\left(1 - \frac{\left(L_{\mathrm{M}}+c+\frac{w_{\mathrm{B}}}{2}\right)\sin\theta}{d-b}\right) - \right.$$

$$\left.\frac{\left(c+\frac{w_{\mathrm{B}}}{2}\right)\sin\theta}{d-b-\left(c+\frac{w_{\mathrm{B}}}{2}\right)\sin\theta} - \ln\left(1 - \frac{\left(c+\frac{w_{\mathrm{B}}}{2}\right)\sin\theta}{d-b}\right)\right]$$

$$= \frac{4Gw_{\mathrm{B}}t_{\mathrm{B}}^3}{3l_{\mathrm{B}}}\left[1 - \frac{192}{\pi^5}\frac{t_{\mathrm{B}}}{w_{\mathrm{B}}}\tanh\left(\frac{\pi w_{\mathrm{B}}}{2t_{\mathrm{B}}}\right)\right] \qquad (5-10)$$

联立求解由式(5-9)和式(5-10)组成的耦合方程组，即可得到驱动电压 U、微窗扭转角度 θ 以及微窗垂直方向位移 b 之间的关系[52]。

表 5-1 是初步设计的微型热控百叶窗结构尺寸方案，将表 5-1 中的微型热控百叶窗的设计尺寸代入式(5-9)和式(5-10)，聚酰亚胺的材料性质参数取以下值：$E = 1.7 \times 10^3$ MPa，$G = 0.63 \times 10^3$ MPa。使用 Matlab 工具求解非线性方程组，得到的驱动电压 U 和微窗扭转角度 θ 的关系曲线如图 5-7 所示。从图中可以看出，随着驱动电压值的增加，微窗扭转角度逐渐增大，θ 值沿 OP 段呈非线性变化。当电压大于 P 点所对应的吸合临界电压值 $U_{\text{Pull-in}}$ 时，由于静电力大于扭转梁的弹性回复力，微窗会突然被基底吸合，造成微窗转动失稳，称为 Pull-in 现象，θ 值将沿着 PQ 段剧烈变化，直到达到 Q 点所对应的角度值时，静电力与扭转梁的弹性回复力再次形成平衡关系，微窗的扭转角度将继续随驱动电压值的增

加而缓慢增大,并趋近于 90°。当驱动电压从大于 $U_{Pull-in}$ 的某一电压值逐渐减小时,微窗并不会在 Q 点被释放,θ 将随着电压值的减小继续沿 QR 段变化,直到电压小于到 R 点的释放临界电压值 $U_{release}$ 时才会被迅速释放,此后随着电压的减小,θ 值将沿 SO 段变化至恢复初始状态。

表 5-1　扭转式微型热控百叶窗结构尺寸　　　　　　　（μm）

微窗叶片		扭转梁			连接微梁		极间距
W_M	L_M	w_B	t_B	l_B	u	c	d
2000	1000	13	13	900	300	20	1100

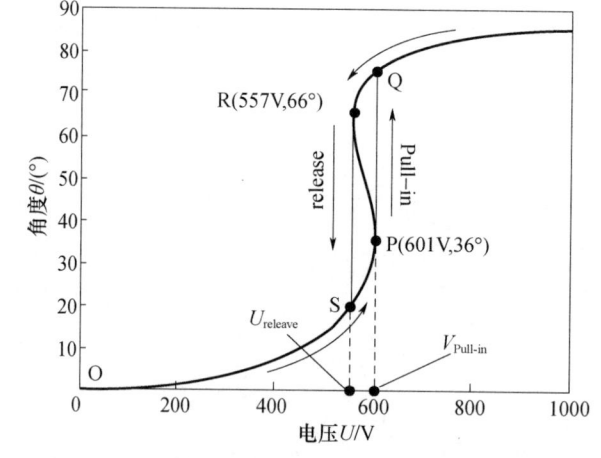

图 5-7　扭转式微型热控百叶窗驱动电压 U 和微窗扭转角度 θ 的关系

图 5-8 为微窗扭转角度 θ 和微窗垂直方向位移 b 的关系曲线。从图中可以看出,微窗在垂直方向的位移 b 并非随微窗扭转角度 θ 的加大而持续增大,而是存在一个极值点,极值点的最大位移为 33.53μm,对应角度为 42°。在 θ 超过极值点对应的角度后,由于极外电场对极间电场的抵消作用增强,微窗受到的静电力在垂直方向上的分量减小,垂直方向的位移 b 也会随之减小。

计算扭转梁因弯曲变形产生的弹性回复力时,使用纯弯曲变形梁的计算截面抗弯惯性矩,实际上,当微窗发生扭转时,扭转梁随之扭转,并且沿扭转梁长度方向上不同部位的扭转角度是不一样的,这就造成了扭转梁不同部位的抗弯刚度发生变化。为了分析近似计算所带来的误差,使用 ANSYS 工具对没有扭转的梁和扭转 45°后的梁的受力弯曲效果进行了仿真比较,如图 5-9 所示。在同样的约束和受力条件下,前者的受力端垂直位移为 33.5μm,后者的受力端垂直位移为 32.7μm,误差约为 2.4%。因此,这种近似计算所带来的误差还是可以接受的。

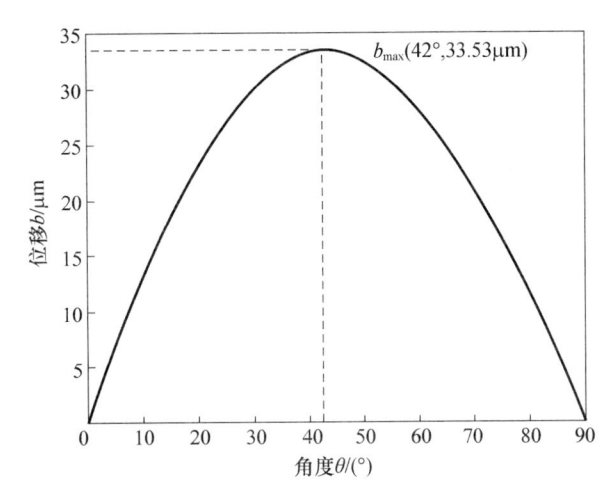

图 5-8 微窗扭转角度 θ 和微窗垂直方向位移 b 的关系

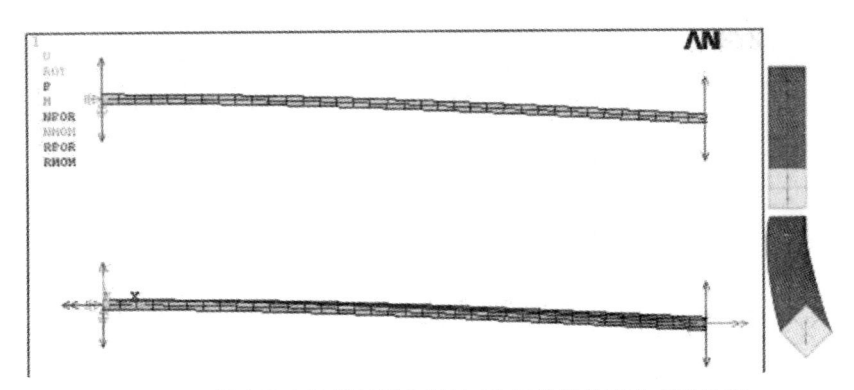

图 5-9 没有发生扭转的梁和扭转 45°后的梁的弯曲变形比较

另一个造成较大误差的来源是静电场分布和形状的假设条件。假设条件中将静电场的分布看作是均匀的,并且其形状被理想化为一系列间隔相等的同心平行弧段,而实际上的电场分布和形状是非常复杂的,难以用简单的解析表达式来描述,并且还存在随微窗偏转角度的增大而增强的电场边缘效应的影响,对这些问题不完善表述都将使结果产生较大的偏差。

5.1.6 扭转式微型热控百叶窗有限元仿真模拟

1. 有限元法(FEM)理论

有限元法基本思想的提出是在 1943 年 Courant 尝试应用定义在三角形区域上的分片连续函数和最小势能原理相结合,来求解扭转问题。但是真正应用于工程中则是随电子计算机的广泛应用和发展。有限元法是随着电子计算机的发展而迅速发展起来的一种现代计算方法。它是20世纪50年代首先在连续体力学领域——飞机结构静、动态特性分析中应用的一种有效的数值分析方法，随后很快就广泛的应用于求解热传导、电磁场、流体力学等连续性问题。1960年，美国的克拉夫(Clough R W)在一篇题为"平面应力分析的有限元法"论文中第一次提出"有限元法"这一名称。

有限元法的基本思想是将连续的求解区域离散为一组有限个、按一定方式相互连接在一起的单元的组合体。由于单元能按不同的联结方式进行组合，且单元本身又可以有不同形状，因此可以模型化几何形状复杂的求解域。有限元法作为数值分析方法的另一个重要特点是利用在每一个单元内假设的近似函数来分片地表示全求解域上待求的未知场函数。单元内的近似函数通常由未知场函数及其导数在单元的各个节点的数值和其插值函数来表达，未知场函数及其导数在各个节点上的数值就成为新的未知量(也即自由度)，从而使连续的无限自由度问题变成离散的有限自由度问题。通过求解出这些未知量，就可以通过插值函数计算出各个单元内场函数的近似值。随着单元数目的增加，也即单元尺寸的缩小，或者随着单元自由度的增加及插值函数精度的提高，解得近似程度将不断改进。如果单元是能够满足收敛要求的，近似解最后将收敛于精确解。

有限元法分析计算的基本步骤可归纳如下。

1）物体离散化

将某个结构离散为由各种单元组成的计算模型，这一步称作单元划分。离散后单元与单元之间利用单元的节点相互联结起来，单元节点的设置、性质和数目等应视问题的性质、描述变形形态的需要和计算进度而定(一般情况单元划分越细则描述变形情况越精确，即越接近实际变形，但计算量越大)。所以有限元中分析的结构已不是原有的物体或结构物，而是同样材料的由众多单元以一定方式连接成的离散物体。这样，用有限元分析计算所获得的结果只是近似的。如果划分单元数目非常多而又合理，则所获得的结果就与实际情况相符合。

2）单元特性分析

（1）选择位移模式。在有限元法中，选择节点位移作为基本未知量时称为位移法，是有限元法中应用范围最广的一种方法。物体或结构物离散化后，就可把单元中的一些物理量如位移、应变和应力等用节点位移来表示。这时可以对单元中位移的分布采用一些能逼近原函数的近似函数予以描述。有限元法中通常将位移表示为坐标变量的简单函数。

（2）分析单元的力学性质。根据单元的材料性质、形状、尺寸、节点数目、位移等，找出单元节点力和节点位移的关系式，这是单元分析中关键的一步。此时需要应用弹性力学中的几何方程和物理方程来建立力和位移的方程式，从而导出单元刚度矩阵。

(3) 计算等效节点力。物体离散化后,假定力是通过节点从一个单元传递到另一个单元上的。但是,对于实际的连续体,力是从单元的公共边传递到另一个单元中去的。因而,这种作用在单元边界上的表面力、体积力和集中力都需要等效的移到节点上去,也就是用等效的节点力来代替所有作用在单元上的力。

3) 单元组集

利用结构的平衡条件和边界条件把各个单元按原来的结构重新连接起来,形成整体的有限元方程式。

4) 求解未知节点位移

求解有限元方程式得出位移,这里,可以根据方程组的具体特点来选择合适的计算方法。

5) 由节点位移计算单元的应变与应力

解出节点位移以后,根据需要,可由弹性力学的几何方程和弹性方程来计算应变和应力。

通过上述分析,可以看出,有限单元法的基本思想是"一分一合",分是为了进行单元分析,合则是为了对整体结构进行综合分析。

2. ANSYS 软件及机电耦合仿真方法的选择

ANSYS 软件是融结构、热、流体、电磁、声学于一体,以有限元分析为基础的大型通用计算机辅助工程分析软件,可广泛应用于求解结构、热、流体、电磁、声学等多物理场及多物理场耦合的线性、非线性问题,具有包括几何模型的建立、自动网格划分、求解、后处理、优化设计等在内的一体化的处理技术,拥有丰富的产品系列和完善的开放体系。

ANSYS 的多场耦合分析功能使其具备了 MEMS 模拟仿真的独特优势,其非线性分析功能也十分强大,网格划分方便,具有更加快速的求解器。同时,ANSYS 采用并行计算技术,支持多种硬件平台,可与大多数的 CAD 软件集成并有交换数据的接口,模拟分析问题的最小尺寸可在微米量级。ANSYS 被国际上公认适于 MEMS 器件的模拟仿真,这是其他有限元分析软件所无法比拟的。ANSYS 在其特有的多物理场仿真平台的基础上,还为 MEMS 加入了特定的单元和功能,包括机电转换单元、耦合场单元和多种耦合场求解方法,可以实现对微机械、静电场—结构耦合、热—电—结构耦合、声场—结构耦合、微流体、高(低)频电磁场、压电器件等的模拟与仿真分析。其中,ANSYS 为机电耦合所提供了包括 Multi – field Solver,TRANS126,TRANS109,ROM144 等多种分析方法。

针对扭转式微型热控百叶窗的机电耦合与非线性大变形的情况,可以选择 Multi – field Solver 或 ROM144 两种耦合场分析方法。其中,ROM144 法由于对模型进行了降阶处理,从有限元模型中提取了宏模型,避免了直接的机电耦合计算,在保证准确性的前提下减小了计算量,提高了计算速度,求解效率较高,并且对硬件的要求较低。但在实际应用中发现,ROM144 法对取样点的步数有所限制,只允许 8～11 步取样,这样少的取样点难以完整的描述扭转式微型热控百叶窗的非线性大变形特征,在求解过程中无法得到收敛的计算结果。经过进一步的研究和试验,在对硬件系统进行改造和升级之后,本文使用了 Multi－field (TM)Solver 方法来分析扭转式微型热控百叶窗的机电耦合特性。TM 法可以方便地在多个场之间传递载荷向量,同时可以对任何一个场域开启非线性大变形的求解选项,对网格的兼容性也非常好,不同场域的网格不需要完全匹配。但是 TM 法对硬件的要求非常高,需要大存储空间支持,否则会出现数据溢出现象。TM 法需要进行机电耦合迭代计算,因此求解速度比 ROM144 法要慢。

3. 扭转式微型热控百叶窗有限元模型

扭转式微型热控百叶窗有限元模型包括器件几何模型和有限元网格的划分,其中,几何模型的结构参数与设计参数的吻合程度直接影响分析的准确度,而有限元网格划分的合理性则关系到分析的收敛与否和计算精度。几何模型的建立与有限元网格的划分并不是完全独立的两个步骤,而是互相影响、互相牵制的。一方面,为了保证网格的质量以获得收敛的计算结果,必须对器件模型进行一定的简化,忽略次要的细节结构,限定物理场的作用范围;另一方面,过度的简化会给结果带来较大的误差,降低模拟仿真的真实性。对于扭转式微型热控百叶窗耦合场非线性大变形器件来说,在有限元仿真分析中是非常难收敛的一种情况,而有限元模型的质量是影响仿真分析收敛性的首要因素,除了要严格遵守建模和网格划分的各项要求,很多时候还需要进行反复的试验,才能获得比较理想的有限元模型。因此,如何设计出有效的几何模型并合理的划分有限元网格是一个十分值得研究的问题。

建立几何实体模型可以通过两个途径:①自顶向下建模,适用于自由划分网格,比较方便快捷;②自底向上建模,适用于映射网格划分,能够对各层级图元进行精细控制。由于微窗单元的不同部分尺寸相差很大,需要依据具体部位的尺寸,用映射网格划分方法划分不同密度的网格,本文采用了自底向上的建模方法来创建微窗单元的几何模型。静电场部分的建模是在微窗叶片和基底电极之间采用自顶向下的建模方法创建了一个六面体代表静电场的作用范围。

在 ANSYS 的单元库中,有两类单元:①三维实体单元,完全以三维实体的形式表现模型结构;②降阶单元,包括一维和二维单元,主要应用于当模型的结构在某些维度的尺寸相比其他维度很小的情况,如长度远大于截面尺寸的梁单元和表面尺寸远大于厚度的壳单元,恰当地使用降阶单元可以在保证精度的前提下提高计算效率。对扭转式微型热控百叶窗分别建立三维实体模型和降阶单元模型,并对两种模型的计算结果进行对比。由于扭转式微型热控百叶窗在结构上具有对称性,只需建立一半的器件模型,并在对称面施加对称约束,这样可以将网格单元缩减一半,提高一倍计算效率。扭转式微型热控百叶窗的三维实体模型和降阶单元模型分别如图 5 – 10(a)和(b)所示。

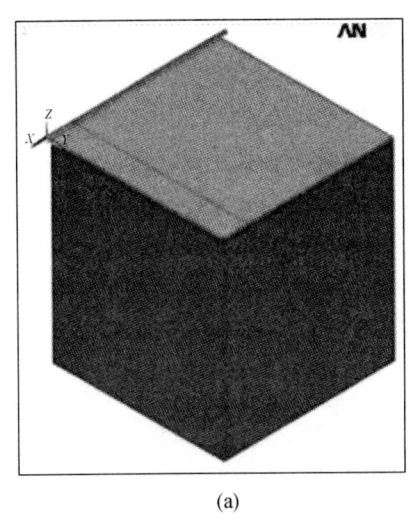

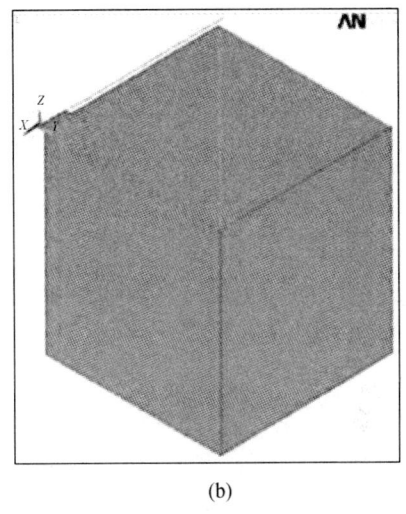

图 5 – 10　扭转式微型热控百叶窗的计算机模型
(a)三维实体模型;(b)降阶单元模型。

4. 扭转式微型热控百叶窗模型的网格划分研究

通过计算机建立的几何实体模型本身并不能直接参与有限元分析,必须通过划分有限元网格的形式在实体模型里填充节点和单元,所有施加在有限元边界上的载荷或约束,最终必须传递到有限元模型上(节点和单元)进行求解。

ANSYS 软件对模型网格单元划分的最大与最小几何尺寸比有一定要求,要求线性分析不大于 3∶1,非线性分析不大于 10∶1,扭转式微型热控百叶窗器件厚度非常薄,不大于 13μm,而长度和宽度尺寸相对则较大,要保证合理的网格单元尺寸比就需要在长宽方向上划分更多的网格,但过多的网格会使得计算速度大幅下降,同时还要考虑扭转梁、连接微梁及微窗叶片的网格之间的过渡和匹配,这使得扭转式微型热控百叶窗器件的有限元模型的网格划分变得异常困难,在保证计算精度的情况下要尽可能提高计算效率,这就必须经过大量的试验,通过对网格进行反复的修正与优化,以达到合理的网格划分效果。通过反复调试,对扭转式微型热控百叶窗的微窗叶片、连接微梁和扭转梁采取不同密度的映射网格划分方法。其中,微窗叶片划分为 20 × 20 的四方体单元阵列;连接微梁划分为 3 × 3 的四方体单元阵列;扭转梁在长度方向上划分为 50 段,对截面不再进行划分。对静电场部分的网格划分只需和微窗叶片的网格单元尺寸相当,即可达到较好的网格匹配效果,可以采用四方体或四面体的划分方法。本文通过试验,发现四方体网格划分方法可以相对减少静电场部分的网格划分数量,提高计算效率,同时不影响计算精度,最终将静电场部分划分为 $20\times20\times11$ 的四方体单元阵列。

图 5-11(a) 为三维实体模型划分网格后的结果。微窗叶片、连接微梁和扭转梁所选用的单元均为 Solid45,无几何常数,单元材料为聚酰亚胺(弹性模量为 1700MPa,泊松比为 0.35),划分的单元数为 459,节点数为 1106 个。静电场部分所选用的单元为 Solid122,材料属性定义真空介电常数 $\varepsilon_0 = 8.85e^{-12}$ F/m,划分的单元数为 4400 个,节点数为 20223 个。

图 5-11(b) 为降阶单元模型划分网格后的结果。微窗叶片和连接微梁选用壳单元 SHELL181,几何常数定义厚度 $13\mu m$,扭转梁选用梁单元 BEAM189,几何常数定义截面的形状为矩形,尺寸为 $13\mu m\times13\mu m$,单元材料为聚酰亚胺。在对降阶单元模型的网格划分研究的过程中,发现如果采用与实体模型相同的划分方法会使计算结果无法收敛,因此适当的增加了网格密度,其中,微窗叶片划分为 26×26 个单元,连接微梁划分为 3×4 个单元,扭转梁依然划分为 50 个单元。微窗部分划分的单元数为 427 个,节点数为 844 个。静电场部分的单元和划分方法同三维实体模型。

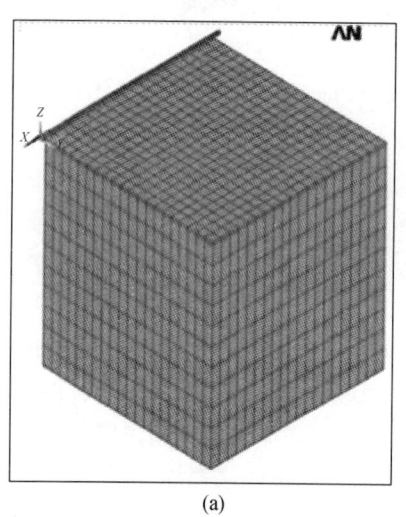

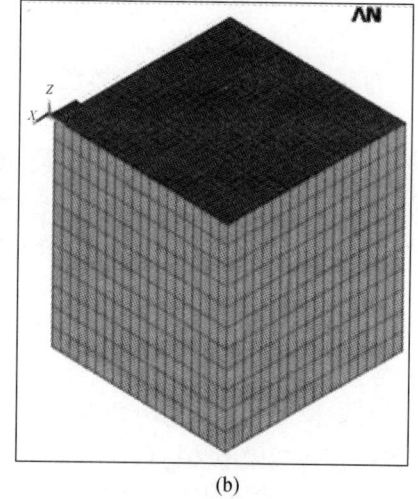

(a)　　　　　　　　　　　(b)

图 5-11　扭转式微型热控百叶窗有限元模型的网格划分
(a)三维实体模型的网格划分;(b)降阶单元模型的网格划分。

5. 扭转式微型热控百叶窗的载荷

扭转式微型热控百叶窗的有限元仿真分析属于多物理场耦合问题,有限元法中的耦合场分析方法可分为两大类:顺序耦合和直接耦合。顺序耦合方法包括两个或多个按一定顺序排列的分析,每一种属于某一物理场分析,通过将前一个分析的结果作为载荷施加到后一个分析中的方式进行耦合,顺序耦合可以是双向的,不同物理场之间进行相互耦合分析,直到收敛到一定精度。直接耦合方法只包含一个分析,它使用包含多场自由度的耦合单元。通过计算包含所需物理量的单元矩阵或载荷向量的方式进行耦合。

选用了顺序耦合法中的 Multi-field(TM)解法,需要定义电场—力—结构之间的载荷向量的传递关系。一方面,当在基底与微窗之间施加电压时,静电场会对微窗产生电场力作用;另一方面,微窗受电场力作用发生扭转和垂直位移,从而改变静电场的分布形状,这种载荷向量的传递是通过两个物理场的交界面处的单元,经过一定的插值算法函数来实现的。在 ANSYS 中需要对两个物理场的载荷向量的传递交界面进行标定,传递载荷向量的两个交界面必须拥有同样的标号。扭转式微型热控百叶窗的载荷向量的传递交界面是微窗叶片的下表面和静电场作用域的上表面,使用 FSIN 命令将这两个表面都标号为 1,在求解分析中将会使用这个交界面标号来定义能量的性质和传递顺序。图 5-12(a)和(b)分别是对三维实体模型和降阶单元模型施加约束与载荷后的情况,所有约束与载荷均直接加载到节点上,图中用红色标示边界的单元组就是定义的载荷向量的传递交界面。

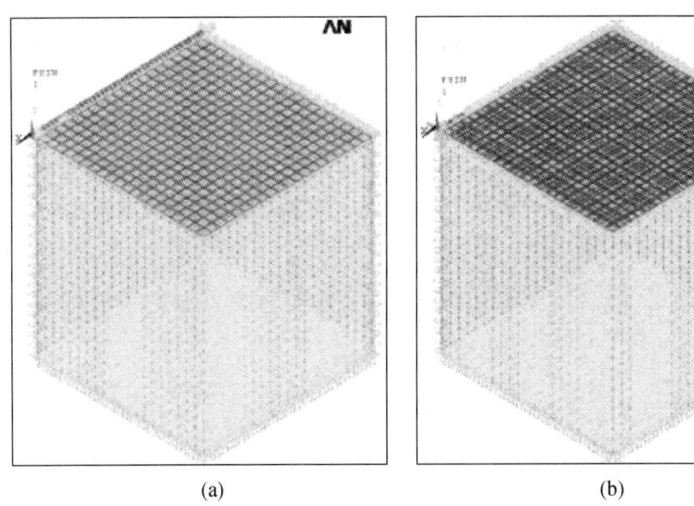

(a) (b)

图 5-12 扭转式微型热控百叶窗有限元模型的约束和载荷加载
(a)三维实体模型的约束和载荷;(b)降阶单元模型的约束和载荷。

6. 扭转式微型热控百叶窗的约束

对扭转梁的固支点所在面施加全约束,扭转梁的其余部分不做约束。由于微窗上所有节点的运动范围都在 yz 平面上,而在 x 方向上没有位移,因此只需在一半模型的 yz 对称面上定义对称约束,即可精确无误地模拟出全模型的结构行为以及约束和载荷状况,同时,对微窗叶片和连接微梁的边界单元施加了 x 方

123

向的零位移约束,以减少计算的自由度。在静电场部分,定义其底部为基底电极,并对底部施加了全约束,对静电场作用域中与基底垂直4个边界面施加了 x 方向的零位移约束。

7. 扭转式微型热控百叶窗静态特性分析结果

图 5 - 13(a)和(b)分别为扭转式微型热控百叶窗在驱动电压临近吸合临界电压时的变形情况的立体视图和侧视图,线框表示微窗的初始位置,实体表示微窗变形后的位置,从图中看出,主要的变型是发生在扭转梁上的,微窗叶片随着扭转梁的扭转发生转动,但没有观察到明显变形,图中还可以明显观察到扭转梁的弯扭耦合效应,即扭转梁在发生扭转变形的同时还会出现垂直方向上的位移,在扭转梁中心对称点上的垂直方向位移幅度为最大值。

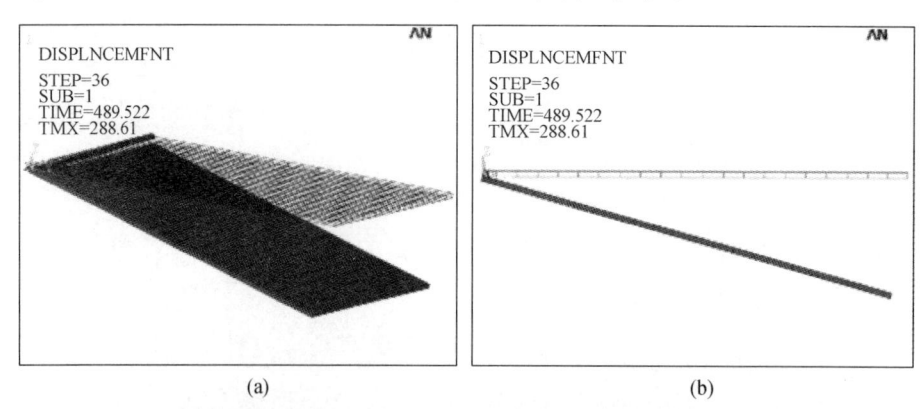

图 5 - 13 扭转式微型热控百叶窗受静电力驱动临近吸合临界电压时的变形状态
(a)变形状态的三维立体视图;(b)变形状态的侧视图。

图 5 - 14(a)为扭转式微型热控百叶窗在驱动电压临近吸合临界电压时的电场分布情况,从图中可以看出,电场沿 X 方向基本上是等值的,在电场区域的顶边(Y方向)对应于微窗叶片接近基底电极的部分有很明显的场强集中带。图 5 - 14(b)为电场沿 Y 方向的路径映射图,取值点为扭转式微型热控百叶窗对称轴上的21个网格节点,节点步长为 $50\mu m$(网格单元的长度),从图中可以看出,在距离微窗叶片远离扭转梁的边缘 $400 \sim 300 \mu m$ 处,电场增强的幅度逐渐增大,在边缘的某一狭长范围内电场迅速增强,并且电场的这种非线性分布的现象是随着微窗扭转角度的增大而越来越显著的,这说明当微窗扭转角度较大时会产较强的电场边缘效应。因此,微窗叶片接近基底电极的这一狭长边缘地带是扭转式微型热控百叶窗的受电场力集中部分。

使用时间历程处理器可用来显示扭转式微型热控百叶窗的位移随驱动电压的变化情况。为了方便考察微窗的不同部位的位移变化情况,在器件模型的对称轴线上选取了4个有代表性的采样点,如图 5 - 15 所示,采样点1位于微窗叶

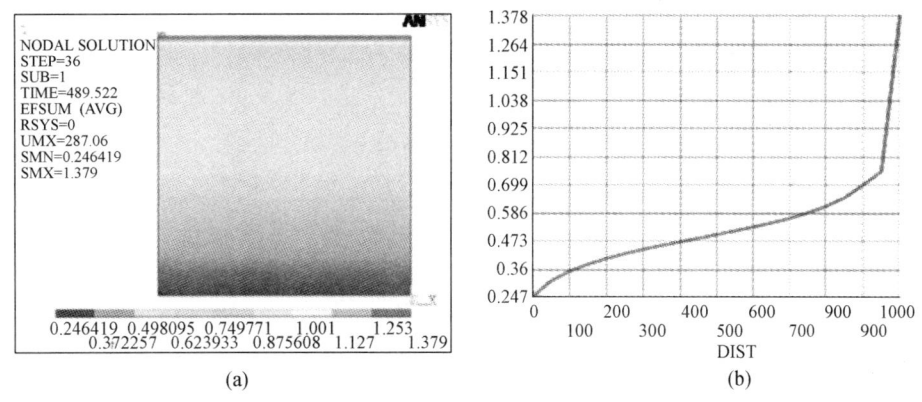

图 5-14　扭转式微型热控百叶窗临近吸合临界电压时的电场分布
(a)电场分布云图;(b)电场沿 Y 方向的路径映射图。

片远离扭转梁的边缘,采样点 2 位于微窗叶片的中点,采样点 3 位于微梁宇微窗叶片的交界线上,采样点 4 位于扭转梁的中点。扭转式微型热控百叶窗在驱动电压作用下的变形位移主要在 Z 方向和 Y 方向,X 方向没有位移。因此,主要研究这 4 个采样点的 Z 方向位移和 Y 方向随驱动电压的变化关系。通过 Matlab 进一步的数据后处理和计算则可以得到微窗扭转角和驱动电压的关系曲线。

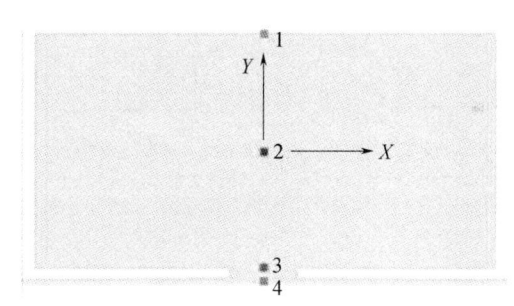

图 5-15　器件模型上的用以获取数据的采样点

图 5-16(a)和(b)分别为扭转式微型热控百叶窗三维实体模型和降阶单元模型的四个取样点沿 Z 方向的位移随驱动电压的变化关系曲线。

图 5-17(a)和(b)分别为扭转式微型热控百叶窗三维实体模型和降阶单元模型的四个取样点沿 Y 方向的位移随驱动电压的变化关系曲线。

扭转式微型热控百叶窗的节点位移随驱动电压的变化呈现出很强的非线性变化特征,在微窗叶片远离扭转梁的边缘位置的 Z 方向位移达到 $290\mu m$ 左右的时候,微窗即发生转动失稳现象,这时微窗会在瞬间被完全打开,因此,扭转式微型热控百叶窗的可控开合角度的范围是非常小的,大约只有 $15°\sim16°$,这是扭转式微型热控百叶窗选择二进制控制方式的主要原因。

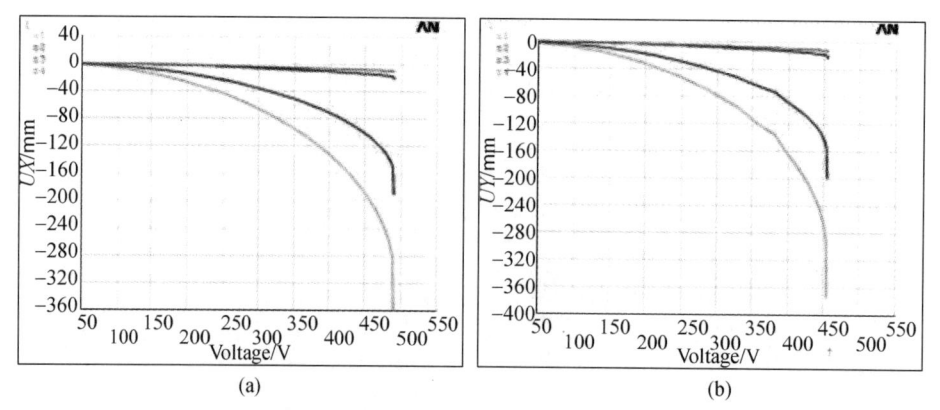

图 5-16　扭转式微型热控百叶窗的节点 Z 方向的位移随驱动电压的变化关系曲线

(a)三维实体模型的 d_z-V 关系曲线；(b)降阶单元模型的 d_z-V 关系曲线。

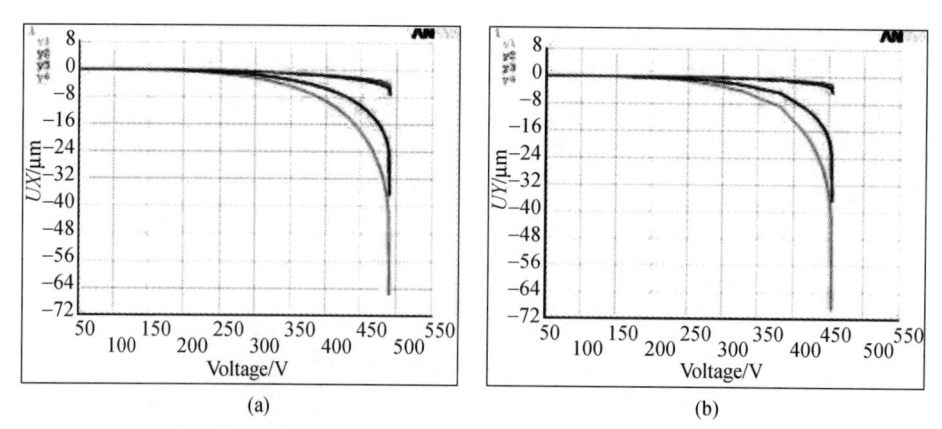

图 5-17　扭转式微型热控百叶窗的节点 Y 方向的位移随驱动电压的变化关系曲线

(a)三维实体模型的 d_y-V 关系曲线；(b)降阶单元模型的 d_y-V 关系曲线。

在提取了结构场的结果文件中的数据后，使用 Matlab 工具计算了微窗叶片的扭转角度随驱动电压的变化关系曲线，并将三维实体模型和降阶单元模型的分析结果进行了对比，如图 5-18 所示。从图中可以看出，降阶单元模型的分析结果比三维实体模型的分析结果略小，采用降阶单元模型计算得到的吸合临界电压值为 455V，采用三维实体模型计算得到的吸合临界电压值为 490V。

通过分析发生变形后的有限元模型发现，在微窗发生大角度扭转时，降阶单元模型中的梁和壳的交界处发生了微小的网格错位，微窗叶片的扭转幅度超过了扭转梁的扭转变形，这势必造成微窗所受的静电力偏大。不过适当地使用降阶单元可以减少单元和节点的数量，从而减少求解过程中待解方程的数量，提高求解效率。降阶单元模型对建模和网格划分的要求更加严格，特别是不同单元

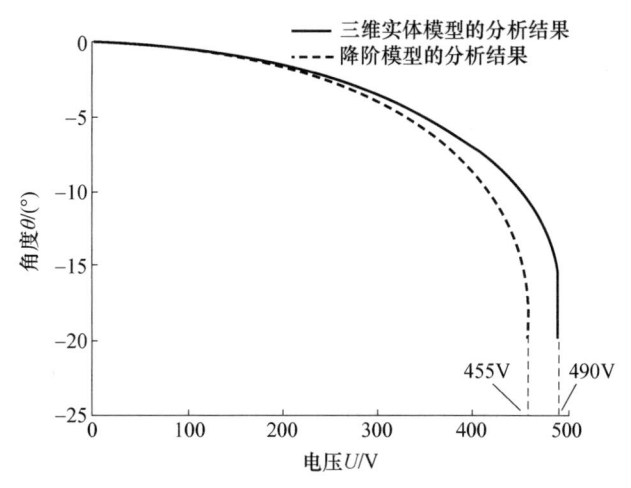

图 5 – 18　三维实体模型与降阶单元模型的仿真分析结果对比

之间的连接的有效性会很大程度影响到仿真结果的准确性。使用降阶单元并进行合理的模型设计和网格划分可以在提高计算速度的同时保证结果的精度,好的降阶单元模型与三维实体模型的计算误差可以控制在 1% 之内,因此使用降阶单元仍然不失为是一种有效的分析方法。

8. 扭梁式微百叶窗器件的疲劳分析

疲劳是指结构在低于静态极限强度载荷的重复载荷作用下,出现断裂破坏的现象,或称为结构失效。导致疲劳破坏的主要因素有载荷的循环次数、每一个循环的应力幅、每一个循环的平均应力、存在局部应力集中现象。

疲劳通常分为以下两类。

(1) 高周疲劳是当载荷的循环(重复)次数高(如 $1 \times 10^4 \sim 1 \times 10^9$)的情况下产生的。因此,应力通常比材料的极限强度低。应力疲劳用于高周疲劳。

(2) 低周疲劳是在循环次数相对较低时发生的。塑性变形常常伴随低周疲劳,其阐明了短疲劳寿命。一般认为应变疲劳应该用于低周疲劳计算。

在设计仿真中,疲劳模块拓展程序采用的是基于应力疲劳理论,它适用于高周疲劳。

微百叶窗器件属于开关器件,工作行为单一且重复次数高,适用于高周疲劳分析。采用 ANSYS Workbench 工具对微百叶窗器的器件模型进行了结构疲劳分析。对扭梁式微百叶窗器件的疲劳分析是以 $S - N$ 曲线为依据的。$S - N$ 曲线是应力幅 $(S_{max} - S_{min})/2$ 与疲劳循环次数的关系曲线,用以说明载荷与疲劳失效的关系。对于各种应力状态的组合,应力幅将降阶排列,但不计算耗用系数。$S - N$ 曲线是通过对试件做疲劳测试得到的,影响 $S - N$ 曲线的因素很多,主要有:①材料的延展性,材料的加工工艺;②几何形状信息,包括表面粗糙度、残余应力以及存在的应力集中;③载荷环境,包括平均应力、温度和化学环境。采用的聚酰亚胺薄膜材料的 $S-N$ 曲线如图 5-19 所示。

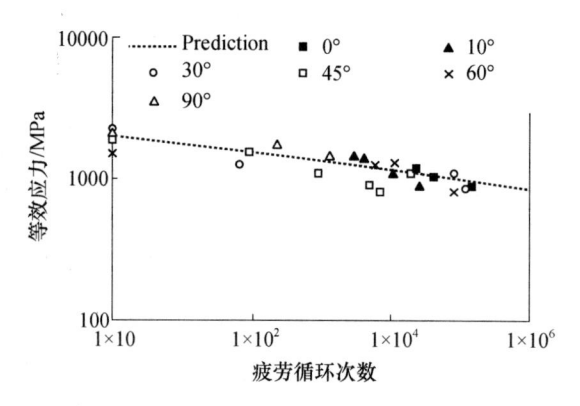

图 5-19 聚酰亚胺薄膜材料的 $S-N$ 曲线

疲劳分析是基于线性静力分析的,因此在进行疲劳分析前需要首先完成对器件模型的静力分析,并在后处理过程中获取所有可能用到的应力应变结果。之后就可以添加疲劳分析工具,并通过设计仿真自动执行疲劳分析。

微百叶窗器件的疲劳分析结果表明,其循环寿命可以达到百万次(1×10^6),但这并不是器件的实际寿命,而是所能提供的聚酰亚胺薄膜材料的 $S-N$ 曲线的取值上限,由于没有更多的材料的 $S-N$ 曲线数据,因此器件的实际寿命并不能确切得知,分析结果只能说明在 1×10^6 次的应力应变循环下器件的结构依然保持完好,不过这个结果已足以满足设计需要。由此可以推断,优化设计结果中的其他结构强度更高的结构参数组合都能够满足疲劳设计要求。

5.1.7 仿真分析结果与解析计算结果对比

将扭转式微型热控百叶窗的有限元仿真结果与解析计算结果进行对比,如图 5-20 所示。由于 ANSYS 的模拟仿真过程是对实际器件行为特性的虚拟再现,因此在仿真分析结果中,当微窗扭转角达到转动失稳状态时就会被基底吸合,表现为在吸合临界电压处驱动电压不再增加,但微窗扭转角持续增大,ANSYS 不会像解析计算那样去减小驱动电压值以寻找非稳态平衡位置,所以只对达到失稳状态及其之前的微窗行为进行比较。从图中可以发现在微窗的扭转角度较小时,解析计算的微窗扭转角度略小于仿真分析结果,这与现有文献中微镜在小角度变形情况下的仿真与解析的比较结果完全一致。当微窗扭转角逐渐增大时,仿真结果中的微窗扭转角随驱动电压的变化速度明显加快,并先于理论值达到吸合临界电压,发生转动失稳。

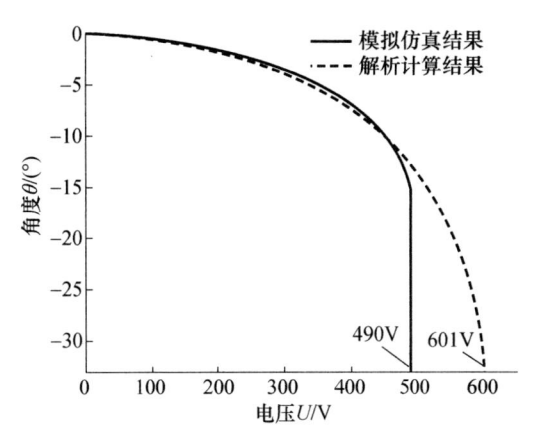

图 5-20　有限元仿真结果与理论计算结果的对比

在微窗大角度变形的情况下,两种分析计算方法所获得的结果有较大的分歧,这主要是由于理论分析模型过分简化了电场分布形状而造成的误差,在扭转式微型热控百叶窗的理论模型中,假设电场始终是均匀分布的,而没有考虑微窗扭转一定角度后感应电荷的重新分布造成的电场变化。在实际情况中,当给微窗加载驱动电压后,就会在微窗和基底电极上产生极性相反感应电荷,感应电荷之间互相吸引,从而使微窗绕扭转梁发生转动。与此同时,两极板上的感应电荷在静电力的作用下还会在极板表面发生运动,感应电荷会趋向于集中到两极板接近的位置,而电荷位置的变化又会反过来影响电场的分布,这是一个非常复杂的多种变量相互耦合的作用过程。当给微窗施加一定的驱动电压后,微窗的宏观运动与感应电荷的微观运动就同时进行,微窗的扭转、感应电荷的运动以及电场的空间分布相互作用,相互影响,直到达到平衡。

使用 COMSOL Multiphysics 软件工具对非平行电极板之间的电场分布做了模拟分析,如图 5-21 所示。从图中可以看出,两极板之间的电力线并非均匀分布,极间距越小的地方电力线密度会越大,并且在靠近微窗叶片的边缘部分会产生明显的电场边缘效应,同时,电力线的形状只有在微窗的中央位置附近才可以近似为理论分析模型所假设的弧形。由此可以推论,当微窗发生扭转时,微窗靠近基底的部分所受的电场力会比理论值更强,微窗随着扭转角度的增大所受到的静电力矩作用也会比理论值更大,因此,实际器件的吸合临界电压和释放临界电压都会比理论值要小。要消除这一部分误差就需要建立更精确的电场模型和更完善的电场理论。

推导的扭转式微型热控百叶窗的机电特性的理论公式虽然和实际情况有较大的误差存在,不过这并不会影响理论公式的应用价值,在对理论结果和仿真结果的对比研究中发现,两者比较稳定的保持着 20% 的误差关系,因此,将理论结

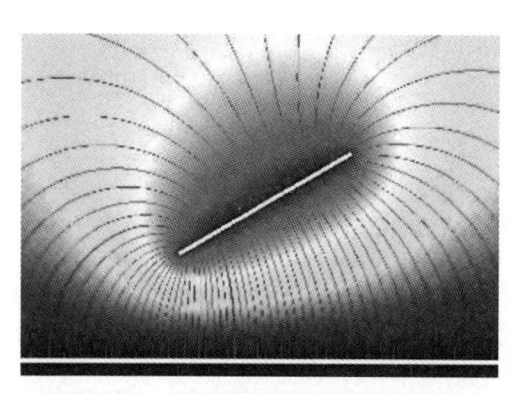

图 5-21　非平行电极板的电场分布图

果除以1.2后再向两端扩展10%所获得的区间范围就可以将实际的吸合临界电压值包含在内。由于扭转式微型热控百叶窗属于耦合场大变形器件,具有一定的特殊性,使用ANSYS软件工具进行有限元分析要进行大量的迭代计算、计算时间需要4~8h,而使用Matlab对本文所推导出的耦合方程组进行求解只需要几秒钟的时间,可以通过计算结果方便快捷的估计出实际器件的工作电压范围,对进一步使用计算机辅助工程分析技术进行更精确的模拟分析、合理地安排载荷步的分配和设置求解选项具有重要的指导和参考作用。

5.1.8　微型热控百叶窗原理样件研制

依照预设计方案,使用13μm聚酰亚胺薄膜作为结构的基本材料,通过双面镀铝膜的方式制作出微窗的高反射面,这种双面镀膜的工艺还同时平衡了薄膜应力的影响,之后采用激光微刻蚀技术在已镀膜聚酰亚胺材料上制作出了微窗叶片以及整个微窗阵列的全部结构,刻蚀加工出的微窗叶片如图5-22(a)所示。将刻蚀好的微窗阵列与支撑框架、基底通过粘接的方式组装完成后的扭转式微型热控百叶窗的整体器件如图5-22(b)所示。微百叶窗整体为40mm×40mm×5mm,单元数为15×25,单个单元大小为2mm×1mm,扭梁宽度为13~18μm(激光加工不均匀性所致)。

使用直流调压稳压电源对试验样件进行了加电测试,测量了驱动电压与微窗扭转角之间的关系。为了获得较准确的测量结果,采用了光放大测量技术,将微窗的微小扭转位移转换为可以方便测量的线形位移。为尽量避免重力干扰,将试验样件以扭转梁与地面垂直的方式放置,微窗的动作模式为门式开合。图5-23为扭转式微型热控百叶窗试验样件的测试原理图以及试验布局。将一束极细的激光束照射在扭转式微型热控百叶窗试验样件的其中一个微窗叶片上,激光束与微窗阵列平面的夹角为φ,微窗叶片表面的高反铝膜会反射激光束

第❺章 微结构热控薄膜器件

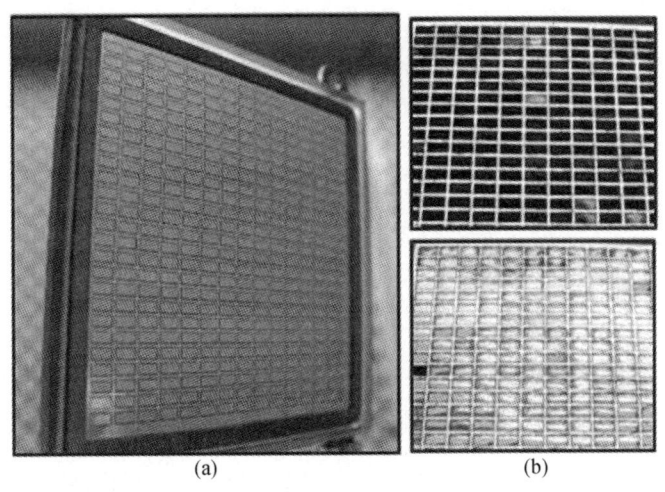

图 5-22 扭转式微型热控百叶窗百叶窗的试验性样件照片及其开关效果对比
(a)微窗叶片;(b)组装完成的器件整体。

到周围的垂直投射面上。在不加电的情况下,反射激光束与微窗阵列平面的夹角同样为 φ,当给试验样件施加某一直流偏压,使微窗绕扭转梁转动 θ 角时,反射激光束会随之发生偏转,其偏转角为 ψ,微窗扭转角度 θ 与反射激光束的偏转角度 ψ 的关系为 $\theta=\psi/2$。因此,通过追踪反射激光束的偏转角度,即可间接测量出微窗在某一数值的驱动电压作用下的扭转角度。

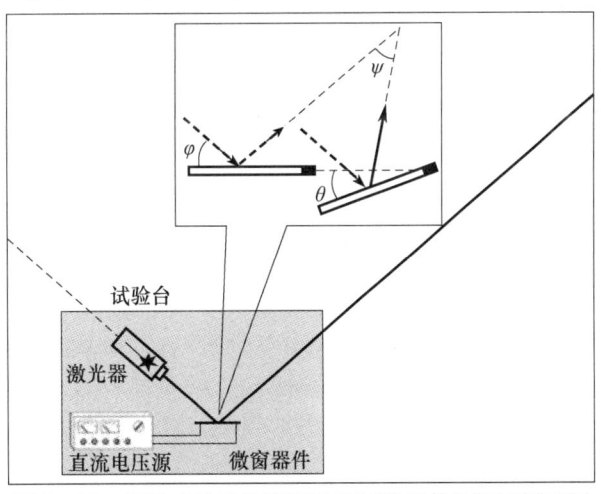

图 5-23 扭转式微型热控百叶窗试验样件的测试原理图

有限元仿真结果与试验样件的测试结果对比如图 5-24 所示。有限元仿真计算得出的吸合临界电压为 866V,试验测试中当驱动电压达到 883V 时微窗扭转角度突然增大,发生转动失稳现象。从图中可以看出,两者的微窗扭转角度随驱动电压变化曲线基本吻合,误差约为 2%。由此可见,只要建模精确,材料参数准确,所获得的模拟仿真结果是非常接近于实际情况的,因此,使用 ANSYS 软件和有限元法来预示扭转式微型热控百叶窗的耦合大变形的工作特性是完全可行的。

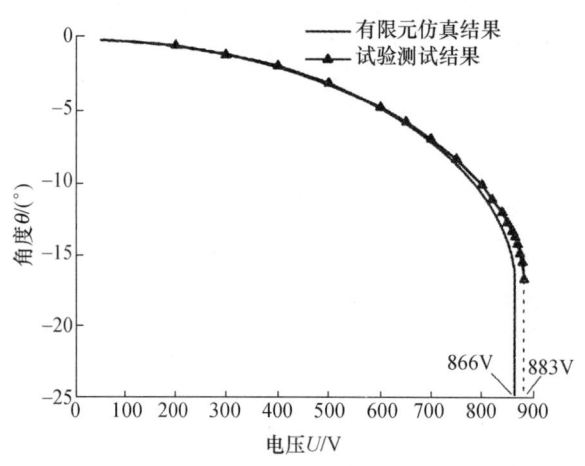

图 5-24　有限元仿真结果与试验样件的测试结果对比

为了降低微型热控百叶窗整体重量和驱动电压,对结构进行了设计优化。优化后的微百叶窗整体尺寸为 40mm×40mm×1mm,单元尺寸为 1.6mm×0.7mm×0.013mm(图 5-25)。采用浸渍提拉法制备了厚度为 3~5μm 的超薄悬空薄膜来加工窗叶,扭梁宽度设计为 8μm,但是由于气体紫外激光器能量衰减过快,而阵列数多达 1029(49×21),造成加工均匀性相差较大,且激光器多次换气引入定位误差,从而使扭梁宽度相差较大,最终测得大部分窗叶驱动电压 300V 时就能打开,而一部分需要高达 901V。利用液氮热沉,测得有效发射率变化量约为 0.4。

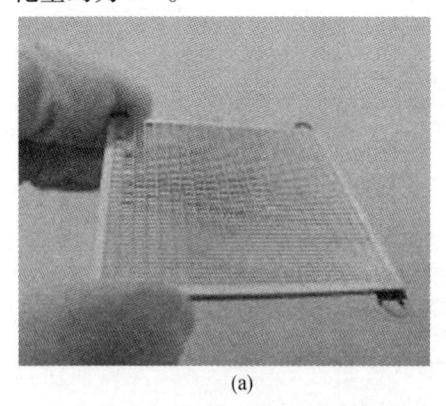

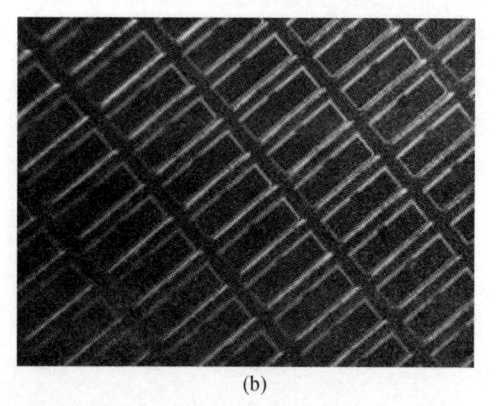

图 5-25　兰州空间技术物理所表面工程实验室研制的改进后的微型热控百叶窗
(a)样件;(b)窗叶显微结构。

微型热控百叶窗要实现星上应用,首先需要解决驱动电压高的问题,根据理论计算,要降低驱动电压,目前有两条途径:一是降低膜厚;二是增加扭梁长度。由于膜厚目前已经在 5μm 以下,再要降低厚度的工艺难度很大,同时由于后续工艺需要在超薄薄膜上沉积金属电极,而超薄薄膜基底上沉积金属薄膜应力控制非常困难,所以需采用增加扭梁长度的优化方案。但是增加扭梁长度存在增加单元尺寸的问题,而大的单元结构难以采用浸渍提拉法制备悬空薄膜,下一步的工作将采用新的单元尺寸悬空薄膜制备工艺,然后根据优化的设计结构,制备新型微百叶窗结构。其次要解决结构漏热问题,从而提高有效发射率变化量。同时开展空间环境适应性研究,为后续星上型号应用奠定基础。

5.1.9 微型热控百叶窗发展趋势

目前来看,滑动式微型热控百叶窗驱动电压较低,约 30~60V,但是由于结构本身限制,有效发射率调节范围也较小,扭转式微型热控百叶窗有效发射率调节范围有望能到 0.6 甚至更高,但是驱动电压高达几百伏。因此,微型热控百叶窗未来的发展重点是在获得较大有效发射率调节范围的基础上降低器件驱动电压。双稳态电磁驱动是一个可行的解决方案,但是要解决可靠性、重量以及电磁兼容性等一系列问题。

5.2 微型热开关辐射器

5.2.1 基本概念

微型热开关辐射器结构和原理如图 5-26 所示。整体为"三明治"结构,最外层是高发射率的散热薄膜,中间采用网状绝热的支撑结构形成散热膜活动空间,最下层为表层为低发射率薄膜的高导热基片(高导热基底与卫星热源具有较好的热接触)。通过静电力控制散热膜与基底间接触面积的大小来实现两者间热交换方式在热辐射和热传导之间转换,改变导热通道热阻,从而实现辐射器散热功率的主动调节。

当卫星需要散热时,就可以加静电使热开关辐射器散热膜与基底处于低热阻(热传导)状态,此时,星内多余的热量就可以快速通过散热膜疏散到宇宙背景中;当要求卫星与外界不进行较多的热交换时,就可以撤除静电力,使散热膜与基底分离形成高热阻(热辐射),由于基底表层制备有低发射率薄膜,散热膜下表面制备有高红外反射率薄膜,因此此时的热辐射极小,外界剧烈变化的冷热环境不会对整星温度造成大的影响,可以使星内有效载荷始终处在适宜的工作环境中,从而大大提高卫星的可靠性和热环境适应性。

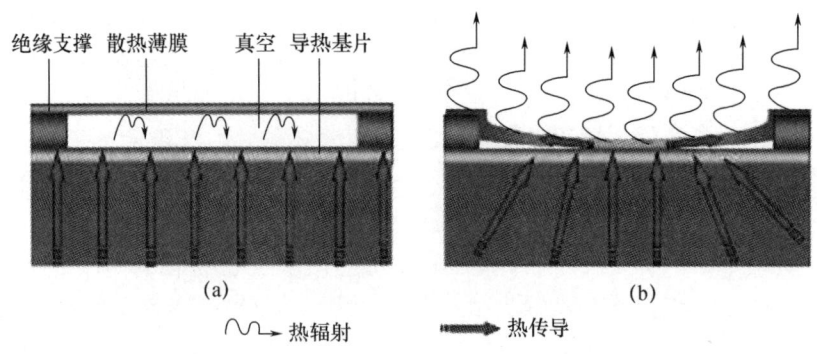

图 5-26 微型热开关辐射器结构和工作原理示意图
(a)开启;(b)关闭。

5.2.2 国内外研究现状

美国 Sensortex 公司为 NASA ST-5 卫星研制的微型热开关辐射器如图 5-27 所示。器件采用掺碳型聚酰亚胺薄膜作为高发射率悬空散热薄膜,铝作为基底。整个包括四个可以独立控制的单元。每个单元尺寸为 4.0cm×3.6cm,总体面积为 57.6cm^2,驱动电压 350~400V,器件发射率的变化范围为 0.388~0.9,辐射功率开关变化在 1.4W 左右,失效概率为 1/25000 开关周期。该器件已成功完成了飞行试验验证。为了降低驱动电压,该公司正在进行柔性微型热开关辐射器的研发工作,目标是将驱动电压降低为 10V[53]。

图 5-27 NASA ST-5 卫星搭载的美国 Sensortex
公司研制的微型热开关辐射器实物

霍普金斯大学应用物理实验室研发的微型热开关辐射器如图 5-28 所示[54]。器件制作全部使用 MEMS 工艺,n 型硅基底上淀积氮化硅,作静电隔离,中间层用 SU8 胶立柱做绝热支撑,上层沉积 2μm 厚高红外反射率低弹性模量的金层。驱动电压根据结构尺寸的不同介于 8~25V 之间。

(a)   (b)

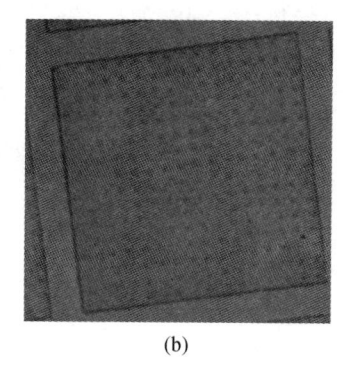

图 5-28 霍普金斯大学应用物理实验室研发的微型热开关辐射器
(a)实物;(b)局部结构。

加利福尼亚大学为了在获得大的有效发射率变化量的同时降低驱动电压,采用电浸润液滴作为可动结构来实现热开关的开关控制。电浸润液滴又称电介质电润湿(Electro Wetting on Dielectric,EWOD),该结构主要由液滴、电介质(绝缘层)和基底三部分组成,通过施加在液滴和基底之间的电场来改变液滴与绝缘层之间接触界面的浸润性。当两者之间浸润性变化时,液滴的形状会随之发生改变,利用这一原理研制的可开关辐射器通过静电场来控制液滴与上面高发射率顶板之间的接触与断开来实现热辐射和热传导的切换。器件采用 Si 作为基底,200nm 厚的 Au 作为电极,500nm 厚的 SiO_2 作为绝缘层,200nm 厚的 Teflon 薄膜作为疏水层,采用网格结构以防止液滴之间融合,分别以去离子水和甘油液滴进行了测试,测得最大开关比为 2.8。

5.2.3 微型热开关辐射器设计

一个发射率/反射率可调的智能热控元件需要考虑多种因素,包括工作原理、技术方案、整体结构(扭梁式、悬臂梁式、铰链式、滑动式等)、材料特性(辐射特性、机械特性、空间适存性、可加工性等)、驱动形式(静电驱动、磁驱动、热驱动等)、与现有技术的兼容性(是否与现有的 OSR 技术兼容,是否易于在卫星表面安装,是否有可用的粘接技术等)、重量和尺寸以及环境试验耐受能力等。

兰州空间技术物理研究所确定的设计方案如下:

对于星用器件,结构的设计首先考虑可靠性,选择尽量简单的结构,同时要考虑安装问题;材料的选择要以空间适应性和高可靠性为前提条件。根据上述思路,针对空间使用的特点,对于微型热开关辐射器的结构设计选择简单可靠的"三明治"结构、整体尺寸为片状以方便安装。结构最外层是高发射率的悬空薄膜,中间采用网状绝热的支撑结构形成悬空膜活动空间,最下层为高导热基片。当处于断开状态(不施加静电场)时,基片与散热片之间基本处于热绝缘状态,而当在薄膜与基片之间施加足够的静电电场时，薄膜就会受静电力作用而与基片接触，从而使基片热流通过高发射率的散热片辐射到空间中。该方案微型热开关辐射器的总体结构图如图5-29所示。

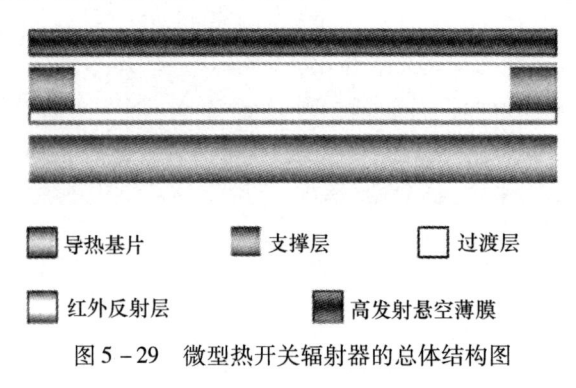

图 5-29　微型热开关辐射器的总体结构图

结构尺寸方面主要是单元尺寸、单元数目和整体尺寸。为了尽可能地简化工艺流程，从工程化角度考虑，热开关尺寸参数设计以结构最为简单、可靠性高为基础，由于涉及悬空薄膜的制备，因此单元尺寸的大小主要取决于制备超薄悬空薄膜制备工艺，根据的试验结果，单元结构方案如下：基底为 40mm × 40mm × 0.4mm；中间支撑网格结构整体尺寸为 40mm × 40mm × 0.01mm，网眼为 2mm × 2mm，网眼行列间距均为 0.1mm；悬空薄膜整体尺寸为 40mm × 40mm × 0.003mm，单元大小 2mm × 2mm，行列间距均为 0.1mm，四边弯梁宽度均为 0.03mm，弯梁与两边间隙均为 0.03mm。

1. 微型热开关辐射器的材料选择

选择聚酰亚胺作为微型热开关辐射器的结构材料，主要是因为聚酰亚胺是已经得到证实的优良的航天用聚合物材料，有很好的性能。在基片的材料选择方面，微型热开关辐射器的基板要求较高的导热系数，以获得好的热性能；要求高的结构强度，因为微型热开关辐射器目前最适宜的安装方式是粘接，而粘接过程中胶的固化收缩会产生较大的应力，这是就需要基板有较高的机械强度以免微型热开关辐射器整体结构因应力而导致变形，影响其热控性能，因此，经过筛选，选择氧化铝陶瓷或氮化铝陶瓷作为基板材料；此外，针对具体的应用需求，选用 SiO_2 薄膜作为高发射率材料、Al 作为可见光高反射率材料、Au 作为红外高反射率材料。

2. 微型热开关辐射器的驱动方式研究

目前常用的微结构的驱动方式有静电驱动、电磁驱动、压电驱动、电热驱动、磁致伸缩式驱动、光致动、凝胶致动、电液致动、超声波致动和形状记忆合金膜片驱动等。电磁驱动在大尺寸的装置和机器中应用较多，然而，由于其不好的微小化尺度效应,因此很少用于微型装置中。在这几种驱动方式中,静电驱动由于可重复性强和容易屏蔽等优点,成为目前应用最广泛的一种微驱动方式。静电式微驱动器是应用较广泛的微驱动器,这类驱动器具有结构简单,控制方便,动作范围大,功耗小,响应频率高,适于集成化制造等优点;与压电、压阻、热膨胀和电磁等驱动方式相比,静电作用虽然驱动力较小,但其工艺兼容好,可用体硅和表面微机械加工,便于实现系统集成。静电驱动方式有疏齿电极、SDA(Scratch Drive Actuator)、悬臂驱动和扭梁驱动等。疏齿电极和 SDA 具有精度高、开关灵敏、驱动电压低等优点,但是结构复杂,成本高,可靠性低。悬臂和扭梁驱动的驱动电压高于前两者,但结构相对简单,工艺上容易实现,具有很高的可靠性,能够适应恶劣的空间环境。

5.2.4 微型热开关辐射器驱动电压计算

对微型热开关辐射器的下拉电压进行了详细分析。对悬空薄膜的不同结构所对应的下拉电压进行的理论计算包括四边约束模型、两边约束模型、四角约束模型、四悬臂梁约束模型四种,并指出四悬臂梁结构的下拉电压最小。通过理论分析确定了影响微型热开关辐射器下拉电压大小的几个参数,并归结为材料的物性参数和器件的几何参数,这对后面在器件系统设计中采取措施减小下拉电压具有一定的指导意义。

微型热开关辐射器基本结构是悬空薄膜与基板形成平行板电容器,加上一定电压后,产生的静电力驱动悬空薄膜下拉直至与基板接触,此为热开关的开启状态。

两平行极板间的静电力计算如下:

$$Q = \frac{1}{2}CU^2, C = \varepsilon_0 \varepsilon_r \frac{A}{d} \quad (5-11)$$

$$F = \frac{dQ}{dd} = \frac{1}{2}\varepsilon_0 \varepsilon_r \frac{AU^2}{d^2} \quad (5-12)$$

式中:Q 为静电场能;C 为电容;U 为两极板间的电势差;ε_0 为绝对介电常数(8.85×10^{-12} F/m);ε_r 为相对介电常数;A 为极板面积;d 为极板间距。

单位面积上所受的静电力(即均布荷载)q_0 为

$$q_0 = \frac{F}{A} = \frac{1}{2}\varepsilon_0 \varepsilon_r \frac{AU^2}{d^2} \quad (5-13)$$

1. 四边约束模型

当正方形悬空薄膜四边约束于支撑结构时,在均布荷载的作用下薄膜下拉距离的计算可抽象为四边简支矩形薄板在均布荷载作用下的小挠度问题,如图 5-30 所示,其解为

图 5-30 四边简支悬空薄膜平面图

$$w = \frac{16q_0}{\pi^6 D} \sum_{m=1,3,5,\cdots}^{\infty} \sum_{n=1,3,5,\cdots}^{\infty} \frac{\sin\frac{m\pi x}{a}\sin\frac{n\pi y}{b}}{mn\left(\frac{m^2}{a^2}+\frac{n^2}{b^2}\right)^2}, D = \frac{Et^3}{12(1-\gamma^2)} \quad (5-14)$$

式中:w 为挠度;q_0 为均布荷载;D 为薄板的弯曲刚度;E 为弹性模量;t 为薄板的厚度;γ 为泊松比。$x = a/2, y = b/2$(即中点处)ω 达到最大。薄膜为正方形,则 $a = b$。中心点处的挠度为

$$w_{max} = \frac{16q_0}{\pi^6 D} \sum_{m=1,3,5,\cdots}^{\infty} \sum_{n=1,3,5,\cdots}^{\infty} \frac{1}{mn\frac{(m^2+n^2)^2}{a^4}} \quad (5-15)$$

取 $m = 1, n = 1$(第一项),得

$$w_{max} = \frac{4q_0 a^4}{\pi^6 D} = \frac{4q_0 A^2}{\pi^6 D} \quad (5-16)$$

加上一定电压时,悬空薄膜下拉 ω,此时近似静电场还是匀强电场且极板间距为 $d-\omega$(这样计算的静电力比实际的偏大),将式(5-13)代入式(5-16)得到

$$U^2 = \frac{\pi^6 D}{2A^2 \varepsilon_0 \varepsilon_r}(\omega^3 - 2\omega^2 d + \omega d^2) \quad (5-17)$$

当 $d(U^2)/d\omega = 0$ 时,U^2 取最大值,U 也达到最大值,得到

$$3\omega^2 - 4\omega d + d^2 = 0 \quad (5-18)$$

式(5-18)的解为 $\omega = d/3$。所以悬空薄膜下拉 $d/3$ 时的电压即为下拉电压 $U_{pull-in}$。随所加电压的缓慢增大,悬空薄膜向下变形缓慢运动,直至所加电压达到 $U_{pull-in}$ 时薄膜失稳迅速下拉并接触基板。由于此时的极间距变得很小(极间距为绝缘层的厚度),因此悬空薄膜与基板间的静电力是相当大的,薄膜与基板的接触较紧密。此时微型热开关辐射器处于导通状态。

将 $\omega = d/3$ 代入式(5-17)得到 $U_{\text{pull-in}}$ 表达式为

$$U_{\text{pull-in}} = \frac{\sqrt{2}\pi^3}{18}\left[\frac{E}{\varepsilon_0\varepsilon_r(1-\gamma^2)}\right]^{\frac{1}{2}}\left[\frac{t^3 d^3}{A^2}\right]^{\frac{1}{2}} \qquad (5-19)$$

$$\alpha = \left[\frac{E}{\varepsilon_0\varepsilon_r(1-\gamma^2)}\right]^{\frac{1}{2}}, \beta = \left[\frac{t^3 d^3}{A^2}\right]^{\frac{1}{2}} \qquad (5-20)$$

式中:α 为材料的物性参数,只与所选材料有关;β 为器件的几何参数,只与微型热开关辐射器的几何尺寸相关。

显然,要减小四边约束的悬空薄膜的下拉电压,从物性参数上看要选用杨氏模量小、泊松比小的材料做悬空薄膜或者在上下电极间引入高介电常数的材料,从几何参数上看要减小悬空薄膜的厚度、减小电极间距或者增大电极面积。

选用经过空间试验验证的聚酰亚胺(PI)作为悬空薄膜材料($E=2\text{GPa}$,$\gamma=0.3$),两电极间不加高介电常数介质(这样对于工程制造而言会相对简单一些)则 $\varepsilon_r=1$,假如 $A=4\text{mm}^2$,$t=2\mu\text{m}$,$d=30\mu\text{m}$,计算得 $U_{\text{pull-in}}=4.45\text{V}$;$t=7\mu\text{m}$,$d=30\mu\text{m}$,$U_{\text{pull-in}}=29.2\text{V}$;$t=7\mu\text{m}$,$d=88\mu\text{m}$,$U_{\text{pull-in}}=146.51\text{V}$。

2. 两边约束模型

当正方形悬空薄膜一对对边约束于支撑结构、另两边处于自由状态时,在均布荷载的作用下薄膜下拉距离的计算可抽象为板壳理论中一对对边简支、另两边自由的薄板在均布荷载作用下的小挠度问题,如图 5-31 所示,由下式确定板的挠度曲面为

$$\omega = \frac{q_0 a^4}{D}\sum_{m=1,3,5,\cdots}^{\infty}\left(\frac{4}{\pi^5 m^5} + A_m\cosh\frac{m\pi y}{a} + B_m\frac{m\pi y}{a}\sinh\frac{m\pi y}{a}\right)\sin\frac{m\pi x}{a}$$

$$(5-21)$$

当 $\gamma=0.3$ 时(PI 的参数),根据板壳理论的相关计算方法,由式(5-21)经过一系列的计算可得 $x=0.5a$,$y=0$,$\omega=0.01309 q_0 a^4/D$;$x=0.5a$,$y=\pm 0.5a$,$\omega=0.01509 q_0 a^4/D$。

$$\omega_{\max} = 0.01509\frac{q_0 a^4}{D} \qquad (5-22)$$

同理,可得到下拉电压的表达式为

$$U_{\text{pull-in}} = 1.2792\left[\frac{E}{\varepsilon_0\varepsilon_r(1-\gamma^2)}\right]^{\frac{1}{2}}\left[\frac{t^3 d^3}{A^2}\right]^{\frac{1}{2}} \qquad (5-23)$$

同样代入 PI 的相关参数进行计算,两电极间不加高介电常数介质则 $\varepsilon_r=1$,假如 $A=4\text{mm}^2$,$t=2\mu\text{m}$,$d=30\mu\text{m}$,计算得 $U_{\text{pull-in}}=2.34\text{V}$;$t=7\mu\text{m}$,$d=30\mu\text{m}$,$U_{\text{pull-in}}=15.34\text{V}$;$t=7\mu\text{m}$,$d=88\mu\text{m}$,$U_{\text{pull-in}}=77.05\text{V}$。对比可知,一对对边约束、另一对边自由模型的下拉电压约为四边约束模型的 52.6%。

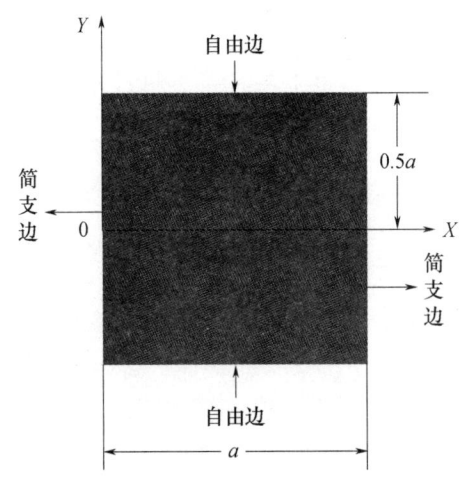

图 5-31 一对对边简支、另一对边自由的悬空薄膜结构平面图

3. 四角约束模型

当正方形悬空薄膜仅四个角点约束于支撑结构,其余四边均自由时,在均布荷载的作用下薄膜下拉距离的计算可以抽象为板壳理论中的四角点支四边自由的薄板在均布荷载作用下的小挠度问题,如图 5-32 所示,由下式确定板的挠度曲面:

$$\omega = \frac{q_0}{384D(r+\delta)}[r(16x^4 - 24a^2x^2 + 5a^4) + \delta(16y^4 - 24b^2y^2 + 5b^4)] + \sum A_n \cosh\frac{n\pi y}{a}\cos\frac{n\pi x}{a} + \sum B_n \cosh\frac{n\pi x}{b}\cos\frac{n\pi y}{b} + \sum C_n y\sinh\frac{n\pi y}{a}\cos\frac{n\pi x}{a} + \sum D_n x\sinh\frac{n\pi x}{b}\cos\frac{n\pi y}{b} \quad (5-24)$$

式中:$r = EI/aD$(I 为惯性矩;$\delta = EI/bD$;$A_n,\cdots,D_n$ 为常数,$n = 1,3,5,\cdots$。

将该式中所包含的代数函数及双曲函数展开成余弦函数的级数。然后,对于 $x = 0.5a$ 和 $y = 0.5b$ 应用相应的边界条件,就能得到关于常数 $A_n,\cdots,D_n$ 的方程组。详细的解法请参看板壳理论。其中,薄板中心的挠度最大。在 $EI = 0$ 的特殊情况下,得到承受均匀分布载荷、仅四角支撑的方形板。当 $\gamma = 0.3$ 时,可得在 $x = 0, y = 0$ 处的挠度为

$$\omega_{\max} = 0.249\frac{q_0 a^4}{D} \quad (5-25)$$

同理,可以得到下拉电压的表达式如下:

$$U_{\text{pull-in}} = 0.3149\left[\frac{E}{\varepsilon_0 \varepsilon_r (1-\gamma^2)}\right]^{\frac{1}{2}}\left[\frac{t^3 d^3}{A^2}\right]^{\frac{1}{2}} \quad (5-26)$$

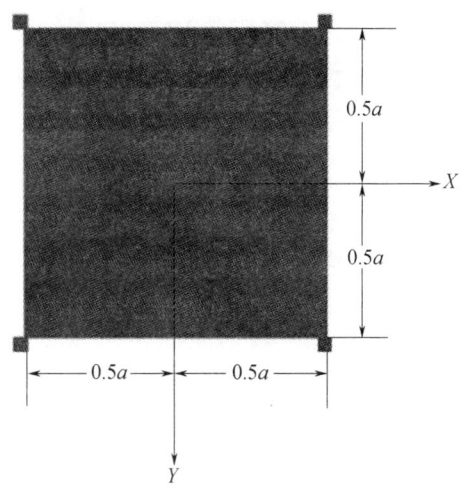

图 5-32　四角点支四边自由的悬空薄膜结构平面图

同样代入 PI 的相关参数进行计算,两电极间不加高介电常数介质则 $\varepsilon_r = 1$,假如 $A = 4\text{mm}^2, t = 2\mu\text{m}, d = 30\mu\text{m}$,计算得 $U_{\text{pull-in}} = 0.58\text{V}; t = 7\mu\text{m}, d = 30\mu\text{m}$, $U_{\text{pull-in}} = 3.78\text{V}; t = 7\mu\text{m}, d = 88\mu\text{m}, U_{\text{pull-in}} = 18.97\text{V}$。对比可知,四角点支四边自由模型的下拉电压约为四边约束模型的 13.0%。

4. 四悬臂梁约束模型

图 5-33 所示为微型热开关辐射器悬空薄膜采用四悬臂梁结构的平面示意图,悬空薄膜受约束越少则下拉电压越小。引入常见的悬臂梁结构希望能够进一步减小下拉电压,而分析结论也是如此。

一个弯曲刚度为 EI 的悬臂梁,在自由端受力 F 作用,其挠度 ω 和相应的转角 θ 可以计算如下:

$$\omega = \frac{Flx^2}{2EI} - \frac{Fx^3}{6EI}, \theta = \omega' = \frac{Flx}{EI} - \frac{Fx^2}{2EI} \quad (5-27)$$

可见,梁的最大挠度 $\omega_{\max}$ 和最大转角 $\theta_{\max}$ 都发生在 $x = 1$ 的自由端截面处。

$$\omega_{\max} = \omega|_{x=1} = \frac{Fl^3}{2EI} - \frac{Fl^3}{6EI} = \frac{Fl^3}{3EI} \quad (5-28)$$

$$\theta_{\max} = \theta|_{x=1} = \frac{Fl^2}{EI} - \frac{Fl^2}{2EI} = \frac{Fl^2}{2EI} \quad (5-29)$$

式中:I 为惯性矩,对弯梁为 $I = wt^3/12$;w 为弯梁的宽度;t 为弯梁的厚度;l 为弯梁的长度。

悬空薄膜所受静电力计算:忽略 4 个弯梁所受到的静电力,只计算正方形薄膜上的静电力,有

图 5-33　微型热开关辐射器悬空薄膜四悬臂梁结构平面图

$$F_{静} = \frac{1}{2}\varepsilon_0\varepsilon_r A \frac{U^2}{d^2} \tag{5-30}$$

4个弯梁变形的回复力之和计算：计算弯梁在 $x=1$ 的自由端产生的最大回复力，4个弯梁的回复力相加，得

$$F_{回} = 4 \times 3EI\omega_{max}\frac{1}{l^3} = \frac{E\omega_{max}wt^3}{l^3} \tag{5-31}$$

令极间距为 $d-\omega$，由力学平衡得到

$$U^2 = \frac{2Ewt^3}{\varepsilon_0\varepsilon_r Al^3}\omega_{max}(d-\omega_{max})^2 \tag{5-32}$$

需要注意的是，以上计算时假设正方形薄膜在下拉过程中保持刚性没有形变。同理当 $\mathrm{d}(U^2)/\mathrm{d}\omega_{max}=0$ 时，U^2 取最大值，U 也取最大值，可以得到下拉电压的表达式为

$$U_{pull-in} = \frac{2\sqrt{6}}{9}\left(\frac{E}{\varepsilon_0\varepsilon_r}\right)^{\frac{1}{2}}\left(\frac{wt^3d^3}{Al^3}\right)^{\frac{1}{2}} \tag{5-33}$$

$$\alpha = \left(\frac{E}{\varepsilon_0\varepsilon_r}\right)^{\frac{1}{2}}, \beta = \left(\frac{wt^3d^3}{Al^3}\right)^{\frac{1}{2}} \tag{5-34}$$

同上，α 为材料的物性参数，只与所选材料有关；β 为器件的几何参数，只与微型热开关辐射器的几何尺寸相关。要减小四悬臂梁结构悬空薄膜的下拉电压，从物性参数上看要选用杨氏模量小的材料做悬空薄膜或者在上下电极间引入高介电常数的材料，从几何参数上看要减小梁的宽度、减小悬空薄膜的厚度、减小电极间距、增大电极面积或者增大梁的长度。

选用 PI 作为悬空薄膜材料，两电极间不加高介电常数介质，则 $\varepsilon_r=1$，假如 $A=2.89\mathrm{mm}^2, w=50\mathrm{\mu m}, l=1850\mathrm{\mu m}$。若取 $t=2\mathrm{\mu m}, d=30\mathrm{\mu m}$，计算得 $U_{pull-in}=0.2\mathrm{V}$；若 $t=2\mathrm{\mu m}, d=88\mathrm{\mu m}$，计算得 $U_{pull-in}=1\mathrm{V}$；若 $t=7\mathrm{\mu m}, d=88\mathrm{\mu m}$，计算得

$U_{\text{pull-in}} = 6.5\text{V}$;若 $t = 13\mu\text{m}, d = 88\mu\text{m}$,计算得 $U_{\text{pull-in}} = 16.6\text{V}$。对比可知,四悬臂梁结构模型的下拉电压约为四边约束模型的 4.5%。

为了对比分析上述结果,采用 PI 为悬空薄膜材料($E = 2\text{GPa}, \gamma = 0.3$),假如 $A = 4\text{mm}^2$,将不同的薄膜厚 t、上下电极间距 d 代入四种模型的下拉电压公式,计算得到的结果见表 5-2(对四悬臂梁结构,$A = 2.89\text{mm}^2, w = 50\mu\text{m}, l = 1850\mu\text{m}$)。

表 5-2 悬空薄膜四种结构的下拉电压理论计算值

膜厚和极间距/μm		下拉电压/V			
		四边约束	两边约束	四角约束	四悬臂梁
$t = 2$	$d = 2$	0.0767	0.0403	0.00992	0.00342
	$d = 10$	0.857	0.451	0.111	0.0383
	$d = 38$	6.35	3.34	0.822	0.283
	$d = 88$	22.38	11.77	2.90	0.999
$t = 7$	$d = 2$	0.502	0.264	0.0650	0.0224
	$d = 10$	5.61	2.95	0.727	0.251
	$d = 38$	41.57	21.86	5.38	1.86
	$d = 88$	146.51	77.05	18.97	6.54
$t = 13$	$d = 2$	1.27	0.668	0.164	0.0567
	$d = 10$	14.20	7.47	1.84	0.634
	$d = 38$	105.22	55.33	13.62	4.70
	$d = 88$	370.80	195.00	48.0	16.55
$t = 25$	$d = 2$	3.39	1.78	0.439	0.151
	$d = 10$	37.88	19.92	4.90	1.69
	$d = 38$	280.60	147.57	36.33	12.52
	$d = 88$	988.85	520.04	128.02	44.14

四种结构中四悬臂梁结构的下拉电压是最小的,即便在使用 $25\mu\text{m}$ 成品 PI 薄膜,在较大的 $88\mu\text{m}$ 极间距下其下拉电压仅仅是 44V 左右。目前,我国卫星上常用的母线电压为 28V,48V 和 100V。44V 左右的开启电压基本与卫星母线电压兼容。但是,四悬臂梁结构在实际加工制造中面临着薄膜应力的问题,悬空薄膜容易产生大的变形(如翘曲、弯曲、扭转等)甚至由于变形产生位移导致激光微刻蚀过程中将弯梁刻断。因此,四角约束的悬空薄膜平面结构是最好的选择,即兼顾了下拉电压又可以解决应力变形问题。

由下拉电压的理论计算公式可得:影响下拉电压的首要因素是悬空薄膜的厚度和电极间距(对悬臂梁结构还有梁长),其次是悬空薄膜面积,再次是弹性模量、相对介电常数、泊松比(对悬臂梁结构还有梁宽和薄膜面积)。明确了影响开启电压的各个参数以及各参数对开启电压的影响程度,这就为接下来微型热开关辐射器系统设计奠定了一定的理论基础。

通过上述分析,确定最终的方案为四角约束、两边固支和四悬臂梁三种结构。

5.2.5 仿真分析

使用 ANSYS 分析软件,求解数学模型的实际问题之前,必须对实际模型进行一系列的合理处理。这包括了通过实际元件建立几何实际模型,建立软件可以分析的有限元模型,施加各种必要的边界条件,施加载荷等。

1. 微型热开关辐射器模型建立

微型热开关辐射器有限元模型包括元件实体模型和有限元模型。其中,实体模型包括关键点、线、面、体等几何对象,是对实际元件的数学描述。该模型的结构参数与设计参数的吻合程度直接影响分析的准确度。有限元模型包括单元和节点,可以通过实体模型的网格化得到,有限元网格划分的合理性则关系到分析的收敛与否和计算精度。

几何模型的建立与有限元网格的划分并不是完全独立的两个步骤,而是互相影响、互相牵制的。一方面,为了保证网格的质量以获得收敛的计算结果,必须对元件模型进行一定的简化,忽略次要的细节结构,限定物理场的作用范围;另一方面,过度的简化会给结果带来较大的误差,降低模拟仿真的真实性。

对于微型热开关辐射器这样的耦合场非线性大变形元件来说,在有限元仿真分析中是比较难收敛的一种情况,而有限元模型的质量是影响仿真分析收敛性的首要因素,除了要严格遵守建模和网格划分的各项要求,很多时候还需要进行反复的试验,才能获得比较理想的有限元模型。因此,如何设计出有效的几何模型并合理的划分有限元网格是一个十分值得研究的问题。

在 ANSYS 中,建立实体模型可以通过两个途径:一是自顶向下建模;二是自底向上建模。实体模型中的对象按照几何关系来划分,包括关键点、线、面、体等。从几何关系上看,体包含面,面包含线,而线又包含点。所以对象的级别是由关键点到体依次上升的。自底向上的建模方法就是先创建关键点,在利用这些关键点定义较高级的对象(依次为线、面和体)。特点是能够对各层级图元进行精细控制。自顶向下的建模方法就是直接利用高级别的对象建立实体模型。在这种方式下,当定义一个体对象时,ANSYS 会自动的定义相关的关键点、线和面。特点是建模过程与自底向上的方法相比较,更加方便快捷。

采用了自顶向下的建模方式来创建微型热开关辐射器单元的集合模型,静电场部分的建模是在悬空薄膜的下表面和基底电极之间创建了一个六面体代表静电场的作用范围。

在 ANSYS 的单元库中,有两类单元:一种是三维实体单元,完全以三维实体的形式表现模型结构;另一种是降阶单元,包括一维和二维单元,主要应用于当模型的结构在某些维度的尺寸相比其他维度很小的情况,如长度远大于截面尺寸的梁单元和表面尺寸远大于厚度的壳单元,恰当地使用降阶单元可以在保证精度的前提下提高计算效率。

2. 微型热开关辐射器单元网格划分研究

通过计算机建立的几何实体模型本身并不能直接参与有限元分析,必须通过划分有限元网格的形式,将实体模型转化为由节点和单元组成的有限元模型,所有施加在实体模型边界上的载荷或约束,最终必须传递到有限元模型上(节点和单元)进行求解。

微型热开关辐射器单元悬空薄膜的厚度非常薄,不大于 $10\mu m$,而长度和宽度尺寸相对则较大,大约在 $2000\mu m$ 左右。静电场作用范围的几何尺寸也是如此,高度不超过 $100\mu m$,长宽均约 $2000\mu m$。要保证合理的网格单元尺寸比就需要在长宽方向上划分更多的网格,但过多的网格会使得计算速度大幅下降,这使得微型热开关辐射器单元有限模型的网格划分变得比较困难。

在保证计算精度的情况下要尽可能提高计算效率,这就必须经过大量的试验,通过对网格进行反复的修正与优化,以达到合理的网格划分效果。通过反复调试,对微型热开关辐射器单元的悬空薄膜部分和静电场部分采取了不同密度的网格划分方式。

1) 四边固支模型及两端固支模型的网格划分

对于膜厚 $7\mu m$,长宽各 $2000\mu m$,上下电极间距 $88\mu m$,电场长宽与电极相同的四边固支型模型为例。薄膜长宽方向上各划分为 40 段,厚度方向上划分一段。采用六面体型的单元方式。而在静电场的划分上,采用自由划分方式,四面体单元,单元大小采用智能控制,智能控制水平为 2 级(6 级表示,1 级表示划分的网格最密),划分完毕的网格如图 5-34 所示。

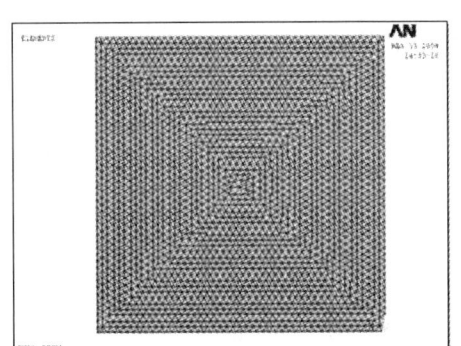

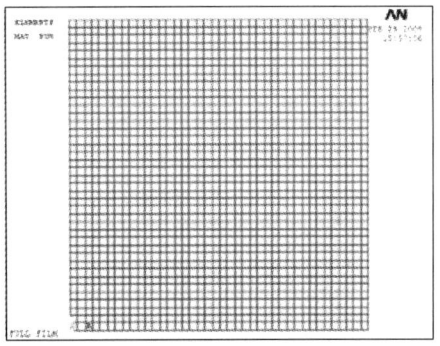

图 5-34 微型热开关辐射器静电场单元网格划分图

两端固支模型的建立和划分与四边模型类似,区别在于在宽度方向为 1900μm,故其划分的单元数应该适当减少,划分为 38 段,而不是 40 段。悬空薄膜均选用 SOLID45 单元,单元材料为聚酰亚胺,其杨氏模量为 1.7GPa,泊松比为 0.3。静电场模型选用 SOLID123 单元,介电常数选用真空介电常数,为 $8.85\times10^{12}\mathrm{F/m}$。

2)四悬臂梁结构模型网格划分

四悬臂梁结构模型的结构参数如下:梁长为 1800μm,梁宽为 50μm,膜厚 7μm,中心面积尺寸为 1700μm×1700μm,上下电极间距为 88μm,梁与中心面积之间的间距为 50μm。悬空薄膜采用 SOLID45 单元,使用六面体型的单元进行映射划分。厚度方向上只划分一段,而薄膜平面上每 25μm 划分一个单元。模型中,由于面型结构比较复杂,在计算机仿真分析中建立与实际情况完全相同的模型将大大增加计算量,因此做必要的简化,以提高计算效率。实际模型中四条悬臂梁本身是被镀制电极的,但是与机电分析中类似,在该模型中悬臂梁面积与中心面积相比很小(约为 1/34),因此所能提供的下拉静电力与中心面积相比也很小,故在计算过程中,建立的驱动电场将不包括这四条悬臂梁。这种简化对计算精度影响不大,但却能大大简化模拟过程中的网格划分难度,提高了计算速度,增加了运算效率。

静电场模型采用六面体型 SOLID122 单元进行映射划分,厚度方向上划分 2 段,即每 44μm 为一段,其余方向每 50μm 划分一个单元。划分完毕后的模型如图 5-35 所示。

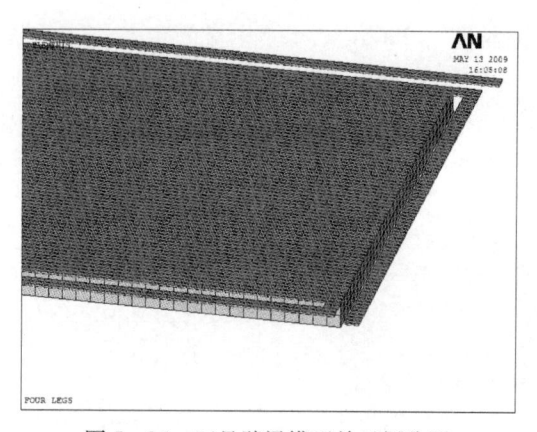

图 5-35 四悬臂梁模型单元划分图

3. 微型热开关辐射器单元的约束及载荷的施加

在对微型热开关辐射器的有限元模型进行求解之前,需要定义边界条件和实际外力,即约束和载荷。约束的作用是限制节点自由度,有两种情况:一是元件在实际工作状态中或结构设计中对某些部分的自由度有限制要求,如微型热开关辐射器单元的固支端;二是提高计算效率的需要,对元件工作状态中某些没有节点位移的自由度或对元件的行为特性没有重大影响的自由度进行限制,可以加快计算速度。载荷的施加是对元件在工作状态下所受外力的模拟,包括作用力的形式、大小和区域,合理的设定约束和载荷是获得正确分析结果的必要条件。

1) 微型热开关辐射器单元的约束

依据实际情况,不管是四边固支模型、两端固支模型,还是四悬臂梁结构的模型。对实际元件中的固支端,都施加全约束,各方向均没有位移。悬空薄膜的其余部分不做约束。在静电场部分,定义其底部为基底电极,并对底部施加了全约束。在静电场作用域中与基底垂直的 4 个边界面,施加了在其法线方向上的零位移约束,其余部分不再施加约束。

2) 微型热开关辐射器单元的载荷

微型热开关辐射器的有限元仿真分析属于多物理场耦合问题,有限元法中的耦合场分析方法可分为两大类:顺序耦合和直接耦合。顺序耦合方法包括两个或多个按一定顺序排列的分析,每一种属于某一物理场分析,通过将前一个分析的结果作为载荷施加到后一个分析中的方式进行耦合。顺序耦合可以是双向的,不同物理场之间进行相互耦合分析,直到收敛到一定精度。直接耦合方法只包含一个分析,它使用包含多场自由度的耦合单元。通过计算包含所需物理量的单元矩阵或载荷向量的方式进行耦合。

选用了顺序耦合法中的 Multi-field(TM) 解法,需要定义电场 - 力 - 结构之间的载荷向量的传递关系。一方面,当在基底与悬空薄膜之间施加电压时,静电场会对悬空薄膜产生电场力作用;另一方面,悬空薄膜受电场力作用发生变形和垂直位移,从而改变静电场的分布形状。这种载荷向量的传递是通过两个物理场的交界面处的单元,经过一定的插值算法函数来实现的。

在 ANSYS 中需要对两个物理场的载荷向量的传递交界面进行标定,传递载荷向量的两个交界面必须拥有同样的标号。微型热开关辐射器载荷向量的传递交界面是悬空薄膜的下表面和静电场作用域的上表面(事实上是同一个面),使用 FSIN 命令将这两个表面都标号为 1,在求解分析中将会使用这个交界面标号来定义能量的性质和传递顺序。对四边固支型模型来说,首先计算在静电作用域中计算施加电压后,静电作用域中的电场及电荷分布,并相应计算出静电作用域上表面所受的静电力分布。然后,在结构模型中,将该静电力分布耦合至悬空薄膜模型的下表面,并据此计算薄膜的变形和位移等。再后,使用变形后的薄膜形状,在静电场中,重新计算电场分布、电荷分布和静电作用域上表面所受的静电力分布。如此循环。

4. 结果分析

通过软件仿真分析,得到了几种不同结构微型热开关辐射器的下拉电压、位移和应力分布结果。图 5-36 为两边固支模型微型热开关辐射器悬空薄膜在高于下拉电压状况下的应力分布仿真结果。其中彩色为下拉位移分布云图。从图中可以看出,其应力集中区域处于边框中心附近。根据分析结果,该模型的下拉电压小于 350V。图 5-37 为悬臂梁结构微型热开关辐射器悬空薄膜变形仿真结果。分析其应力分布后发现,其应力集中区域处于悬臂梁与中心区域连接的地方,如图 5-38 所示。可以看出,其应力最大的区域处于拐角处,数值也比较小,大约为 1.4MPa,远远小于 PI 薄膜的抗拉强度。但是,从元件的寿命因素上来说,该应力集中区域还是应该予以控制。拟将其直角拐角制作成为弧形,以消除该应力集中区域。

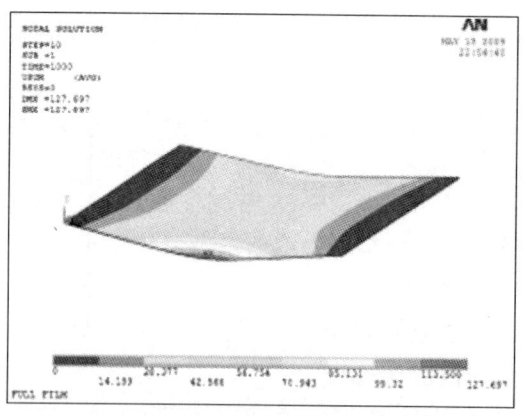

图 5-36 两边固支模型微型热开关辐射器悬空薄膜应变分布仿真结果

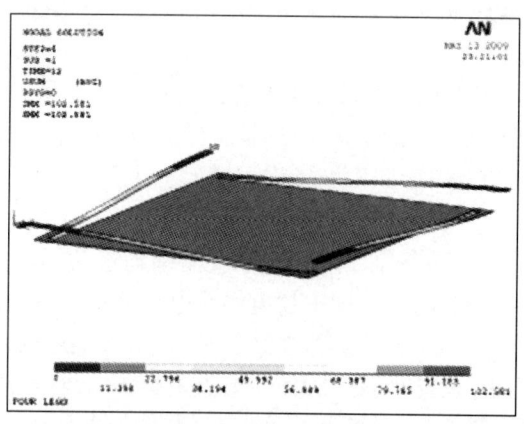

图 5-37 四悬臂梁结构微型热开关辐射器悬空薄膜变形仿真结果

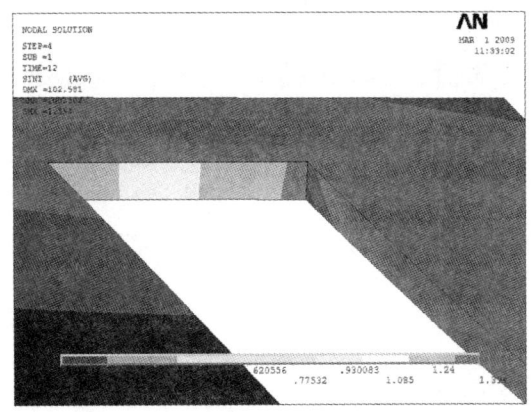

图 5-38　四悬臂梁结构应力分布云图

由上述分析可以看出,相对于其他的模型,四悬臂梁结构的微型热开关辐射器具有很低的下拉电压,优势明显。但是,其缺点也是致命的。悬空薄膜中心面积仅靠与其连接的四条悬臂梁固定支撑,受元件制作过程中悬空薄膜残余应力的影响比较明显,这包括薄膜本身的残余应力,镀制功能膜层产生的应力,制作悬臂梁过程产生的应力等。从实际的制作看,该模型完成后,扭曲变形比较严重,因此作为工程应用并不可行。为保证悬臂梁对薄膜有良好的约束,不会由于薄膜的各种应力而使得薄膜发生不期望的形变,在下拉电压许可的情况下,应尽量使得梁长比较短。

该模型中,当悬臂梁变短时,悬臂梁对中心面积的约束则明显可以增强,能够解决上述的支撑问题,但其下拉电压必然上升。这就要求找出合适的梁长,使得下拉电压在允许范围内,同时又能提供足够的支撑强度。图 5-39 为梁长与下拉电

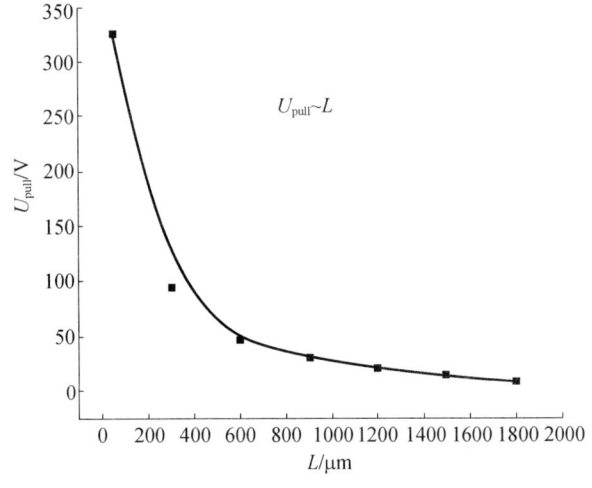

图 5-39　梁长与下拉电压关系曲线

压关系曲线,从图中可以看出,当梁长为300μm时,下拉电压为95V,完全符合设计要求的。而且该电压正处于曲线拐点处,也就是说,即使悬臂梁变的更长,下拉电压也不会有明显减小,工程上来说取该点作为梁长的设计参数也是合理的。此时,悬臂梁对薄膜的约束也比较理想,其下拉后的应变情况如图5-40(a)所示,应力分布如图5-40(b)所示,应力最大值区域处于悬臂梁与支撑结构连接处。从元件的制作来看,该区域结构比较牢固,完全可以接受20MPa左右的应力。因此,选择梁长300μm的四悬臂梁结构是比较合适的。

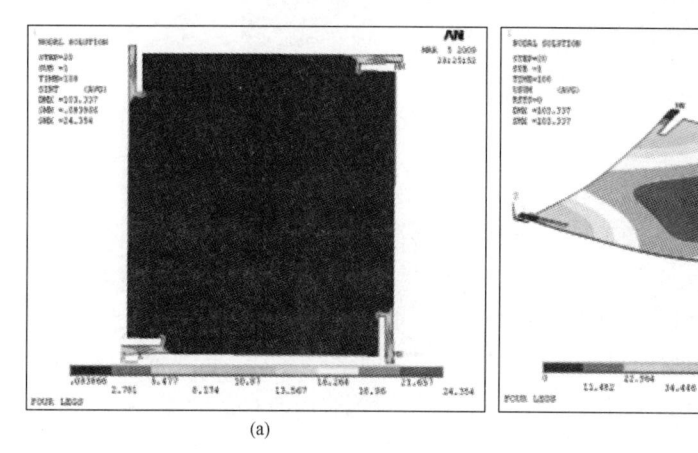

(a)　　　　　　　　　　　　(b)

图5-40　梁长300μm的微型热开关辐射器薄膜应变和应力分布图

5.2.6 微型热开关辐射器热性能理论分析

微型热开关辐射器热分析模型如图5-41所示。在关断状态下,来自卫星的热量首先传导到辐射器基底并使基板具有温度T_1,然后在基板表面1上以辐射热流的形式向外发射,发射率为ε_1。辐射热流到达悬空薄膜的内表面2上,一部分被反射回去,其余被面2吸收。被面2反射的辐射热流到达基板面1后,同样一部分被吸收,另一部分被反射,即发生了多次反射。悬空薄膜由于本身具有一定温度而向外辐射热流,即一部分由面2以发射率ε_2向基板辐射,另一部分由面3以发射率ε_3向宇宙冷黑背景辐射。由于辐射器大部分都安装在无日照区域,因此分析中不考虑外热流影响。

假设如下:不计透射,则物体对外来辐射的吸收率与反射率之和等于1;在红外辐射范围内材料按灰体处理,即发射率等于吸收率;支撑结构为绝热的;三个表面的面积大小相同$A_1 = A_2 = A_3 = A$;卫星外表面维持恒温T_1;基板采用高热导率材料,热阻忽略不计,也维持恒温T_1。G为投射辐射,是指落到物体上的总辐射,投射辐射可以来自其他物体,也可以来自物体自身;E为辐射能量;Q为净

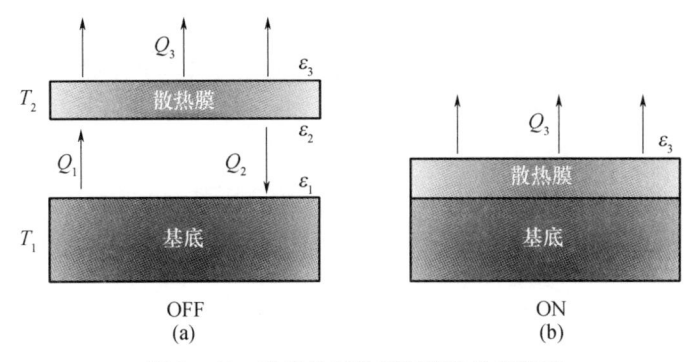

图 5-41 微型热开关辐射器热分析模型

换热热流;A 为面积;$T_1 > T_2$;σ 为斯蒂芬-玻耳兹曼常数;α 为吸收率;ε 为发射率。实际物体的辐射由下式计算：

$$E = \varepsilon\sigma T^4 A \tag{5-35}$$

对于面 1,净换热热流等于面 1 对外辐射热流减去面 1 所吸收的投射到其上的辐射热流。面 1 的投射热流包含两部分,一部分是面 2 发射的辐射热流,另一部分是面 1 发射的辐射经过面 2 反射后回到面 1 的辐射热流。再将多次反射也计算在内,可以得到如下结果：

$$Q_1 = E_1 - \alpha_1 G_1$$
$$E_1 = \varepsilon_1 \sigma T_1^4 A \tag{5-36}$$

$$G_{1,1} = E_1(1-\varepsilon_2) + E_1(1-\varepsilon_2)^2(1-\varepsilon_1) + E_1(1-\varepsilon_2)^3(1-\varepsilon_1)^2 + \cdots$$
$$= \frac{E_1(1-\varepsilon_2)}{1-(1-\varepsilon_1)(1-\varepsilon_2)}$$

$$G_{1,2} = E_2 + E_2(1-\varepsilon_1)(1-\varepsilon_2) + E_2(1-\varepsilon_1)^2(1-\varepsilon_2)^2 + \cdots$$
$$= \frac{E_2}{1-(1-\varepsilon_1)(1-\varepsilon_2)}$$

$$G_1 = G_{1,1} + G_{1,2} = \frac{E_1(1-\varepsilon_2) + E_2}{1-(1-\varepsilon_1)(1-\varepsilon_2)}$$

$$Q_1 = E_1 - \alpha_1 \frac{E_1(1-\varepsilon_2) + E_2}{1-(1-\varepsilon_1)(1-\varepsilon_2)} \tag{5-37}$$

同理对于面 2,也有如下结果：

$$Q_2 = E_2 - \alpha_2 G_2$$
$$E_2 = \varepsilon_2 \sigma T_2^4 A \tag{5-38}$$

$$G_{2,1} = E_1 + E_1(1-\varepsilon_2)(1-\varepsilon_1) + E_1(1-\varepsilon_2)^2(1-\varepsilon_1)^2 + \cdots$$
$$= \frac{E_1}{1-(1-\varepsilon_1)(1-\varepsilon_2)}$$

$$G_{2,2} = E_2(1-\varepsilon_1) + E_2(1-\varepsilon_1)^2(1-\varepsilon_2) + \cdots = \frac{E_2(1-\varepsilon_1)}{1-(1-\varepsilon_1)(1-\varepsilon_2)}$$

$$G_2 = G_{2,1} + G_{2,2} = \frac{E_1 + E_2(1-\varepsilon_1)}{1-(1-\varepsilon_1)(1-\varepsilon_2)}$$

$$Q_2 = E_2 - \alpha_2 \frac{E_1 + E_2(1-\varepsilon_1)}{1-(1-\varepsilon_1)(1-\varepsilon_2)} \tag{5-39}$$

对于面3,不考虑太阳辐射、地球反照等外来辐射热流,它只向宇宙冷黑背景辐射,并且忽略它对3K背景辐射的吸收,有如下结果

$$Q_{3\text{off}} = E_3 = \varepsilon_3 \sigma T_2^4 A \tag{5-40}$$

$Q_1 > 0$,面1净向外辐射能量;$Q_2 < 0$,面2净吸收辐射能量;$Q_{3\text{off}} > 0$,面3净向外辐射能量。

当达到热力学平衡状态时,能量必然是守恒的

$$Q_1 = -Q_2 = Q_{3\text{off}} \tag{5-41}$$

将式(5-36)、式(5-37)、式(5-38)、式(5-39)、式(5-40)代入式(5-41)化简得

$$T_2^4 = \frac{\frac{1}{\varepsilon_3}}{\frac{1}{\varepsilon_1} + \frac{1}{\varepsilon_2} + \frac{1}{\varepsilon_3} - 1} T_1^4 \tag{5-42}$$

$$Q_{3\text{off}} = \frac{1}{\frac{1}{\varepsilon_1} + \frac{1}{\varepsilon_2} + \frac{1}{\varepsilon_3} - 1} \sigma T_1^4 A \tag{5-43}$$

$$\varepsilon_{\text{eq}} = \frac{1}{\frac{1}{\varepsilon_1} + \frac{1}{\varepsilon_2} + \frac{1}{\varepsilon_3} - 1} \tag{5-44}$$

$Q_{3\text{off}}$是热开关辐射器在关断状态下单位时间内向宇宙空间辐射的能量,它的大小表示其在关断状态下的散热热流。$Q_{3\text{off}}$的大小除了与基板温度T_1、辐射面积A直接相关外,还与3个表面的发射率密切相关。式(5-44)是热开关辐射器关断状态下当量发射率的表达式,ε_{eq}只与热开关辐射器三个表面的发射率直接相关。因此式(5-43)可写为

$$Q_{3\text{off}} = \varepsilon_{\text{eq}} \sigma T_1^4 A$$

关断状态下的当量发射率ε_{eq}反映了热开关辐射器在关断状态时的保温能力,是热开关辐射器热性能的核心指标之一。开通状态下,辐射器在单位时间内向宇宙空间辐射的能量如下式所示:

$$E_{\text{on}} = Q_{3\text{on}} = \varepsilon_3 \sigma T_1^4 A \tag{5-45}$$

$$\varepsilon_{\text{eq-on}} = \varepsilon_3 \tag{5-46}$$

从式中可以看出,在相同面积、相同温度且不考虑接触热阻的情况下,辐射器最外表面的发射率决定辐射器的散热能力[55,56]。

5.2.7 微型热开关辐射器制备

1. 高发射率功能薄膜制备

散热薄膜发射率的高低决定了器件在开启状态下散热能力的高低,因此,必须获得高发射率的散热薄膜,才能获得较好的器件热控性能,针对上述问题,采用磁控溅射沉积二氧化硅和在成膜时掺杂高红外发射率纳米粉末。通过上述方案,使厚度只有 $3\mu m$ 的辐射器散热膜发射率达到 0.5,基本满足应用要求。

2. 弹性悬空膜制备技术

弹性悬空薄膜是散热薄膜的结构薄膜,悬空薄膜的膜厚等参数直接决定器件驱动电压的大小,膜厚增加 $1\mu m$,驱动电压就会增加 100V 左右,因此,必须严格控制成膜工艺,获得厚度在 $3\mu m$ 以下的弹性悬空薄膜。对于超薄悬空薄膜制备技术研究,采用基于牺牲层和溶胶凝胶法的悬空制膜工艺,制备的悬空薄膜平整、厚 $3\mu m$ 左右,如图 5-42 所示。

图 5-42 制备的悬空薄膜局部显微照片

3. 牺牲层材料选取、制备和释放技术

牺牲层法是制备悬空薄膜的主要方法,牺牲层材料的选取主要依据牺牲层制备和释放工艺与后续悬空薄膜制膜工艺的兼容性来确定,根据悬空聚酰亚胺薄膜制备工艺,选用与其兼容的 SU-8 光刻胶作为牺牲层材料,SU-8 光刻胶固化温度与聚酰亚胺薄膜固化温度接近,同时释放迅速、应力低,与聚酰亚胺悬空薄膜制膜及固化工艺兼容,同时释放后悬空膜应力较小。

4. 薄膜微结构加工技术

微型热开关辐射器的微支撑结构需要采用薄膜微结构制造技术,同时为了尽量减小驱动电压,需要在悬空薄膜上加工出微梁结构。针对这种情况,结合以往进行薄膜微结构加工的经验,采用激光微加工技术和曝光腐蚀工艺相结合的技术路线来解决微支撑结构和微悬臂梁结构。其中,激光微加工技术可加工有机材料,而且加工精度较高,但是存在加工成本高、周期长的问题;而曝光腐蚀工艺具有成本低、速度快、批量化的优点,以利于后续的型号工程化生产。

为了降低驱动电压,同时获得较大的加电后散热膜与基底间热接触面积,热开关型辐射器的散热薄膜上需要加工出一定形状的微结构。微结构的形状根据软件仿真分析的结构设计,采用激光微加工技术进行加工,为了减小加工应力引起薄膜变形,对激光加工参数和掩膜形状进行了设计和试验优化,获得了较好的加工效果。图 5-43 是采用激光微加工技术在热开关型辐射器散热薄膜上加工出的两种不同微结构的样品照片,其中,左图为悬空薄膜两边全部断开,右图为四边悬臂梁支撑结构。

图 5-43 加工的两种不同微结构的样品照片

5. ESR 组装

组装要在洁净环境下进行,为了保证不进入灰尘等杂质,整个组装过程 ESR 都要垂直放置。针对后期存放等问题,采取四周密封的封装方式。

6. ESR 性能测试

作为电压驱动的可变发射率器件,性能测试主要参数为驱动电压和有效发射率变化量。驱动电压测试直接采用加电后显微镜下观察薄膜变形来测试;经测试,制备的样件的驱动电压为 291V。

7. 有效发射率变化量测试

将热开关型辐射器固定在一测试台上面,中间用导热硅脂做好热接触,测试台整体为黄铜,中间有加热器和热电偶;将装有样品的测试台放置到真空室中,测试台与真空室间采用尖锥支撑以获得最小的接触面积,降低外界热噪声对测试结果的影响。真空室真空度需小于 3×10^{-3} Pa。首先加热测试台至一定温度,如 100℃,然后记录维持该温度需要的加热器的功率,记为 W_{off},然后在热开关型辐射器上下电极加 100V 驱动电压,然后记录需要维持与关闭状态相同温度所需的加热器功率W_{on}，此时$W_{on}-W_{off}$就是热开关型辐射器的辐射功率；要得到有效发射率比值，还必须知道热开关型辐射器辐射功率的绝对量，将热开关型辐射器从测试台上去掉，然后将测试台加热到相同温度，记录维持相同温度所需的功率，就可以得到测试台的辐射功率，分别从W_{on}和W_{off}中减去该辐射功率，然后再加上等热开关型辐射器面积的测试台的辐射功率，就得到开关状态下热开关型辐射器的辐射功率的绝对量，此时，两个绝对量的比值就是开关状态下有效发射率的比值。测试原理如图5-44所示。

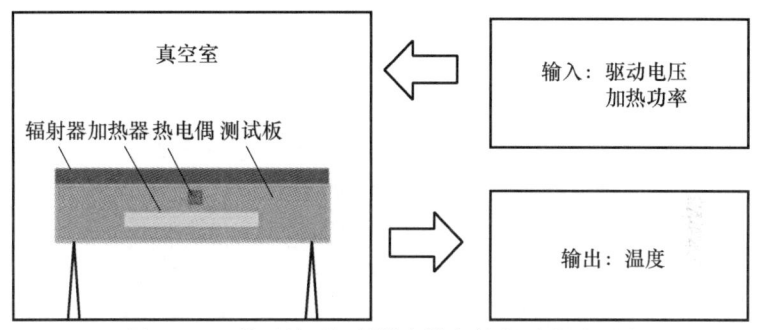

图5-44 热开关型辐射器有效发射率测试原理图

经测试，微型热开关辐射器（图5-45）整体尺寸为43.5mm×43.5mm×0.5mm，单元尺寸为2mm×2mm，驱动电压最小为97V。由于12.5μm的聚酰亚胺薄膜发射率不到0.5，且绝缘层发射率过高，漏热严重，因此器件有效发射率变化范围仅为0.25~0.34。下一步的主要工作是制备低发射率的大面积绝缘薄膜和高发射率的悬空散热薄膜，以进一步提高发射率调节范围。

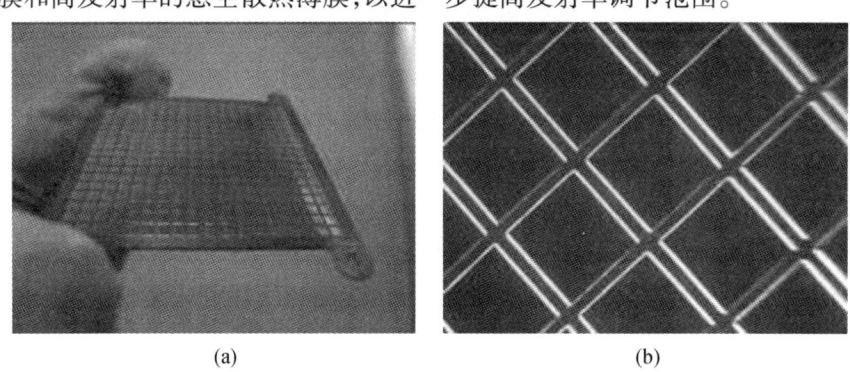

(a)   (b)

图5-45 兰州空间技术物理研究所研制的热开关辐射器
(a)整体图；(b)局部放大结构。

5.2.8 发展趋势

从NASA ST-5飞行验证结果来看，微型热开关辐射器可以获得较大的有效发射率调节范围,是一种很有潜力的航天器主动热控技术,但是所需驱动电压高达350V,过高的电压大大降低了器件可靠性,不能满足卫星上应用需求。

根据器件研制过程发现的问题和国外文献报道,微型热开关辐射器目前主要存在以下两方面的问题:

(1) 驱动电压和器件热控性能之间的矛盾。根据理论分析,微型热开关辐射器要获得好的热控性能,需要悬空散热膜具有较高的红外发射率(大于0.8),而现有的制作悬空散热膜的聚酰亚胺要达到如此高的发射率,厚度需要达到几十微米。要采用静电驱动厚度在几十微米的悬空薄膜结构,驱动电压很难低于100V。

(2) 绝缘层的问题。对于静电驱动器件而言,绝缘层是必不可少的。然而如果将绝缘层设计在基底上表面,要降低器件漏热,就需要绝缘层具有很低的发射率,但是目前的二氧化硅、氧化铝等绝缘层都相反是高发射率材料。如果将绝缘层设计在散热膜表面,即采用散热膜本身作为绝缘层,如NASA ST-5设计,就需要散热膜具有一定的厚度,才能保证绝缘性能。而散热膜厚度每增加 $1\mu m$,驱动电压就会增加几十伏。同时,如果采用散热膜作为绝缘层,就说明金属电极在散热膜上表面,而金属膜层发射率一般都在0.2以下,因此,还需在金属电极表面制备高发射率薄膜,但是这同样会增加薄膜厚度和刚度,所需的驱动电压更高。

对于上述问题,目前比较可行的解决方案是采用四边悬臂梁代替原先的四边固支结构,从而在不减薄膜厚以获得较大发射率的前提下进一步降低器件驱动电压。

5.3 薄膜电加热器

5.3.1 基本概念

电加热器是利用电导体的电热性质来进行热控的器件。电加热器系统结构简单、体积小、重量轻、使用方便、控制精度高,因此非常适于航天器的热控应用。通常的电加热器是靠高熔点、高电阻率的金属或合金丝或箔片来作为电阻元件,电阻元件的阻值密度较小,一般功率较大,这种系统靠电热转换来工作,需要消耗大量电能,而航天器上电能资源非常宝贵。因此,电加热器系统的应用迄今只局限于能源较为充足而又必须使用电加热实现热控目的的关键的部件,如太阳电池板和姿控肼发动机管路等。

随着航天技术的不断发展,对航天器上使用的柔性电加热器在重量、加热效率、使用寿命等方面的要求也越来越高。目前常用的以铜箔、NiCr丝等为发热体的"三明治"结构柔性加热器无论从自身重量还是加热效率方面都逐渐不能满足要求。另外,柔性加热器一般都是大功率密度加热器件(可达到7.8W/cm²),而航天器上二次电源的母线电压一般为26~100V,对于某些需要较小加热功率的小面积热沉(被加热体),在电压及加热区域面积固定的情况下需要在小面积上制作出较大电阻(即大电阻密度),而目前这种柔性加热器的电阻密度受到金属箔或金属丝尺寸的限制,最大只能做到230Ω/cm²,在发热体线宽已不能再小的情况下,要做到大电阻密度只能考虑减小发热体厚度。因此,需要用厚度微米量级的 NiCr 合金等高电阻率加热材料的薄膜来替代,可达到300Ω/cm²以上的电阻密度、并且重量更轻。

随着表面工程技术的不断发展和日趋成熟,真空薄膜沉积技术可在多种基底上制备各种高性能金属薄膜,表面刻蚀技术可对复杂基底表面薄膜进行无损伤的刻蚀。这从技术手段上大大推动了薄膜型电加热器的发展。薄膜型加热器是由蚀刻金属薄膜产生的薄膜电阻元件作为发热体,对比传统的金属丝或箔片来作为电阻元件的电加热器,薄膜型加热器已经展现出强大的优势。①精确加热。薄膜型加热器几乎可以对任何需要之处加热,可将加热器粘贴在待加热件的表面。可以在热损失较大之处定制具有较高热流密度的柔性薄膜型加热器;②预热速度快、使用寿命长。薄膜型加热器的薄膜电阻元件比绕线式或箔片式加热片具有更大的有效的导热面积。因此,薄膜型加热器的电阻元件和热沉之间存在较小的温度梯度,加热器保持较低工作温度。允许产生较高的热流密度,快速加热,因此能够延长绝缘材料的寿命。薄膜型加热器热流密度相当于绕线加热器热流密度的2倍,寿命可以延长10倍;③节省空间。薄膜型加热器体积小,对安装空间需求小,因此可以安装在对传统加热器而言较小的空间;④集成电子元器件。可以方便地将薄膜加热器集成于电阻式温度计、热电偶、热敏电阻、恒温控制器或自动调温器中。

5.3.2 研究进展

1. 薄膜电阻材料及发热性能

电加热器由电热元件、绝缘层和引线组成。尽管在通常情况下任何导体都有电热性质,但在实用中还是要选择电阻率高的材料作电热元件。为满足实际使用的需要,还希望电热元件材料具有较好的机械性能、耐热性能和耐老化性能,而且必须是无磁性材料。比较常用的是镍铬合金和铜镍锰合金两类。镍铬合金具有较好的机械和耐热性能,常用于较高温度情况。铜镍锰合金的电阻温度系数较低,电热特性比较稳定。对于温度更高的场合,可使用纯金属如钽、钨等。它们的电阻率低而电阻温度系数高,故只用于高温情况。

对于电阻元件为箔材的电加热器,其加热功率为

$$P = I^2\rho_t(L/bd) \qquad (5-47)$$

式中：ρ_t 为箔材的电阻率；L 为箔材的长度；b 为箔材的宽度；d 为箔材的厚度[57]。薄膜加热器仍然可以采用此计算公式，所不同的是其厚度大为降低，一般在 1~4μm，线宽 b 可以做到几十微米。

2. 薄膜加热器结构设计

根据加热器的使用温度可分为低温加热器（300℃以下）、高温加热器（300℃以上），根据薄膜加热器使用的基底或封装材质可以分为刚性薄膜加热器和柔性薄膜加热器。

传统柔性电加热器是以聚酰亚胺（PI）薄膜等柔性基底为外绝缘体，以金属箔、金属丝等为内导电发热体，经高温高压热合而成。聚酰亚胺薄膜具有优异的绝缘强度、热传导效率、抗电强度、电阻稳定性及化学稳定性，是柔性薄膜加热器的最佳选择。

国内外以 NiCr 合金薄膜丝为内发热体的"三明治"结构柔性电热膜也有一些研究报道，主要采用的是以真空镀膜 - 光刻腐蚀的方法来制备 NiCr 薄膜，这种腐蚀工艺需用硫酸高铈、氯化铵、高锰酸钾、盐酸等配成溶液，并将经过光刻的样品浸泡在上述溶液中，在 100℃左右温度下长时间超声处理，工艺复杂、重复性差、效果不理想。

兰州空间技术物理研究所采用真空镀膜 - 激光刻蚀技术实现了在 PI 基底上 NiCr 薄膜的制备，通过该方法可以制备微米级厚度的 NiCr 合金薄膜电热丝，来替代目前柔性加热器中采用的金属箔片、合金丝等作为内导电发热体的柔性加热器（图 5-46）。

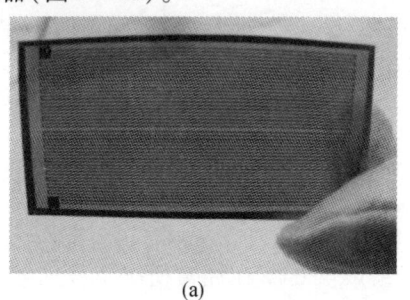

图 5-46 柔性薄膜加热器

NiCr 合金具有强的耐腐蚀性，其湿法腐蚀工艺需用硫酸高铈、高锰酸钾、氯化铵、盐酸、去离子水等配成溶液，在 100℃左右温度下长时间超声，因此，工艺复杂、重复性差、效果不理想，该化学腐蚀的方法会对 PI 基底造成损伤，同时也会严重影响薄膜附着力。脉冲激光刻蚀系统制备 NiCr 薄膜加热丝工艺，通过调节激光功率、频率等参数，使 NiCr 薄膜瞬间被加热汽化，脉冲激光有非常高的冷却速率，因此对 PI 基底影响很小。采用波长 532nm、脉冲宽度 10ns 的光纤激光器作为光源,刻蚀光斑直径0.05mm,刻蚀电路图案由CAD文件导入激光器控制系统,控制振镜扫描系统投影到需刻蚀表面,在薄膜上刻蚀出图案。

准分子激光器刻蚀的分辨力可达到亚微米级别,刻蚀深度的精度在微米级别,加工后的表面光洁,边缘齐锐(图5-47),而且可以做三维曲面刻蚀,因此,具有制作该型薄膜加热器的优势。该工艺同样可以用来制备刚性薄膜加热器。刚性薄膜加热器可以长期承受400℃左右,短期承受800℃以上的高温。

图5-47 刚性薄膜加热器

简单"三明治"结构薄膜加热器与热沉的传热方式主要为热传导,部分热量会通过薄膜加热器绝缘层向外辐射;当加热器与热沉之间接触不好时会产生较大的热阻。这两方面都会对加热效果造成影响并浪费电能,增大了加热器的安装难度。

为克服以上问题,可在薄膜电阻元件与基材之间增加了具有低发射率、低热导率的薄膜材料作为阻热层,在薄膜电加热器与热沉接触的表面又增加了具有高发射率、高热导率的薄膜材料作为导热层。通过阻热层与导热层的设计,一方面降低了热量向加热器基材外表面的辐射,另一方面形成了薄膜电阻元件产生的热流向热沉传导的通道,可以有效地提高加热效率,降低电能消耗,其原理如图5-48所示。

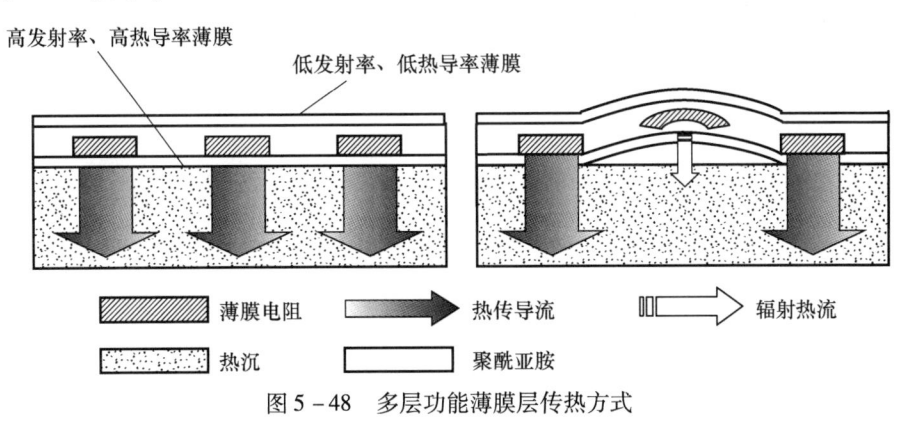

图5-48 多层功能薄膜层传热方式

具体设计方面,在聚酰亚胺薄膜基底与内发热体薄膜间镀制Al膜作为过渡层,铝膜在可见及近红外波段具有高反射性,能够对电热膜辐射出来的热量形成反射,阻碍热量的传递,导致薄膜表面的温度比单独的聚酰亚胺薄膜低、起到保温隔热的作用;其次因为铝过渡层较易刻蚀,可以有效避免激光刻蚀过程中的聚酰亚胺基底损伤。在薄膜加热体加热表面直接镀制具有高发射率的 Al_2O_3 作为绝缘导热层,确保快速散热、加热均匀;针对空间环境的特殊性,增加了防护层设计。由于 PI 基底是绝缘体,在加电压情况下容易在其表面形成电荷积累而形成很大静电,因此设计在 PI 基底背面镀 ITO 透明导电薄膜来消除静电,并且可以起到防空间辐照的作用。

3. 薄膜加热器制备

根据航天器热控需求及空间环境特殊性,兰州空间技术物理研究所在"三明治"结构柔性加热器基础上制备出了增加阻热层 - 导热层 - 防护层等功能层的柔性"多层薄膜"型电加热器,并模拟了多层功能薄膜间附着性能,高温下形变、蠕变、应力等问题。

直接采用磁控卷绕镀膜机在大面积 PI 柔性基底上镀制的 Al 膜。厚度 200nm。采用磁控溅射镀膜机在 PI 基底表面镀 NiCr 合金薄膜。靶材成分为 $Ni_{80}Cr_{20}$;靶材纯度为 99.9%,本底真空度为 $3.8×10^{-3}Pa$,Ar 气压控制在 1.5Pa。采用电子束辅助蒸发镀膜工艺制备 Al_2O_3 薄膜。膜料选用 3~5mm Al_2O_3 颗粒,纯度为 99.99%,制备本底真空度 $4×10^{-5}Pa$、膜厚不均匀度小于 ±2%。

为了减小基底损伤,在 NiCr 薄膜与 PI 基底之间镀一层 Al 作为过渡层。Al 的熔点较 NiCr 合金低,PI 基底上 Al 膜的激光刻蚀工艺也较为成熟。

对制备的柔性薄膜加热片样品进行加热测试,总膜厚 3μm、线条宽度 0.25mm、线条间距 0.25mm,电压为 DC100V、电流为 0.09~0.1A,经连续加热 48h,无断路或短路现象。PT100 型热电阻分别固定在距加热器正/反表面(Al_2O_3 膜层面/PI 基底面)1mm 位置处,引线连接温度巡检仪,分别来测试阻热、导热层温度差。

第6章 热控薄膜制备、表征与检测

本章介绍了热控薄膜的主要制备方法,包括物理气相沉积技术中的真空蒸镀技术、磁控溅射技术,化学气相沉积技术中的微波CVD、原子层沉积技术以及化学制备技术中的溶胶-凝胶法,分析了各种方法的特点,同时对材料制备过程中的薄膜材料表征方法,包括材料微观结构分析、材料化学成分测试、材料晶体结构分析、材料光学、电学性能、导热系数、太阳吸收率和发射率的测试原理及方法进行了详细的描述。

6.1 热控薄膜制备

6.1.1 真空蒸镀技术

1. 真空蒸发镀膜原理及特点

蒸发材料在真空室中被加热时,其原子或分子就会从表面逸出,这种现象称为热蒸发。真空蒸发镀膜法(简称真空蒸镀)是在真空室中,加热蒸发容器中待形成薄膜的原材料,使其原子或分子从表面气化逸出,形成蒸气流,入射到固体(称为基底)表面,凝结形成固态薄膜的方法。其工作原理如图6-1所示。

相对于其他物理气相沉积技术,真空蒸发镀膜技术具有设备简单,价格便宜,工艺容易掌握,可进行大规模生产等优点。另外,它还具有如下优点:

(1)制膜材料及被镀件材料范围很广,无论是金属、金属合金、金属间的化合物、陶瓷或有机物质等都可以蒸镀各种金属膜和介质膜,而且还可以同时蒸镀不同材料而得到多层膜。

(2)镀制过程中,膜厚可以进行比较精确的测量和控制,从而保证了膜厚的均匀性。

(3)镀膜可以通过微调阀控制镀膜室中气体的成分和含量,按照人们的需要制成各种不同性质的薄膜。

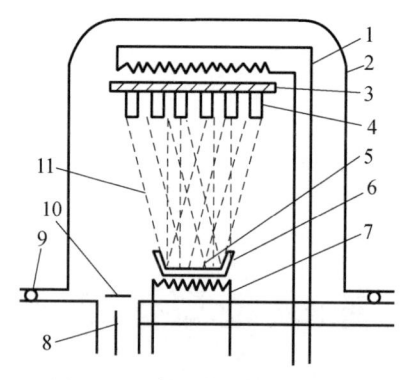

图 6-1 真空蒸发镀膜原理图

1—镀件加热电源;2—真空室;3—镀件支架;4—镀件;5—蒸发镀膜材料;6—蒸发源;
7—加热电源;8—抽气口;9—真空密封;10—挡板;11—蒸气流。

(4) 镀膜过程可以实现连续化,从而大大提高产品的产量。

(5) 镀制膜层附着力强、纯度高、致密性好、表面光洁,力学性能和化学性能远远高于电镀膜和化学膜。

2. 真空蒸发镀膜方法

蒸发源是蒸发装置的关键部件,根据蒸发源不同,真空蒸发镀膜法又可以分为下列几种。

1) 电阻蒸发源蒸镀法

电阻加热蒸发法就是采用钨、钽等高熔点金属,做成适当形状的蒸发源,其上装入待蒸发材料,让电流通过,对蒸材料进行直接加热蒸发,或者把待蒸发材料放入坩埚中进行间接加热蒸发。利用电阻加热器加热蒸发的镀膜设备构造简单、造价便宜、使用可靠,可用于熔点不太高的材料的蒸发镀膜,尤其适用于对膜层质量要求不太高的大批量的生产中。目前在镀铝制品的生产中仍然大量使用着电阻加热蒸发的工艺。电阻加热方式的缺点是:加热所能达到的最高温度有限,加热器的寿命也较短。近年来,为了提高加热器的寿命,国内外已采用寿命较长的氮化硼合成的导电陶瓷材料作为加热器。

2) 电子枪蒸发源蒸镀法

电子枪蒸发镀是将蒸发材料放入水冷铜坩埚中,直接利用电子束加热,使蒸发材料气化蒸发后凝结在基板表面形成膜,是真空蒸发镀膜技术中的一种重要的加热方法和发展方向。电子束蒸发克服了一般电阻加热蒸发的许多缺点,特别适合镀制熔点高的薄膜材料和高纯薄膜材料。真空蒸镀技术根据电子束蒸发源的形式不同,又可分为环形枪、直枪(皮尔斯枪)、e 型枪和空心阴极电子枪等几种。

电子束蒸发源的优点:电子束轰击热源的束流密度高,能获得远比电阻加热源更大的能量密度,可在一个不太小的面积上达到 $10^4 \sim 10^9 W/cm^2$ 的功率密度,因此可以使高熔点材料蒸发,并且具有较高的蒸发速度;由于被蒸发材料是置于水冷坩埚内,因而可避免容器材料的蒸发,以及容器材料与蒸镀材料之间的反应,这对提高镀膜的纯度极为重要;热量可直接加到蒸镀材料的表面,因而热效率高,热传导和热辐射的损失小。

3) 高频感应蒸发源蒸镀法

高频感应蒸发源是将装有蒸发材料的石墨或陶瓷坩埚放在水冷的高频螺旋线圈中央,使蒸发材料在高频带内磁场的感应下产生强大的涡流损失和磁滞损失(对铁磁体),使蒸发材料升温,直至气化蒸发。在钢带上连续真空镀铝的大型设备中,高频感应加热蒸镀工艺已经取得了令人满意的结果。高频感应蒸发源的优点:蒸发速率大,可比电阻蒸发源大10倍左右;蒸发源的温度均匀稳定不易产生飞溅现象;蒸发材料是金属时,蒸发材料可产生热量。所以,坩埚可选用和蒸发材料反应最小的材料;蒸发源一次装料,无须送料机构,温度控制比较容易,操作比较简单。高频感应蒸发源的缺点:必须采用抗热振性好、高温化学性能稳定的氮化硼坩埚;蒸发装置必须屏蔽,并需要较复杂和昂贵的高频发生器。

4) 激光束蒸发源蒸镀法

激光束蒸发源的蒸镀技术是一种理想的薄膜制备方法。这是由于激光器是可以安装在真空室之外,这样不但简化了真空室内部的空间布置,减少加热源的放气,而且还可完全避免了蒸发气对被镀材料的污染,达到了膜层纯洁的目的。此外,激光加热可以达到极高的温度,利用激光束加热能够对某些合金或化合物进行快速蒸发。这对于保证膜的成分,防止膜的分馏或分解也是极其有用的。激光蒸发镀的缺点是制作大功率连续式激光器的成本较高,所以它的应用范围有一定的限制,导致其在工业中的广泛应用有一定的限制。

6.1.2 磁控溅射技术

1. 基本概念

磁控溅射系统是在基本的二极溅射系统发展而来,解决了二极溅射镀膜速度较慢、等离子体的离化率低和基片的热效应明显的问题。

磁控溅射系统在阴极靶材的背后放置100～1000Gauss强力磁铁,真空室充入0.1～10Pa压力的惰性气体(主要为Ar),作为气体放电的载体。在高压作用下Ar原子电离成离子与电子,产生等离子辉光放电,电子在加速飞向基片的过程中,受到垂直于电场的磁场影响,使电子产生偏转,被束缚在靠近靶表面的等离子体区域内,电子以摆线的方式沿着靶表面,在运动过程中不断与Ar原子发生碰撞,电离出大量的Ar^+离子,与没有磁控管的结构相比,离化率迅速增加10～100倍,因此该区域内等离子体密度很高。

磁控溅射技术得以广泛的应用,是由该技术的特点决定的,特点如下。

(1) 沉积速率高:束缚电子产生更高的离化率,获得较高的沉积速率,同时基片的温升低、对膜层的损伤小。

(2) 可镀制材料丰富:可制备成靶材的各种材料均可作为薄膜材料,包括各种金属、半导体、铁磁材料,以及绝缘的氧化物、陶瓷、聚合物等。

(3) 沉积室结构易于设计:溅射粒子几乎不受重力影响,靶材与基片位置可自由安排。

(4) 膜层质量好:溅射粒子能量较高,并在较低基底温度下就可以获得组织较好的薄膜,有利于提高膜层附着力,制备出均匀致密、外观质量好的薄膜。

(5) 工艺控制精度高:通过控制气压、功率等工艺参数,易于获得均匀的高精度薄膜,工艺稳定。

对于圆形的平面阴极靶,由于靶源磁场磁力线呈圆周形,靶表面的一个环形区域内,靶材被消蚀成一个沟槽,这种靶材的非均匀消耗造成靶材的利用率较低。实际应用中,圆形平面靶的利用率通常小于50%。通过磁场的优化设计可以提高靶材的利用率,在特定的条件下,一些厂商设计的可以超过70%。

磁控溅射技术在空间热控薄膜的制备方面有成熟的应用,星用玻璃型二次表面镜、聚酰亚胺镀铝二次表面镜、聚酰亚胺镀锗膜等等,均可以使用磁控溅射技术完成制备。

2. 研究进展

随着应用面与技术需求的扩大,近年来磁控溅射技术发展很快,并逐渐在多种不同特点的工艺方法上快速发展,具有代表性有非平衡磁控溅射、反应磁控溅射、射频和中频溅射、脉冲磁控溅射、高速溅射等。

1) 非平衡磁控溅射

1985年,Window和Savvides首先引入了非平衡磁控溅射的概念,之后,多种不同形式的非平衡磁场设计相继出现,磁场有边缘强,也有中部强,导致溅射靶表面磁场的"非平衡"。磁控溅射靶的非平衡磁场不仅有通过改变内外磁体的大小和强度的永磁体获得,也有由两组电磁线圈产生,或采用电磁线圈与永磁体混合结构,还有在阴极和基体之间增加附加的螺线管,用来改变阴极和基体之间的磁场,并以它来控制沉积过程中离子和原子的比例。

在常规磁控溅射中,等离子体被完全约束在靶材区域,典型数值大约为靶材表面6cm范围内。图6-2(c)扩散性非平衡磁控溅射中,外围磁场强度高于中心磁场强度,磁力线没有在中心和外围之间形成闭合回路,部分外围的磁力线延伸到衬底(或称基底)表面,使得部分二次电子能够沿着磁力线到达基底表面,等离子体不再被限制在靶材区域,而是能够到达基底表面,使基底离子束流密度提高,通常可达5mA/cm^{2}以上,这样溅射源同时是轰击基底的离子源,基体离子束流密度与靶材电流密度成正比,靶材电流密度提高,沉积速率提高,同时基体离子束流密度提高,对沉积膜层表面起到一定的轰击作用。非平衡磁控溅射离子轰击在镀膜前可以起到清洗工件的氧化层和其他杂质,活化工件表面的作用,同时在工件表面上形成伪扩散层,有助于提高膜层与工件表面之间的结合力。在镀膜过程中,载能的带电粒子轰击作用可达到膜层的改性目的,比如,离子轰击倾向于从膜层上剥离结合较松散的和凸出部位的粒子,切断膜层结晶态或凝聚态的优势生长,从而生更致密,结合力更强,更均匀的膜层,并可以较低的温度下镀出性能优良的镀层[58]。

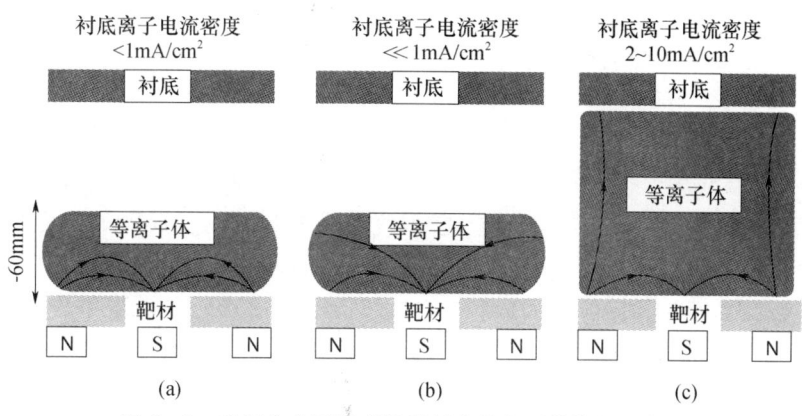

图6-2 常规和非平衡磁控溅射中等离子体特征示意图
(a)常规磁场;(b)内聚性非平衡磁场;(c)扩散性非平衡磁场。

2) 脉冲磁控溅射

脉冲磁控溅射是采用矩形波电压的脉冲源代替传统直流电源进行磁控溅射沉积。脉冲控溅射技术可以有效的抑制电弧产生,进而消除由此产生的薄膜缺陷,同时可以提高溅射沉积率,降低沉积温度。另一个最新发展是在基底上加脉冲偏压。脉冲偏压能够大大提高基底上的离子束流。在磁控溅射中,直流负偏压一般加到-100V,基底离子束流即达到饱和,提高负偏压不会增加基底离子束流,一般认为该饱和电流为离子束流,电子无法接近基底表面。使用脉冲偏压则不然,研究表明,脉冲偏压不仅能够提高基底饱和电流,而且随着负偏压的增大,饱和电流增大;当脉冲频率提高时,该效应更加显著。基底脉冲负偏压为有效控制基底电流密度提供了一种新的手段,可以优化膜层附着力,缩短溅射清洗及基底加热时间。

3) 高速溅射

随着工业的需求和表面技术的发展,新型磁控溅射如高速溅射、自溅射等成为目前磁控溅射领域新的发展趋势。高速溅射能够得到大约几个 μm/min 的高速率沉积,可以缩短溅射镀膜的时间,提高工业生产的效率,有可能替代目前对环境有污染的电镀工艺。当溅射率非常高,以至于在完全没有惰性气体的情况下仅用离化的被溅射材料的蒸汽来维持放电,这种磁控溅射被称为自溅射。被溅射材料的离子化以及减少甚至取消惰性气体,会明显地影响薄膜形成的机制,加强沉积薄膜过程中合金化和化合物形成中的化学反应,由此可能制备出新的薄膜材料,例如在深孔底部自溅射沉积薄膜。

限制薄膜高速沉积的主要因素是溅射靶的散热。高速率磁控溅射意味着高的粒子流飞向基片,导致沉积过程中大量粒子的能量被转移到生长薄膜上,引起沉积温度明显增加。由于溅射离子的能量大约70%需要从阴极冷却水中带走,薄膜的最大溅射速率将受到溅射靶冷却的限制。冷却不但靠足够的冷却水循环,还要求良好的靶材导热率及较薄的靶厚度。高速率磁控溅射中典型的靶材利用率只有20%～30%,因而提高靶材利用率也是有待于解决的一个问题。

3. 发展趋势

热控薄膜材料采用的磁控溅射技术为热控材料的制备提供了重要手段,而热控材料与磁控溅射技术的发展也相互促进前进,如中频溅射和脉冲溅射的发展有效避免反应溅射过程中的靶中毒和起弧现象,稳定镀膜过程减少薄膜结构缺陷,提高了化合物薄膜的沉积速率,为制备稳定性更高的热控薄膜提供技术基础;不断改进的靶源设计,提高镀膜过程稳定性的同时还提高了靶材的利用率,降低了热控薄膜镀膜成本;材料制备生产效率提高的需求对高速溅射和自溅射技术提出更高的要求,并为溅射镀膜开辟了更广泛的应用领域。

6.1.3 微波 CVD 技术

1. 微波等离子体化学气相沉积原理

1) 微波等离子体放电过程

微波气体放电的物理过程(图6-3)是将微波通过波导引入特定反应腔室建立起相应强度的电磁场,反应气体中的电子在电场中获得能量加速,与气体分子发生非弹性碰撞,使气体分子电离,从而又产生更多的自由电子和离子,反应气体被放电击穿形成等离子体;在电子、离子密度增加的同时,等离子体参数发生变化,与此同时引起微波电磁场的改变,结果导致电离参数的变化;另外,电子、离子还不断地进行扩散和复合运动。这些作用使等离子体最终达到平衡状态,此过程是一个微波与等离子体相互作用,相互耦合的非线性过程。

等离子体达到稳态放电时的吸收功率 P_{abs} 应该与损失功率 P_{lost} 相等,即单位时间、单位体积中等离子体吸收的能量等于等离子体损耗的能量,表示为

$$\langle P \rangle_{abs}(r) = \langle P \rangle_{lost}(r) \tag{6-1}$$

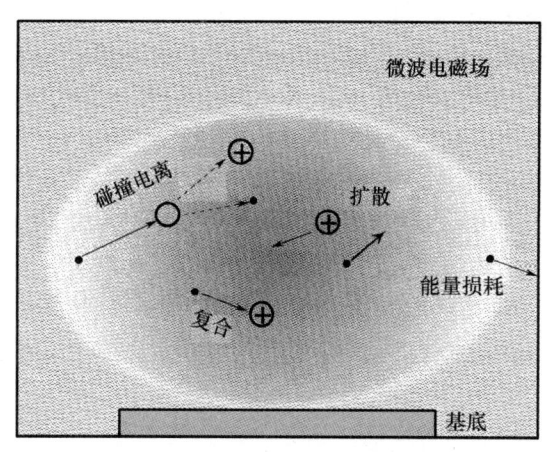

图 6-3 微波等离子体放电过程

由于电子的质量远远小于离子的质量,因此在相同电场作用下对电子所做的功远大于对离子所做的功,微波传给电子的能量远大于传给离子的能量。这时电子温度 T_e 可高达 10^4K 以上,而离子的温度 T_i 可低至 300~500K,这时的微波等离子体是一种低温等离子体,因此可以只考虑电场对电子的作用。电子吸收的平均功率密度可以表达为

$$\langle P \rangle_{abs}(r) = \frac{n_e e^2}{m\nu_e}\left(\frac{\nu_e^2}{\nu_e^2+\omega^2}\right)|E(r)|^2 \qquad (6-2)$$

式中:n_e 为电子密度;ν_e 为电子的有效碰撞频率;ω 为外加电场角频率。

若要将电场能量有效地耦合给电子,则外场的频率一定不能高于电子的平均碰撞频率,否则电子与气体分子发生碰撞前会受到下半周期反向电场的作用,能量从电场向电子的转换效率降低。如果交变电场的频率低于电子的平均碰撞频率,在交变电场的一个周期内电子将不断地与气体分子发生碰撞,这时气体分子具有较高的离化率。但电场频率也不能过低,否则在电场改变方向前电子有可能打在器壁上,产生不必要的热能。电子的有效碰撞频率是系统气压 P 的函数,在微波等离子体化学气相沉积系统状态确定的条件下,电子与气体分子的非弹性碰撞频率是确定的,一般在 $10^9 \sim 10^{11}$ 范围,正好处于微波谱段。

相比热化学气相沉积法,微波等离子体化学气相沉积大大增强了反应气体的活性,因此大大降低了薄膜的沉积温度,这对于薄膜沉积温度过高及基底耐受温度较低的情况下具有重要意义。而且相比直流和射频放电,微波气体放电等离子体的电离度和密度均显著提升。与此同时,微波等离子体放电属于无极放电,不存在电极污染现象。目前,微波等离子体化学气相沉积技术是制备导热金刚石薄膜的重要手段,并且在成膜质量、成膜速率、成膜面积、薄膜热导率等方面具有较大的优势。

2）微波等离子体化学气相沉积薄膜的过程

微波等离子体化学气相沉积（MPCVD）是一种等离子体增强化学气相沉积技术，是将反应物质在气态条件下通过微波激励放电产生等离子体，并在固态基体表面沉积形成固态薄膜的过程，该过程如图6-4所示。

微波能量 → 电子动能 → 气体分子电离 → 活性基团 → 固态薄膜

图6-4 微波等离子体化学气相沉积薄膜过程

气体分子电离产生的活性基团向固态薄膜产物转变过程可能存在以下三种情况：

（1）反应气体在到达基体前已受激电离成活性基团，活性基团在基体表面发生反应并沉积成薄膜。

（2）反应气体被基体表面吸附，吸附气体分子在基体表面受热激发、反应，然后迁移、扩散形成薄膜。

（3）高活性的反应气体被基体表面吸附同时发生反应生成薄膜。

通过三十多年对微波等离子体化学气相沉积金刚石薄膜的研究，一般认为是含碳气源组分和氢气通过高温热解或等离子体作用使气体离化，同时产生大量的含碳基团和超平衡原子氢，并在这些基团和原子氢的共同作用下，在基底表面沉积得到以 sp^3 杂化 C—C 键结合的金刚石膜，属于上述的第(1)过程。

在经常使用的 CH_4—H_2 反应体系中，可发生几十种反应，其主要的反应式为

$$CH_4 \xrightarrow{微波放电} CH_3 + H^* \qquad (6-3)$$

$$H_2 \xrightarrow{微波放电} H^* + H^* \qquad (6-4)$$

$$CH_4 + H^* \longrightarrow CH_3 + H_2 \qquad (6-5)$$

$$—CH_3 + —CH_3 \longrightarrow C_2H_6{}^* \qquad (6-6)$$

反应式(6-3)和式(6-4)中的 CH_4 和 H_2 通过微波等离子体放电方式离化生成大量的甲基—CH_3 和超平衡原子氢 H^*。超平衡原子氢最重要的作用就是能够提供金刚石稳定生长的条件；同时甲基—CH_3 具有 sp^3 杂化轨道，有利于形成金刚石的结构。—CH_3 形成金刚石的过程是两个—CH_3 结合形成具有金刚石结构单元的乙烷 C_2H_6，如图6-5(a)所示；然后等离子体中的 H^* 或高能粒子将 C_2H_6 周围的6个氢原子打掉，先后用6个—CH_3 与它结合，便形成具有8个金刚石结构单元的晶体，如图6-5(b)所示；再如此继续下去，就可以形成越来越大的金刚石晶体。

第❻章 热控薄膜制备、表征与检测

(a)
$$H_3C \cdot + \cdot CH_3 \longrightarrow H_3C-CH_3$$

(b)
$$H_3C-CH_3 + 6CH_3 \longrightarrow (CH_3)_3C-C(CH_3)_3$$

图6-5 微波等离子体化学气相沉积金刚石薄膜示意图

2. 微波等离子体化学气相沉积技术的发展

微波等离子体化学气相沉积系统如图6-6所示。微波系统和反应器是微波等离子体化学气相沉积系统中的核心部分,包括微波发生器、模式转换器以及特殊尺寸的反应器。图6-6中的各部分说明如下:

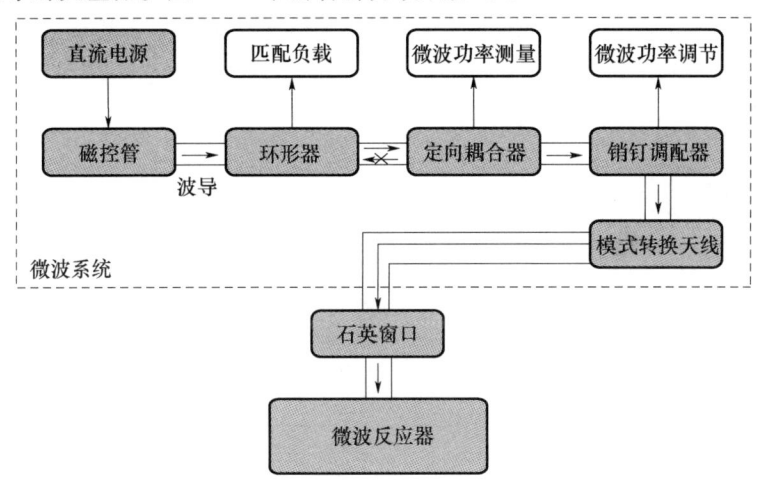

图6-6 微波等离子体化学气相沉积系统示意图

(1) 微波系统包括直流电源、微波磁控管、环形器、定向耦合器、销钉匹配器、模式转换天线等。微波源的频率选择与磁控管商业化水平有关,目前商用和工业用的磁控管频率多为2.45GHz和915MHz,2.45GHz磁控管的功率水平在1~10kW,915MHz磁控管的功率水平目前最高可达100kW;环形器在磁控管和变化的等离子体负载间起隔离作用,只允许微波功率输入等离子体,阻断微波反射功率传入磁控管,相当于一个定向阀;定向耦合器用来测量微波的入射功率和反射功率,在实际调节过程中使反射功率最小。销钉调配器是用来调节微波反射功率达到最小,入射功率最大,确保微波功率被等离子体有效吸收。模式转换

169

天线用来将矩形微波电磁场转换成轴对称、圆柱形的电场。

（2）石英窗口，用来真空密封和透微波使用。

（3）等离子体反应器是一种产生等离子体的腔室，反应器有 TE_{10} 或 TM_{01} 单模反应器，这种反应器通过调节销钉来补偿等离子体引起的高频阻抗；另外一种反应器是多模谐振反应器，这种反应器的尺寸必须满足基模 TM_{01} 和次模 TM_{02} 共存，反应腔尺寸需经过特殊的设计[59]。

微波等离子体化学气相沉积技术多用于进行金刚石薄膜的制备，金刚石薄膜研究的发展不断地促进了微波等离子体化学气相沉积技术的发展，其中经历了以反应器为标志的以下几个发展阶段：

比较早的金刚石膜微波等离子体化学气相沉积设备是在20世纪80年代由日本国立无机材料研究所（NIRIM）发明。该反应器属于 TE_{10} 单模反应腔，腔室是一个直径为45mm的石英管，微波天线由上端引入，天线可上下移动用来调节等离子体在腔室中的位置，微波频率2.45GHz。腔室与微波源之间有销钉调配器，主要用来调整微波的反射功率使其达到最小。这种反应器存在以下不足：沉积的金刚石薄膜面积较小，只有 $1\sim 2cm^2$；基底温度决定于样品台的位置、气压和微波功率，不能独立控制；工作气压不宜过高，否则等离子体容易熄灭；薄膜的沉积速率低。

20世纪90年代的Bachmann和Smith针对NIRIM反应腔的不足进行了改进，并由美国的ASTex公司进行了商业化生产。这种沉积系统如图6-7所示，采用频率为2.45GHz的微波源，微波通过一个石英窗口耦合进入一个谐振腔，腔室的设计上满足将微波的矩形 TE_{10} 模转换为具有轴对称特性的圆柱型 TM_{01} 模，这种模式能够保证样品上方形成稳定的等离子体球，等离子体的位置也可以通过移动样品台来改变。这种反应腔能够沉积直径为10cm的金刚石膜，但是由于使用的是 TM_{01} 径向模式，膜的均匀性较差，同时微波功率仅5kW左右，成膜速率不高。

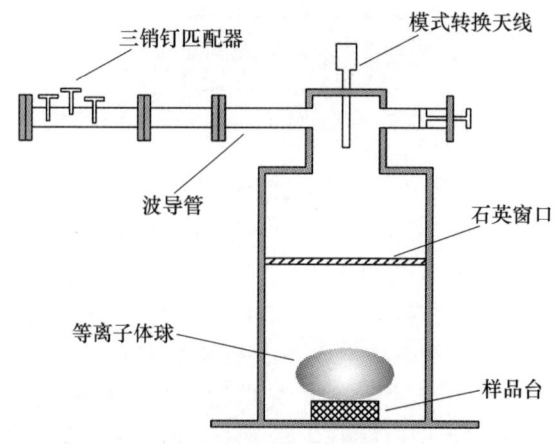

图6-7 NIRIM型微波化学气相沉积系统示意图

随着 CVD 金刚石膜应用研究的不断发展,实际应用需求尺寸更大及成膜质量更高的金刚石膜,而上述反应腔的沉积的金刚石膜尺寸和速率已基本达到极限,急需一种新型的金刚石膜反应腔的出现。此时,出现了具有里程碑意义的 Overmoded 型沉积系统(图 6-8),该反应腔的设计满足 TM_{01} 基模和 TM_{02} 次模能够在反应腔中共存,将反应腔中的频率为 2.45GHz 的微波功率提高到 10kW,沉积速率可达 10μm/h,形成的等离子体比单模反应腔要大得多,因此能够沉积面积更大、均匀性更好的金刚石薄膜。随后 ASTex 公司继续发展了该工作模式的沉积系统,利用 915MHz 的微波源可以连续输出高达 100kW 的功率,使成膜面积提高到直径 15~20cm。

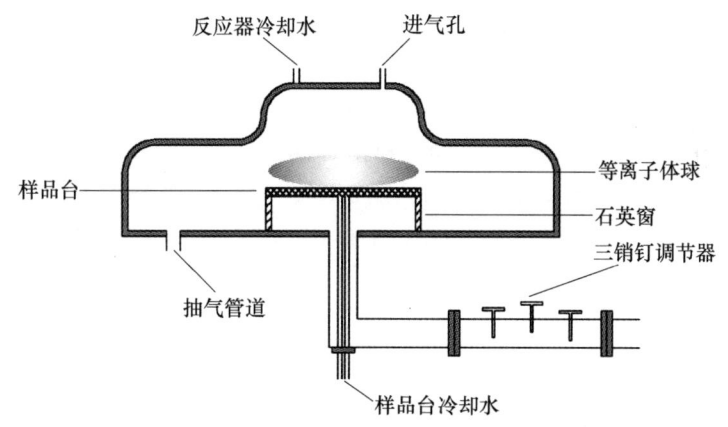

图 6-8 Overmoded 型微波化学气相沉积系统示意图

1998 年,德国应用物理所的 Fuener 等人发明了一种椭球谐振反应腔,这种反应腔与晶体生长中的椭球镜面聚焦炉相似,微波天线和样品分别位于椭球谐振腔的两个焦点上,如图 6-9 所示。这种椭球反应腔的质量因子要高于圆柱形反应

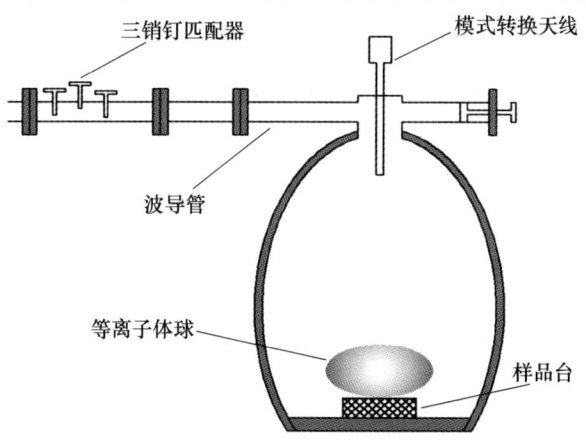

图 6-9 椭圆谐振腔微波化学气相沉积系统示意图

腔,而且椭球反应腔更适合大功率、高气压的金刚石膜沉积环境,因此采用椭球反应腔可以获得更高的金刚石膜生长速率。由 DDK 公司商品化的该种类型反应腔微波等离子体化学气相沉积系统可采用频率为 2.45GHz 的微波源,也可采用 915MHz 的大功率微波源,成膜尺寸可达直径 15cm,成膜速率可高达 $15\mu m/h$[60]。

6.1.4 溶胶-凝胶法

1. 溶胶-凝胶法成膜基本原理

溶胶-凝胶法基本原理是:将原料(一般为金属无机盐或金属醇盐)溶于溶剂(水或醇)中形成均匀溶液,溶质与溶剂发生水解(或醇解)-聚合反应,生成的聚合体纳米级粒子形成均匀的溶胶,经过干燥或脱水形成凝胶,在经热处理得到所需的超细粉体、纤维或薄膜。

溶胶-凝胶法制备薄膜的工艺流程主要包括溶胶的配制、溶胶的陈化、基底清洗、镀膜、干燥和热处理几个过程(图6-10)。其中溶胶的形成是将金属醇盐或金属无机盐溶于溶剂(水或有机溶剂)中形成均匀的溶液,再加入各种添加剂,如催化剂、水、络合剂或整合剂等,在合适的环境温度、湿度条件下,通过强烈搅拌,使之发生水解和缩聚反应,制得所需溶胶。

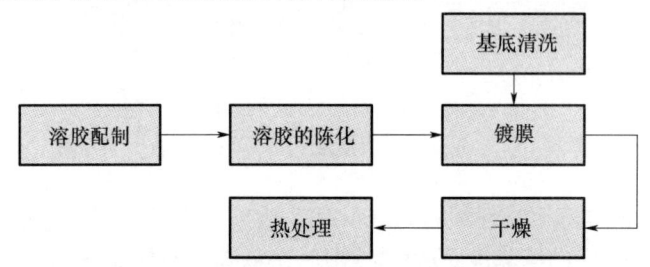

图 6-10 溶胶-凝胶法镀膜流程

溶胶配制首先需要确定材料的选择。溶胶-凝胶法需要的化学材料主要包括金属盐、溶剂、水、催化剂以及其他的添加剂。具体见表6-1。

表 6-1 溶胶-凝胶法材料选择

原料种类		实例	作用
金属盐	金属醇盐	$M(OR)_n$	溶胶-凝胶法最合适的原料,提供金属元素
	金属乙酰丙酮盐	$M(COCH_2COCH_3)_2$	金属醇盐的替代物
	金属有机酸盐	醋酸盐($M(C_2H_3O_2)_n$) 草酸盐($M(C_2O_4)_{n-2}$)	金属醇盐的替代物
	金属无机盐	硝酸盐	金属醇盐的替代物

（续）

原料种类		实例	作用
水		H$_2$O	水解反应的必需原料
溶剂		甲醇、乙醇、丙醇、丁醇（溶胶-凝胶主要的溶剂）、乙二醇、环氧乙烷、三乙醇胺、二甲苯等（溶解金属化合物）	溶解金属化合物，调制均匀溶胶
催化剂及螯合剂		盐酸、P-甲苯磺酸、乙酸、琥珀酸、马来酸、硼酸、硫酸、硝酸、醋酸；氨水、氢氧化钠；EDTA 和柠檬酸等	金属化合物的水解催化或螯合作用
添加剂	水解控制剂	乙酰丙酮等	控制水解速度
	分散剂	聚乙烯醇（PVA）等	溶胶分散作用
	干燥开裂控制剂	乙二酸草酸、甲酰胺、二甲基甲酰胺、二氧杂环乙烷等	防止凝胶开裂

确定化学试剂类型，包含金属盐、溶剂（甲醇、乙醇等）、水、催化剂（酸、弱碱）、水解速度控制剂（乙酰丙酮等）以及成膜控制剂。陈化就是将配制好的前驱溶液密封静置，溶液中的物质进行水解、缩聚反应，体系由溶液向溶胶转变。这个过程中，溶液中的前驱体发生水解、缩聚反应，体系由溶液逐渐转变成溶胶。陈化过程中，可以隔段时间将溶液进行镀膜实验，用肉眼观察成膜是否均匀。由此可确定溶液合适的陈化时间。镀膜的同时可测定体系黏度，以确定体系适合镀膜的黏度值。

薄膜的形成是在由溶胶转变为凝胶过程中，由于溶剂的迅速蒸发和聚合物粒子在溶剂中的溶解度不同，导致部分小粒子溶解，大粒子平均尺寸增加。同时，胶体粒子逐渐聚集长大为粒子簇，粒子簇经相互碰撞，最后相互联结成三维网络结构，从而完成由溶胶膜向凝胶膜的转化，即膜的胶凝化过程。

溶胶转移到基底材料的方式主要包括浸涂法、旋涂法、喷涂法和简单刷涂法及电沉积法。湿膜经干燥、热处理即可得到所需的溶胶-凝胶薄膜。

2. 工艺难点

1）溶胶稳定性控制

获得高稳定溶胶是制备无裂纹、结构均匀陶瓷膜的首要条件。稳定性差主要是由于固相粒子较大或团聚程度不同造成粒子尺寸分布过大引起的。其直接结果是膜开裂，结构不均匀。要实现溶胶稳定，必须保持水解和不发生沉淀和胶凝，主要通过控制溶剂和前驱溶液的摩尔比、催化剂、添加剂浓度以及溶液的 pH 值。另外通过 PVA 提供溶胶链，即可保持溶胶的稳定，又可调整溶胶黏度。溶胶黏度是影响薄膜涂覆的一个重要因素。黏度太低不容易获得一定厚度的薄膜,黏度太高则在薄膜干燥过程易开裂,薄膜的均匀性也较差。当溶胶黏度达到镀膜条件,加入水解速度控制剂,延长溶胶的可镀膜时间。

在用金属醇盐水解配制的溶胶中,反应的条件,如水和醇盐的摩尔比、溶剂类型、温度、催化剂、螯合剂和 pH 值(酸、碱催化剂的浓度)等都对溶胶的质量有很大的影响。由于溶胶中的金属醇盐浓度和加水量是影响溶胶质量的主要因素,因而必须严格控制金属醇盐浓度及加水量。通常,要求涂膜溶胶黏度较小,稳定性较好,所以多采用较稀的溶胶,其浓度一般都低于 0.6mol/L。当溶胶中的加水量较多时,醇盐水解加快,胶凝速度增大,常常导致膜的表面质量不均匀甚至难于涂膜。因此,在配制溶胶时往往只加入少量的水,以保证溶胶在较长的时间内稳定。由于薄膜的制备往往需要多次反复的涂膜,为保证在重复涂膜过程中薄膜厚度的均匀性,必须要求溶胶的胶凝速度较缓慢,而溶胶胶凝速度的一个重要指标就是溶胶黏度的变化,所以通过控制溶胶的黏度,可以制备均匀的薄膜。为了制得稳定的溶胶,必须对醇盐的水解活性加以控制,通过控制反应条件或分子改性来调节醇盐的水解缩聚活性是控制溶胶稳定性的根本方法。通常制备稳定溶胶的方法有:①选择合适的溶剂和金属醇盐,控制醇盐反应活性;②通过调节溶液的 pH 值,可以调节醇盐的反应活性;③引入强螯合物与醇盐的金属中心离子发生螯合作用,或引入强配体化合物与金属离子形成络合物,控制醇盐的反应活性;④加水量的控制。对于多组分体系,醇盐水解活性的差异会造成材料的不均匀性甚至产生相分离,因而通常是在选用不同烷氧基的前提下,让反应活性低的醇盐预先水解,再制成混合溶胶。另外,在多组分体系中,让水解快的醇盐与配体反应形成络合物,以降低其水解速率也是一种有效的方法。

2) 溶胶成膜性控制

溶胶凝胶薄膜的制备方法有浸渍提拉法、旋转镀膜法、喷涂法、简单刷涂法和倾斜基片法等。其中最常用的是浸渍提拉法和旋转镀膜法。在浸渍提拉法中,为了制备均匀薄膜,必须根据溶胶黏度的不同,选择不同的提拉速度。在提拉过程中,要求提拉速度稳定,同时基底在上升过程中,基底和溶胶液面不能抖动,否则会造成薄膜厚度不均匀,薄膜出现彩虹现象,这也是实际生产中影响薄膜质量的主要原因。在用浸渍提拉法涂膜过程中,提拉速度是影响膜厚的关链因素。在较低的提拉速度下,湿液膜中线型聚合物分子有较多时间使分子取向排列平行于提拉方向,这样聚合物分子对液体回流的阻力较小,即聚合物分子形态对湿膜厚度影响较小,因此形成的膜较薄。对于较快的提拉速度,由于湿液膜中线型聚合物分子的取向来不及平行于提拉方向,一定程度下阻碍了液体的回流,因而此时形成的膜较厚,薄膜质量较差,有时甚至产生裂纹和脱落现象。旋转镀膜法的速度控制一般根据溶胶中醇盐的浓度而定,当浓度为 0.25~0.5mol/L 时,通常用 2000~4000r/m 的旋转速度就可以获得均匀的薄膜,但旋转渡膜法不太适用于大面积镀膜。

影响成膜性和膜结构的主要因素仍然是溶胶的配比、溶胶的稳定性、干燥温度、烧结温度和基底的选择。溶胶的稳定性是可以工业化最关键的前提条件。溶胶黏度太低不容易获得一定厚度的薄膜,而黏度太高则薄膜干燥过程容易开裂,甚至不能制备均匀的薄膜。因此,在制备溶胶时,需要加入一定的催化剂,以加快聚合速度,但是,当溶胶的黏度达到可以镀膜的时候,应该适量加入水解速度控制剂,以防止黏度的迅速增加,延长溶胶的可镀膜操作时间。

3) 溶胶成膜干燥过程控制

适当调节溶胶的黏度和表面张力,通过旋涂或浸渍方法将溶胶沉积在基底上,得到湿膜。经过干燥,除去低沸点的溶剂,得到干膜。干膜中凝胶的三维网络仍然存在,膜中还有大量有机成分。将干膜在较高的温度下分解,使膜中的有机成分分解燃烧,就得到无机非晶薄膜。重复以上步骤,增加薄膜的厚度。如果要得到结晶的薄膜还必须将非晶薄膜在更高的温度下退火,依靠原子的扩散成核结晶。干燥、分解和退火的过程必须十分小心,避免凝胶收缩、有机成分分解时体积变化过快、应力集中出现裂纹。由于凝胶中各成分是分子级的混合,金属原子无须长程扩散即可成核,因而结晶温度比固相反应温度显著降低。

典型的溶胶-凝胶膜通常是由溶解于水或醇的金属醇盐制得。在浸渍提拉法中,随基体的提升,基体表面吸附一层溶胶膜,由于水和有机溶剂的挥发,溶胶膜迅速转为凝胶膜,此时膜与基体间的相互作用力很弱。凝胶膜在热处理过程中,基体与凝胶膜间可形成化学键使其相互作用大大加强。在热处理过程中,如果温度太高,则薄膜中的某些元素会挥发,使形成的薄膜其成分偏离了原计算的化学计量式,这将影响到薄膜的性能。通常高质量的薄膜必须有精确的化学计量式,因而如何在热处理中用较低的温度来制备高质量的薄膜,一直是人们追求的目标。同时,低热处理温度可以减小由于各层膜(多层膜)的膨胀不同所造成的应力而带来的微裂纹和薄膜与基体间物质的相互扩散所造成的污染。薄膜在热处理过程中,随着水和有机溶剂不断挥发,由于存在毛细管张力,使凝胶内部产生应力,导致凝胶体积收缩。如果升温速度过快,则薄膜易产生微裂纹,甚至脱落。采用慢速升温和慢速冷却速度,可以减小微裂纹和内应力的产生,但这在实际生产中会影响生产效率,因此,在实际生产中要确定一个最佳的升温和冷却速度[61]。

3. 溶胶凝胶法技术发展

尽管溶胶-凝胶薄膜工艺在许多领域获得了日益广泛的应用,但目前这种工艺仍存在以下技术问题待解决。

(1) 薄膜对基底的附着力较差。为增强附着力,首先要求基底必须非常洁净。实验发现,在基底表面引进氢氧根或生成一层很薄的氧化层可以较为有效地增强薄膜对基底的附着力。

（2）薄膜中存在一定的缺陷（如龟裂现象）。这一直是溶胶-凝胶工艺的致命弱点。一系列的改进措施已经被用于解决干燥过程中的断裂现象，主要包括制备具有更大气孔的凝胶（使具有更低的毛细管应力和更大的穿透率）；陈化以提高凝胶的强度并提高气孔尺寸；使用化学添加剂降低表面能或提高气孔之间的扩散；超临界干燥以消除整个液体/气体界面能，由此防止断裂和减少收缩。

（3）薄膜与基底相互作用。这一点也是溶胶-凝胶薄膜工艺的独有缺点。在溶胶-凝胶工艺中，只要首先在基底上制备一层 SiO_2 薄膜，然后再在 SiO_2 薄膜上制备所要求的薄膜，就可以有效地抑制薄膜与基底的反应。

（4）所得薄膜厚度较薄，多次镀膜的周期太长。

（5）溶胶-凝胶薄膜具有多孔状结构，这种结构对于某些实际应用来说是有好处的，但另一方面，如在光学薄膜领域中，薄膜的致密度要求很高，这种多孔状结构又恰恰是一个弱点。

由于基底和薄膜的热膨胀系数相差很大，在热处理和随后的使用过程中很容易在薄膜中产生应力，而且随着薄膜厚度的增加，这种由于热膨胀系数差异而导致的应力越大。当薄膜厚度达到一个临界值时，薄膜会开裂甚至剥落。因而用溶胶凝胶法制备的薄膜很薄，一般在 $1\mu m$ 以下。特别是在受热冲击时，薄膜很容易因剥落而失效。在金属基体上制备厚的薄膜研究方面，科研人员经过不断的尝试取得了一定的进展。这些研究主要从解决薄膜和基体间热膨胀系数差异入手，如在溶胶中分散热膨胀系数较大的陶瓷颗粒，和原来的溶胶体系形成漆，用这种方法经多次涂覆制备出 $300\mu m$ 无裂纹的厚膜，其中单次涂覆的薄膜厚度可达到 $10\mu m$。

用溶胶凝胶法在陶瓷基体上制备的薄膜表面多为微孔结构，而且微孔尺寸远比溶胶颗粒尺寸大。这样，溶胶很容易进入微孔中并发生凝胶化反应，一种做法是需要对薄膜进行封孔处理，然后再经热处理后使表面致密并在表面形成粘附性良好的薄膜材料。

6.1.5 原子层沉积技术

1. 原子层沉积原理

原子层沉积（Atomic Layer Deposition，ALD）技术是一种可以将物质以单原子层形式逐层沉积在基底表面的技术。通过高精度的在线控制，将不同气相前驱体以脉冲形式交替通入沉积室，在沉积基底上形成化学吸附并反应生成薄膜。原子层沉积的表面反应具有自限制性，即在每个脉冲期间，气相前驱体只能在沉积表面的原子成键位沉积反应；反应达到饱和后，在沉积表面上得到一单层膜。因此，它是一种可以将物质以单原子层形式一层一层地镀在基底表面的方法，为沉积膜的优良保形性提供了可能。图 6-11 是原子层沉积的反应过程示意图。

其主要过程如下：

(1) 将前驱体 A 引入沉积室(图 6-11(a))；

(2) 前驱体 A 在基底表面的原子成键位形成化学吸附(图 6-11(b))；

(3) 经过一段时间后,利用惰性气体将多余的反应前驱体 A(可能以气态形式存在于沉积室中,也可能物理吸附在沉积室壁或基底上)从沉积室中排出(图 6-11(c))；

(4) 将前驱体 B 引入沉积室,与化学吸附在基底上的前驱体 A 发生反应(图 6-11(d))；

(5) 反应结束后,在基底上生成一个单原子层薄膜,利用惰性气体将多余的反应前驱体 B 从沉积室中排出(图 6-11(e))。

重复以上循环,可以获得可控的逐层薄膜生长。惰性气体的作用有两个：①起清洁作用,将多余的前驱体排除沉积室；②隔离前驱体脉冲,避免前驱体在基底以外的地方发生反应。

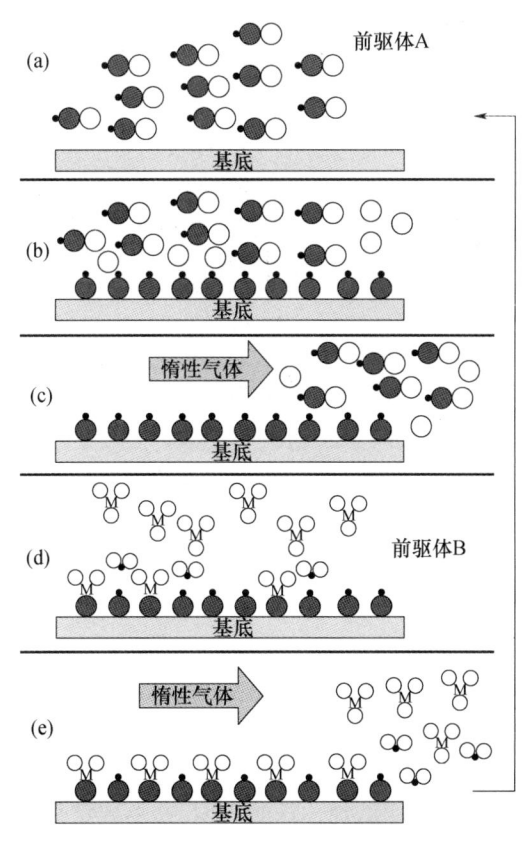

图 6-11 原子层沉积示意图

原子层沉积和化学气相沉积有相似性,但也存在显著的区别。其主要区别是,在化学气相沉积过程中,前驱体不断通入沉积室,因此沉积过程是连续的,所沉积薄膜的厚度跟温度、压力、气体流量以及流动的均匀性、化学原料的损耗、时间等多种因素有关。正因为相关影响因素太多,所以很难对膜厚进行精确的控制。原子层沉积则是将两种独立的挥发性前驱体,以气体脉冲的形式在不同时间段内先后通入沉积室,在基底表面进行化学吸附和化学反应,并在两个脉冲之间,利用惰性气体对反应室进行净化。

研究发现,相对于传统的薄膜沉积工艺而言,原子层沉积在膜层的均匀性、保形性、阶梯覆盖率以及厚度控制等方面都具有明显的优势。而这些优势均源于原子层沉积工艺中两个最为重要的工艺基础:表面反应的互补性与自限制性。

2. 原子层沉积的特点

1) 原子层沉积的表面反应互补性

对于二元系统,可将原子层沉积工艺过程中的一个反应周期分为两个阶段:初始阶段和稳定阶段。在初始阶段,首先通入第一种前驱体的气体脉冲,使之与基底表面 σ_0 发生化学吸附(或者表面化学反应),形成新表面 σ_1,随后利用惰性气体脉冲净化反应室;再通入第二种前驱体的气体脉冲,与表面 σ_1 发生化学反应,形成另一新表面 σ_2,当形成一个完整连续的表面时,即进入稳定阶段;稳定阶段中,第一种前驱体与表面 σ_2 发生化学吸附或化学反应,形成表面 σ_1;随后,第二种前驱体与表面 σ_1 发生化学反应,又恢复到表面 σ_2。原子层沉积工艺的互补性是指,表面 σ_2 必须能够与第一种前驱体发生化学吸附或者化学反应,以便反应能再次进入新的循环。互补性是维持沉积过程的关键。因此,互补性是选择前驱体原料的重要标准。

2) 原子层沉积的自限制性

原子层沉积的表面反应具有自限制性(Self – limiting),这种自限制性特征是原子层沉积技术的基础,不断重复这种自限制反应就形成所需要的薄膜。由于自限制性的存在,原子层沉积技术表现出许多明显的优势如均匀性好、覆盖率高、膜厚易于控制等。

根据沉积前驱体和基底材料的不同,原子层沉积有两种不同的自限制机制,即饱和化学吸附自限制(Chemisorption Saturated ALD, CS – ALD)和顺次反应自限制(Reaction Sequence ALD, RS – ALD)过程。图 6 – 12(a) 和图 6 – 12(b) 分别给出了这两种自限制反应过程的示意图。

在饱和化学吸附自限制过程中,设两种前驱体分别为 ML_2 和 AN_2,反应过程如图 6 – 12(a) 所示。

(1) 第一种反应前驱体 ML_2 到达基底表面,并形成饱和的化学吸附。

(2) 通入惰性气体,将多余前驱体 ML_2 排出。

（3）将第二种前驱体通入反应室，与已吸附于基底表面的第一种前驱体发生置换反应并产生相应的副产物，反应式为

$$ML_2 + AN_2 \rightarrow MA(薄膜) + 2LN \uparrow$$

（4）当基底表面的 ML_2 耗尽时，反应终止。

（5）通入惰性气体，将多余的前驱体 AN_2 及反应副产物 LN 排出，得到所需的一个 MA 原子层。不断重复这种反应形成需要的薄膜。

在该反应模式中，自限制性是通过饱和化学吸附实现的。当吸附达到饱和状态时，基底表面吸附的 ML_2 总量不再改变，形成动态平衡。从而限制了 ML_2 参与后续反应的量。由上述过程可知，饱和化学吸附自限制过程是由吸附前驱体 ML_2 与前驱体 AN_2 直接反应生成 MA 原子层（薄膜）。

与化学吸附自限制过程不同，在顺次反应自限制原子层沉积过程中，每一种前驱体与基底之间的主要是通过活性前驱体物质与活性基底表面的化学反应来驱动的，其过程如下（图 6-12(b)）。

（1）最初的基底表面具有功能团 AN，当导入第一种前驱体时，发生如下反应，在基底表面形成第二种功能团 ML：

$$AN + ML_2 \rightarrow AML + LN \uparrow \qquad (6-7)$$

（2）通入惰性气体，除去反应副产物 LN 和多余的 ML_2。

（3）通入第二种前驱体 AN_2，与功能团 ML 发生反应如下：

$$ML + AN_2 \rightarrow MAN + LN \uparrow \qquad (6-8)$$

（4）反应生成产物 MAN，形成具有功能团 AN 的新表面，反应副产物和多余的前驱体 AN_2 由惰性气体排出。

基底经过上述反应周期的四个步骤后，形成的新表面同样具有功能团 AN，可与前驱体 ML_2 发生反应，因此，它与最初的基底表面相类似。

以 Al_2O_3 的反应为例，总反应为

$$2Al(CH_3)_3 + 3H_2O \rightarrow Al_2O_3 + 6CH_4 \uparrow \qquad (6-9)$$

该反应可以分解为如下两个半反应

$$AlOH + Al(CH_3)_3 \rightarrow AlOAl(CH_3)_2 + CH_4 \uparrow \qquad (6-10)$$

$$AlCH_3 + H_2O \rightarrow AlOH + CH_4 \uparrow \qquad (6-11)$$

通过两个反应式的交替循环，最终得到 Al_2O_3 薄膜。控制循环的次数就可以实现对膜厚的精确控制。可见，在顺次反应自限制过程中，整个原子层沉积过程的自限制性是由基底表面上参与反应的相关功能团的有限量决定的。

需要说明的是，前驱体 ML_2 能够在基底表面快速形成稳定的化学吸附层是化学吸附自限制原子沉积过程的必要条件。对于顺次反应自限制过程，一方面基底表面必须先经过表面活化，另一方面，这种沉积反应实际是两个半反应的组合。每个半反应完成后，基底表面的功能基团都会发生变化，并且一个原子层沉

积完成时,基底表面要恢复到最初的活化基团状态。这种恢复特点以及基底表面原始活性状态是区分上述两种不同的自限制反应沉积过程的主要因素[62]。

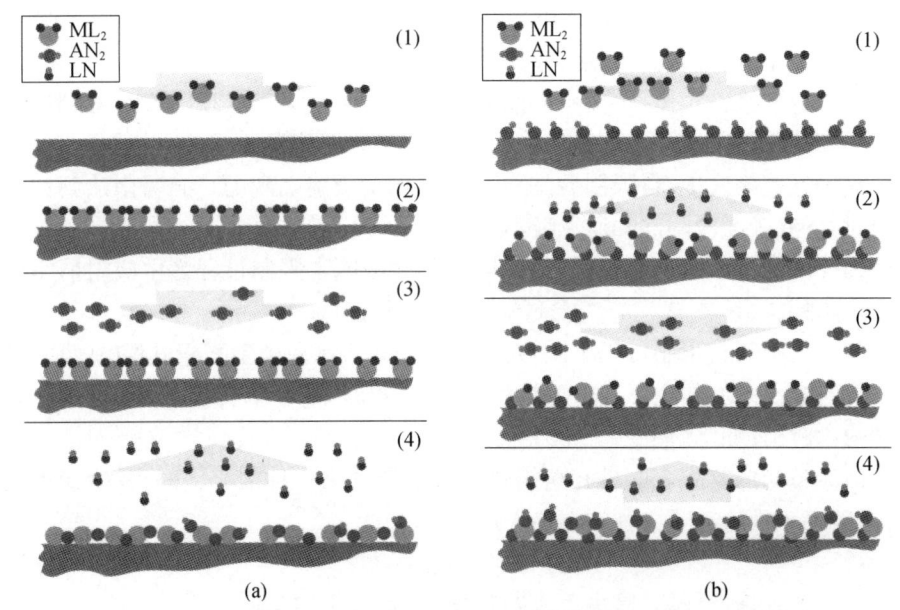

图 6-12 原子层沉积过程饱和化学吸附自限制和顺次反应自限制原理图

由于原子层沉积每一组气体脉冲(一个反应循环)精确生成一个单层薄膜,通过控制沉积的循环次数,可以准确控制膜层的厚度,同时具有近乎于100%的台阶覆盖率和全方位均匀镀膜能力。图 6-13 所示为不同薄膜制备方法的膜厚分布对比。

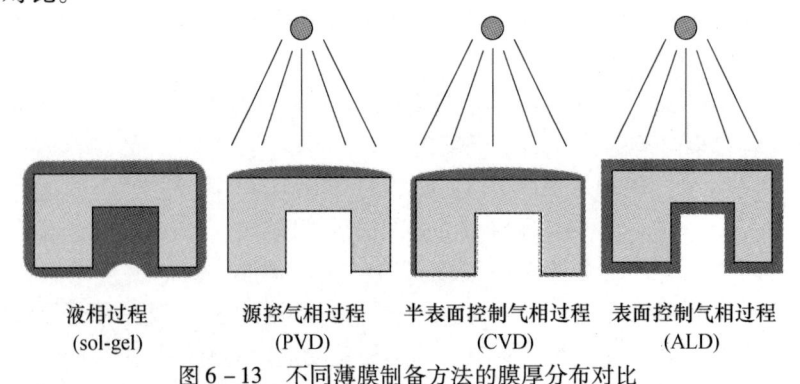

图 6-13 不同薄膜制备方法的膜厚分布对比

3. 原子层沉积及其反应前驱体的要求

根据上述原子层沉积的原理,前驱体的挥发性和稳定性、前驱体与基体材料和相互之间的反应是能够实现原子层沉积所必须考虑的因素。

（1）反应前驱体的挥发性：原子层沉积要求反应前驱体在进入反应器时具有很好的挥发性和热稳定性，这样能够保证反应剂有效的传输，使原子层沉积反应不受前驱体流量控制。前驱体必须有足够高的蒸汽压以保证反应剂能够充分填充覆盖基体材料的表面，这样在理想的时间范围内形成单分子层化学吸附。一般来说，前驱体的蒸汽压大约在 0.1Torr。因此，前驱体物质可以是液体和气体，也可以是固体材料。

（2）反应前驱体的化学稳定性及其反应性：前驱体必须能够迅速在基底表面形成化学吸附，保证在较短的循环时间内在基底表面达到饱和吸附；或与基底表面基团快速有效地反应（吸附），使表面膜具有高的纯度，避免在反应器中发生气相反应而增加薄膜缺陷。反应前驱体必须有足够好的化学稳定性，以至在反应器和基底表面不发生自分解，不腐蚀也不溶解基底材料或沉积膜。不稳定的反应前驱体将破坏薄膜生长的自限制性，从而影响薄膜厚度的均匀性和准确性甚至污染薄膜。

（3）惰性气体的清理作用：原子层沉积过程中，在不同前驱体脉冲之间需要通入惰性气体以清理反应器。惰性气体除了能隔离不同前驱体反应剂脉冲，防止反应前驱体在反应器中发生反应，还具有净化作用，能够带出过量的前驱体物质、原子层沉积反应副产物以及从反应器壁脱附的材料。为了达到最大程度的净化效果，且保持基底表面吸附的单原子层在惰性气体清理期间不脱附，在原子层沉积过程中必须固定基底材料和反应器壁的温度，固定清理时间。

（4）原子层沉积的温度要求：对目前已研究过的材料，原子层沉积反应的温度一般在 200～400 ℃ 区间内。温度过高反应前驱体或反应产物易分解或从表面脱附，影响沉积质量，降低反应速度；反应温度过低，前驱体因表面化学吸附和反应势垒作用而难以在基底表面充分吸附和反应，甚至出现反应物质的冷凝，严重影响沉积层质量，降低反应速度。图 6-14 表明正常的原子层沉积反应过程只能在一个适宜的温度区间内完成，否则，沉积速度和薄膜质量难以保证。

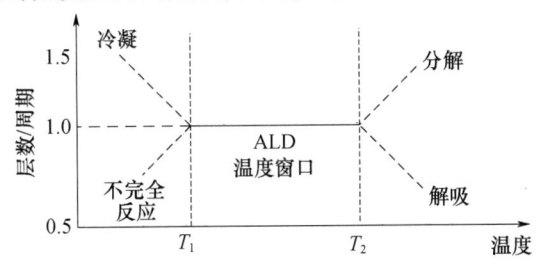

图 6-14　原子层沉积反应的温度区间

4. 原子层沉积技术国内外研究状况

芬兰科学家 Suntola T. 和 Anston J. 在 20 世纪 70 年代申请了原子层沉积技

术的美国专利,因此,目前多数的文献认为,原子层技术最初起源于芬兰。最初开发该技术的目的主要是用于外延膜的生长和原子层薄膜交替沉积,用于平板显示器。

由于原子层沉积涉及复杂的表面化学过程,而且沉积速率很低,在很长一段时期内,该项技术并没有取得实质性的突破。但是到了20世纪90年代中期,人们对这一技术的兴趣开始加强,这主要是由于微电子和亚微米芯片技术的发展要求器件和材料的尺寸不断降低,而器件中的高宽比不断增加,这样所使用材料的厚度降低到几个纳米数量级。因此原子层沉积技术的优势如单原子层逐次沉积、沉积层的厚度均匀性和优异的一致性等就体现出来,而沉积速率低的问题则不重要了。目前原子层沉积已成为世界上的研究热点。

采用原子层沉积技术,已经可以制备氧化物、碳化物、氮化物、硫化物、氟化物以及金属材料等各种不同的薄膜,还可以有效制备掺杂材料和纳米叠层薄膜。

目前,原子层沉积技术在微电子行业已成为非常普及的一种精细薄膜制备技术,21世纪初,ALD技术开始被用于硬盘驱动器镀膜;2003年,开始利用原子层沉积技术制作半导体存储器件;2005年开始,对原子层沉积技术在先进产业、光学以及纳米技术方面的应用研究迅速增加。

就目前的报道来看,ALD在光学和光电领域的应用也已经从实验室研究逐渐走向工业应用。如美国杜邦公司(Du Pont)在2006年采用原子层沉积制备厚度25nm的Al_2O_3薄膜,作为有机电致发光二极管(OLED)的气体扩散阻隔层,大大地提高了OLED的发光寿命;芬兰Planar system公司提出了在TiO_2薄膜中插入Al_2O_3纳米层来破坏结晶,获得无定形且残余应力小的TiO_2薄膜;美国NanoOpto公司利用这种改进的TiO_2和Al_2O_3作为高低折射率薄膜来批量生产宽带通和红外截止等高性能光学滤光片。

Intel公司于2007年12月开始利用ALD技术制备45/32nm超密集集成电路中的栅极氧化物,IBM公司则在同年推出了利用原子层沉积技术的32nmSRAM存储器。

Cooper R.等人2008年在美国空军科学研究办公室的资助下,开展了利用原子层沉积技术在大面积Kapton基底上制备防原子氧的Al_2O_3薄膜研究,厚度仅为3.5nm的薄膜,即具有很好的防护效果。

美国阿贡国家实验室2009年利用原子层沉积技术,在硅的深孔中镀制了厚度非常均匀的ZnO薄膜(图6-15),从图中可见,膜层具有非常好的台阶覆盖性和厚度均匀性。

芬兰赫尔辛基理工大学的研究人员利用原子层沉积技术,制备了缝隙波导中的介质层(图6-16)。

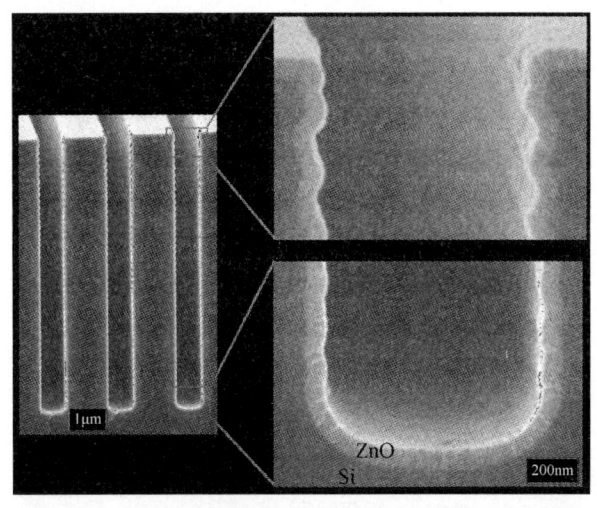

图 6-15 原子层沉积技术在硅深孔中镀制的 ZnO 薄膜

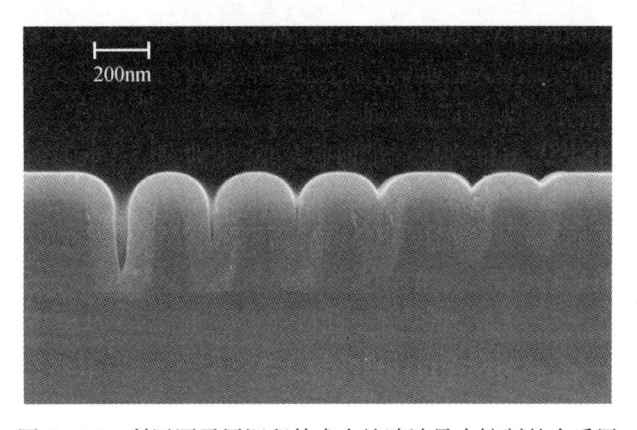

图 6-16 利用原子层沉积技术在缝隙波导中镀制的介质层

5. 大长径比管道内表面原子层沉积的反应动力学

相比于传统的薄膜沉积技术,原子层沉积技术的优势在于精确的薄膜厚度和成分控制、优秀的表面覆盖率和沉积均匀性等,在大长径比的管道内表面镀膜方面具有非常明显的技术优势。动力学蒙特卡罗方法可用于大长径比管道内表面原子层沉积的反应动力学研究。

熊玉卿等人用蒙特卡罗方法模拟了铝膜在管道内的反应过程。

考虑断面 x 及 $x+\mathrm{d}x$ 处气流流动,如图 6-17 所示,设管道截面尺寸为 a 和 b,单位长度管道的流导为 C_1,则 $\mathrm{d}x$ 长的管道的流导为 $C_1/\mathrm{d}x$(流导与长度成反比)。在 x 截面处,气体的流量 $Q = C_1 \partial p/\partial t$。

图 6-17 计算模型

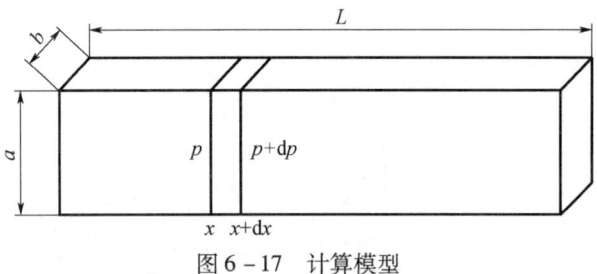

在 $x + \mathrm{d}x$ 截面通过的气体量 $Q + \mathrm{d}Q$ 为

$$Q + \mathrm{d}Q = C_1 \frac{\partial p}{\partial x} + \frac{\partial}{\partial x}\left(C_1 \frac{\partial p}{\partial x}\right)\mathrm{d}x \qquad (6-12)$$

故单位时间内停留于 x—$x + \mathrm{d}x$ 间的气体量为

$$-\mathrm{d}Q = -\frac{\partial}{\partial x}\left(C_1 \frac{\partial p}{\partial x}\right)\mathrm{d}x \qquad (6-13)$$

由于管道截面尺寸恒定，所以 C_1 不随 x 变化，则

$$-\mathrm{d}Q = -C_1 \frac{\partial^2 p}{\partial x^2}\mathrm{d}x \qquad (6-14)$$

存留的气体一部分以气态存在，另一部分与管壁碰撞并以一定概率（粘附概率 α_c）吸附于表面时间 τ 后，再飞回空间。以气态存在的气体，会使该空间的压力上升，压力的变化率与该空间体积之积即为气态气体的增量 $-\mathrm{d}Q_1$，即

$$-\mathrm{d}Q_1 = ab\frac{\partial p}{\partial t}\mathrm{d}x \qquad (6-15)$$

对于吸附于管壁的气体，设分子按粘附概率 α_c 停留于表面，则在某时刻，单位面积上的平衡吸附分子数 σ 为

$$\sigma = \frac{1}{4}n\bar{v}\alpha_c\tau \qquad (6-16)$$

位于 x 和 $x + \mathrm{d}x$ 间的气体，在管壁停留的分子数，以气体量计时，有

$$-\mathrm{d}Q_2 = 2\beta(a+b)\mathrm{d}x\frac{\partial v}{\partial t} = \frac{1}{2}(a+b)\bar{v}\alpha_c\beta\tau\frac{\partial p}{\partial t}\mathrm{d}x \qquad (6-17)$$

式中：β 为粗糙系数，即真实表面与几何表面之比；τ 是与分子振动周期有关的时间常数。

$\mathrm{d}Q_1$ 和 $\mathrm{d}Q_2$ 之和即为 $\mathrm{d}Q$，将它们的表达式代入，整理后得

$$D\frac{\partial^2 p}{\partial x^2} = \frac{\partial p}{\partial t} \qquad (6-18)$$

其中，

$$D = \frac{C_1}{ab + \frac{1}{4}(a+b)\bar{v}\alpha_c\beta\tau} \qquad (6-19)$$

D 反映了气体储存于管道空间及吸附于表面这两个过程;C_1 是长管的流导,α_c 为粘附概率,β 为粗糙系数即真实表面积与几何表面积之比,τ 是与分子振动周期有关的时间常量。对于不同场合的边界条件,可以求解许多具体的结果。

根据动力学方程和边界条件,得到初始模型为

$$\begin{cases} D\dfrac{\partial^2 p}{\partial x^2} = \dfrac{\partial p}{\partial t} \\ p = 0 : 0 < x < L ; t = 0 \\ p = p_0 : x = 0, x = L ; t = 0 \end{cases} \quad (6-20)$$

这是一个普通的分子扩散方程,可以通过分离变量法得到精确解。把非齐次边界条件转换为齐次边界条件,设

$$p(x,t) = q(x,t) + p_0 \quad (6-21)$$

转换后得到

$$\begin{cases} D\dfrac{\partial^2 p}{\partial x^2} = \dfrac{\partial p}{\partial t} \\ q = -p_0 : 0 < x < L ; t = 0 \\ q = 0 : x = 0, x = L ; t = 0 \end{cases} \quad (6-22)$$

解:
$$q(x,t) = \sum_{n=1}^{\infty} c_n \sin\dfrac{n\pi x}{L} e^{-(n\pi/L)^2 Dt}$$

式中:
$$c_n = -\dfrac{2}{L}\int_0^L p_0 \sin\dfrac{n\pi x}{L}\mathrm{d}x = \dfrac{2p_0}{n\pi}(\cos n\pi - 1) \quad (6-23)$$

得到压力 p 的解:
$$p(x,t) = p_0 + \sum_{n=1}^{\infty} \dfrac{2p_0}{n\pi}(\cos n\pi - 1)\sin\dfrac{n\pi x}{L} e^{-(n\pi/L)^2 Dt} \quad (6-24)$$

其中,
$$D = \dfrac{C_1}{ab + \dfrac{1}{4}(a+b)\bar{v}\alpha_c\beta\tau} \quad (6-25)$$

由此可得,反应前驱体从管道两端口进入,在吸附和扩散同时发生的情况,大长半径比管道中间要达到两端口处的压力所需要的时间很短($t<1\mathrm{s}$),确定了原子层沉积技术在管道内壁镀膜在时间上是可行的。

为了分析反应物压力对覆盖率 Q 的影响,做出两个基本假设:①表面所有的吸附位都是等效的;②相邻的吸附位之间相互没有影响。那么,吸附速率 r_a 正比于反应物压力 P 乘以表面未覆盖的部分$(1-Q)$,于是得到,化学吸附覆盖率的变化率 $\mathrm{d}Q/\mathrm{d}t$:

$$\dfrac{\mathrm{d}Q}{\mathrm{d}t} = r_a = k_a p(1-Q) \quad (6-26)$$

假设温度和压力不变,解微分方程得到覆盖率 Q 和时间 t 的关系为

$$Q = 1 - e^{-k_a pt} \tag{6-27}$$

式中:k_a 为吸附常数,根据 Arrhennius 方程 $k_a = Ae^{-E_i/RT}$,其中,A 为指数因子;E_i 为激活能;R 为气体常数;T 为绝对温度。 (6-28)

由式(6-28)可知,温度越高,反应速率越快。反应前驱体压力越高,表面吸附达到饱和越快。

假设在单位时间内,碰撞到单位面积基片上的气体分子数为 Γ(称为碰撞数)。那么在单位时间内碰撞到一个 2D 单元上的气体分子数 λ_{Arr} 为

$$\lambda_{Arr} = \Gamma \cdot S$$

式中:S 为一个 2D 单元的面积。

然后对每一个 2D 单元取一个均匀分布的随机数 $z(0,1)$,则对于位置为 (x,y,k) 的 2D 单元来说,气体分子到达的时间可表示为

$$T_{x,y,k,Arr} = \frac{-\lg(z)}{\lambda_{Arr}} \tag{6-29}$$

由于气体分子服从麦克斯韦速率分布率,在 dt 时间内碰撞在基片面积元 dA 上的速度分量在 $v_x - v_x + dv_x$ 之间的分子数为

$$dN_{vx} = nf(v_x)v_x dv_x dt dA$$

式中:n 为气体分子数密度。考虑 $v_x < 0$ 的分子显然不会与 dA 相碰,所以将上式从 0 到 ∞ 对 v_x 积分,即可求得碰撞数 Γ。

$$\Gamma = \frac{dN}{dt dA} = n\int_0^\infty f(v_x)v_x dv_x = n\left(\frac{m}{2\pi kT}\right)^{\frac{1}{2}} \int_0^\infty e^{-mv_x^2/2kT} v_x dv_x \tag{6-30}$$

通过积分可以求得

$$\Gamma = \frac{1}{4} n \left(\frac{8k_0 T}{\pi m_0}\right)^{\frac{1}{2}} \tag{6-31}$$

式中:k_0 为玻尔兹曼常数;m_0 为气体分子质量;T 为绝对温度值;n 为气体摩尔数可以通过气体的理想状态方程求得

$$PV = nRT \tag{6-32}$$

通过以上的等式,在已知气体的分子量、温度、压力的情况下,可以计算出碰撞数 Γ。经过随机数抽取,最终得到每个 2D 单元(x,y,k)中气体分子到达的时间值,从而形成一张气体分子到达列表。

由反应动力学可知,对于大多数的化学反应,速率常数 λ_R 与反应温度关系可表示为

$$\lambda_R = \nu e^{-\frac{E_R}{RT}} \tag{6-33}$$

式中:ν 为频率因子;E_R 为反应活化能;R 为气体常数,$R = 8.134 \text{J}/(\text{mol} \cdot \text{K})$。

反应物分子只能通过碰撞才有可能发生反应,但并非所有的碰撞都有效,只

有被激发的反应物分子-活化分子的碰撞才有可能奏效。活化能的大小是表征化学反应进行难易程度的标志。活化能大,反应不易进行;反之则容易进行。但是活化能 E 并非表征反应难易程度的唯一因素,它与频率因子 ν 共同决定反应速率。依据量子理论,分子的振动能只能取一系列不连续的值,如果把分子内原子间的相对振动近似的看作简谐振动,其振动能只能取下列分立的数值:

$$\varepsilon_s = \left(n + \frac{1}{2}\right)h\nu, n = 0,1,2,\cdots \tag{6-34}$$

式中:正整数 n 为振动量子数;h 为普朗克常数。

在常温下,气体分子几乎全部分子都在振动的基态($n=0$)。当气体温度在一定范围内变化时,其振动的平均能 $\varepsilon_s = h\nu/2$ 不变。假设分子中的原子只有一个振动自由度,由于是简谐振动,所以振动的平均势能等于振动的平均动能,分子在每一个自由度都具有相同的平均动能,其大小等于 $kT/2$,分子平均振动能为 kT。因此有

$$\varepsilon_s = \frac{1}{2}h\nu = kT \Leftrightarrow \nu = \frac{2kT}{h} \tag{6-35}$$

由式(6-35)可得

$$\lambda_R = \nu e^{-\frac{E}{RT}} = \frac{2kT}{h} e^{-\frac{E}{RT}} \tag{6-36}$$

同理,对每一个可能发生反应的 2D 单元取一个均匀分布的随机数 (x,y,k) 的 2D 单元来说,反应时间可表示为

$$T_{x,y,k,R} = \frac{-\lg(z)}{\lambda_R} \tag{6-37}$$

在原子所处位置上的邻位中,若存在三个或三个以上的异种原子时,则认为该原子达到了稳定状态,否则将可能发生解吸。对于解吸事件,可以采用反应事件的概率模型,只是需要将反应激活能改称解吸激活能。

$$\lambda_D = \nu e^{-\frac{E_D}{RT}} \tag{6-38}$$

式中:ν 为频率因子;E 为解吸激活能;R 为气体常数,$R = 8.134 \text{J}/(\text{mol} \cdot \text{K})$。

对每一个可能发生反应的 2D 单元取一个均匀分布的随机数 z,那么对于位置 (x,y,k) 的 2D 单元来说,解吸时间可表示为

$$T_{x,y,k,D} = \frac{-\lg(z)}{\lambda_D} \tag{6-39}$$

通过将晶体结构与上述概率模型紧密联系,就可生成了一张事件时间列表。但并不意味着列表中的每一个事件都一定能够发生,它还需要进行时间管理。

仿真结果表明在薄膜生长初期,表面的结构主要为一些在初始原子尺度平滑的基底表面上形成的孤岛。随着沉积过程的继续,薄膜长大进入第二阶段,其特点为岛的横向生长,有时也会偶尔导致岛的合并。在较长的沉积时间,原子结

构达到动态平衡状态。随着厚度的增加,薄膜的生长表面越来越粗糙。对早期成核情况的对比分析发现,成膜后的生长表面形貌与早期成核有密切关系,薄膜的生长是初期成核的不断长大和聚合的结果。

原子层沉积过程中的前驱体温度,实质上就是化学反应温度,指的是接近基片表面的反应气体温度。在该仿真模型过程中,这个温度将直接影响前驱体到达事件。温度越高,气体分子运动越剧烈,单位时间内碰撞到基片上的粒子数也越多,发生反应的可能性也就越大。发现这一温度对沉积过程中的影响最为显著。发现当基片温度大于450K时,随着温度的升高,薄膜生长速率升高,薄膜生长速率增大。在不发生明显解吸现象的前提下,基片温度越高,整个过程中薄膜的生长速率的增加越快,而薄膜的表面粗糙度越小。一旦薄膜进入沉积的后期阶段,沉积速率围绕某平均值振荡,这主要是由各种化学反应达到平衡状态所造成的[63]。

模拟同时显示反应室真空度越高,沉积速率的增长越快,反应室在较低压力下,气体分子运动不剧烈,反应的激活能也不同,基片上已发生化学吸附的区域,薄膜不断纵向生长,而还未被薄膜覆盖的区域发生化学吸附的概率较小,加上碰撞粒子数不多,导致这些区域的薄膜生长速率极为缓慢。所以不同区域薄膜厚度之间的差值加大,表面粗糙度也随之增加;前驱体脉冲时间越长,沉积速率增快。但随着脉冲时间的增加,金属铝薄膜的沉积速率增长的变缓慢,当前驱体脉冲时间超过某一值时,沉积速率不再随之增长。

6.1.6 热控薄膜制备方案的选择及关键技术途径

1. 不同类型热控薄膜的制备方案

热控薄膜的制备方案选择与热控薄膜材料种类、基底选择、热控薄膜的尺寸及均匀性要求、制备效率以及镀膜机的具体配置都密切关联,因此具体方案的选择要综合上述多种因素考虑。

以沉积二氧化硅薄膜为例,如采用物理气相沉积技术,主要有蒸发镀膜、离子镀膜和溅射镀膜。溅射镀膜通常具有较好的致密度,膜层附着力高,缺点是溅射镀膜的沉积速率较低。如采用蒸发镀膜的方法,沉积速率可以得到很大的提高。通常的真空蒸发镀膜,由于沉积能量低,薄膜的附着性能比溅射镀膜差。但是如果镀膜机配置离子源,可以采用离子束辅助沉积的蒸发镀膜的手段,能够明显提高二氧化硅的附着力。

对于复合多层热控薄膜,尽可能考虑在镀膜机真空室内一次完成整个热控薄膜的制备。由于薄膜种类比较多,应优选采用兼容性好的制备方法,能够同时镀制金属膜、氧化物膜以及介质膜。在物理气相沉积方法中,考虑各种方法对成膜质量的影响以及对批量生产的适用性,通常采用磁控溅射成膜是恰当的。因为磁控溅射可以在接近常温成膜,成膜的质量因溅射粒子动能较大而较好,同时适于大面积较均匀连续化镀膜。

有关成膜的相关工艺研究包括磁控靶的设计,镀膜的分压比参数等的优化与控制,镀膜速度控制以及膜的均匀性控制等方面的工作。影响溅射速率的因素中,真空室的压强也是十分重要。对于反应磁控溅射,活性气体在溅射过程中大量消耗,而且反应速率与总压相关,所以氧与氩气的分压强的确定与控制需要大量试验和选用高精度的分压强控制仪才能得到比较满意的结果。

对于特殊情况的复合薄膜,如果磁控溅射的方法适应性不好,也可以考虑真空蒸发的镀膜方法。

2. 关键技术问题的解决途径

1) 聚酰亚胺耐湿热性能提高技术

聚酰亚胺镀锗膜耐湿热性能差的主要原因是聚酰亚胺镀锗膜处于大气环境时,表面吸附氧气形成很薄的氧化层,氧化层达到一定的厚度时出现钝化,但表面锗氧化层可溶于水,所以高湿度(特别是出现饱和状态)将潮蚀聚酰亚胺镀锗膜。如果锗膜的表面状态不好,结构不够致密,大量针孔存在等,都将大大增加比表面积,加速潮蚀效应。因此,通过镀膜工艺的改进。提高膜层致密度可以使其耐湿热性能提高。

通过磁控靶磁场调整,靶与基底距离的调整以及对溅射气压进行优化,使得沉积原子能量提高,可以增加薄膜附着力和致密度,改善聚酰亚胺镀锗膜的表面状态。

2) 介质膜低温高速沉积技术

Al_2O_3 薄膜是金属 – 陶瓷(介质)复合热控薄膜和 CCAg 光学多层复合薄膜的关键层。脉冲、中频和射频等反应磁控溅射方法制备的薄膜都受到迟滞现象的影响,在基底不加热且靶材处于金属态的情况下无法得到完全化学计量的 Al_2O_3 薄膜。如果采用基底加热或者靶材高度氧化的情况下来镀制,薄膜沉积速率低,无法适用于耐温不超过 250℃ 的柔性基底材料,不能实现薄膜的低温、高速沉积。在氧化物介质薄膜的脉冲反应磁控溅射沉积的过程中利用氧离子束辅助氧化(Ion Beam Oxidation, IBO),可实现氧化物介质薄膜的低温、高速沉积。此方法在镀膜时调整氧气的流量,以保证磁控靶工作在金属模式下,通过调整离子源与溅射电源的参数使溅射的金属粒子在基底上氧化,使得沉积速率保持在金属模式的高速率,同时基底在不加热的情况下得到高纯度的氧化物薄膜。

3) 玻璃二次表面镜(OSR)金属反射膜膜层附着力增强技术

OSR 在使用时是粘贴在卫星外表面的,其在卫星发射时要经受各种振动的考验,所以要求其膜层与基底之间有较强的附着力,故提高膜层附着力对制备镀银 OSR 来说是极其重要的。

真空镀膜技术中,提高膜层附着力的方法有很多,目前采用离子束清洗或镀膜过程采用离子束辅助沉积可以有效提高其附着性能。离子束清洗装置结构简单,只要在原有的真空镀膜机上安装一台宽束离子源,就可实现离子束清洗镀膜新工艺。宽束离子源产生离子束,其束流密度、能量可以精确控制。离子束清洗应用在镀膜沉积前,用离子束轰击基片,溅射基片表面的污染物进行净化,同时也对基片表面除气。因基底表面物理吸附气体分子的吸附能量为 0.1~0.5eV,化学吸附的吸附能量为 1~8eV,因此选择恰当的离子能量对基片进行轰击,入射离子就能使表面吸附物质解吸,达到基片表面清洁、活化的目的,从而有利于改善膜层附着力。

4)宽幅热控薄膜均匀性控制技术

薄膜的均匀性控制对导电膜镀制而言比纯金属膜镀制的要求要高,因为金属高反射膜是全反射膜,所以膜的厚薄对均匀性影响不大。可导电膜的厚薄均匀性会影响到膜面电阻大小分布,故应注意调节在整个镀膜宽度区上厚薄的均匀性,不宜相差过大。

由于大的镀膜系统结构的变化,磁控靶结构需要重新设计满足镀膜均匀性工况的需要,采用非平衡磁控靶的结构才可保持靶面足够的磁场强度,有效的约束等离子体,使溅射过程得以强化并达到所期望的成膜速率;另外可以通过适当的狭缝调节装置来保证宽幅薄膜面电阻的均匀性。

6.2 热控薄膜表征

6.2.1 薄膜材料的晶体结构分析

1. X 射线衍射(X – ray Diffraction,XRD)

X 射线衍射分析的基础是 X 射线晶体学,是利用 X 射线在周期性晶格结构上的衍射效应对材料的结构进行分析,其基本原理示意于图 6 – 18。

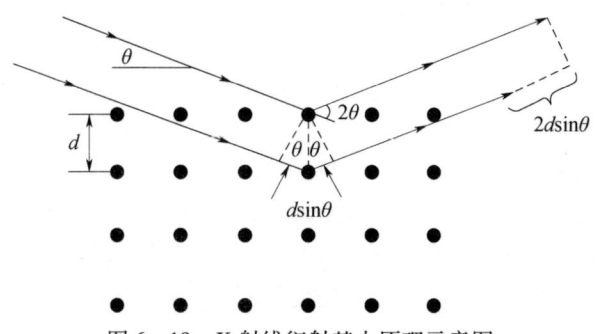

图 6 – 18 X 射线衍射基本原理示意图

晶体对 X 射线产生衍射效应的基本原理是布拉格(Bragg)公式：
$$2d\sin\theta = n\lambda \tag{6-40}$$
式中：d 为晶面间距；θ 为衍射角；λ 为 X 射线波长；n 为 X 射线干涉的级数。

若满足 Bragg 相干条件，就会出现干涉极大值，对应的是衍射峰的位置。XRD 测出的是衍射强度随衍射角的变化，即得到 X 射线衍射谱，对照 X 射线衍射标准卡片进行定性和定量的分析，可以获得有关材料晶体点阵类型、点阵常数、结晶取向、缺陷和应力等一系列结构信息。

X 射线定性相分析是将样品和已知物相的粉末衍射卡片集(Powder Diffraction File, PDF)进行对比，一旦两者相符，则表明待测物相与已知物相是同一物相。常用的比较方法如下：

(1) 通过图谱直接对比待测样品和已知物相的谱图。该方法直观简便，但相互比较的谱图应在相同的实验条件下获取。一般比较适合于常见相及可推测相的分析。

(2) 计算机自动检索鉴定法将样品的实测数据输入计算机，由计算机按相应的程序与标准物相衍射数据库进行检索对比。

根据 XRD 谱，通过测量衍射峰的半高宽(FWHM)，可以利用 Debye-Scherrer 公式来估算晶粒的平均尺寸：
$$D = k\lambda/\beta\cos\theta \tag{6-41}$$
式中：k 为 Scherrer 常数(通常取 0.81~1)；β 为 XRD 峰的半高宽；λ 为 X 射线波长；θ 为布拉格衍射角。

图 6-19 为溅射法沉积的智能热控材料 $La_{1-x}Sr_xMnO_3$ 薄膜的 XRD 图谱。从图 6-19 的结果看，两者均为赝立方钙钛矿结构。因为畸变的程度与衍射峰的分裂直接关联，所以，$La_{0.67}Sr_{0.33}MnO_3$ 薄膜的畸变比 $La_{0.8}Sr_{0.2}MnO_3$ 薄膜要小，但并不明显，这主要与薄膜衍射峰的强度有关。理想条件下，Mn-O-Mn 键角为 180°。当 A 位直径减小时，为减小 A 位附近多余的空隙，键长缩短，Mn-O 八面体发生倾斜和旋转。A 位的减小主要影响 Mn-O-Mn 的键角，使其角度变小，而键角的变小会减小 e_g 电子在相邻 Mn 格点上的迁移，使体系电阻增加，居里温度 T_C 降低。对于 $La_{0.67}Sr_{0.33}MnO_3$ 薄膜，其 A 位离子直径较 $La_{0.8}Sr_{0.2}MnO_3$ 薄膜大，其容差因子 t 大于 $La_{0.8}Sr_{0.2}MnO_3$ 薄膜，晶体的畸变变小。但是对于同种掺杂浓度，A 位直径减小能够降低晶格常数，而晶格常数的减小能够提高波函数的重叠程度，增加了电子的跃迁概率，这将有利于居里温度的提高。

2. 透射电子显微镜(Transmission Electron Microscope, TEM)

TEM 是以波长极短的电子束作为辐射源，用电磁透镜聚焦成像的一种具有高分辨、高放大倍数的电子光学仪器。它可以直接对材料的形貌、结构进行观察，获取直观的信息。电子衍射几何学与 X 射线衍射一样，都遵循布拉格方程，

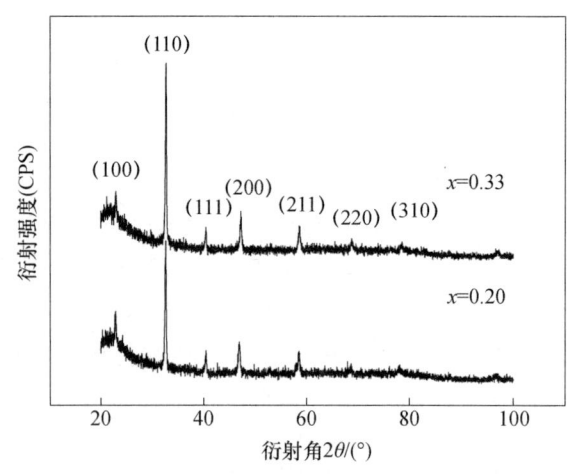

图 6-19　$La_{0.67}Sr_{0.33}MnO_3$ 和 $La_{0.8}Sr_{0.2}MnO_3$ 薄膜 XRD 图谱

其主要区别在于电子波的波长短,因而受到物质的散射强,并且它使单晶的电子衍射谱和晶体倒易点阵的二维截面完全相似,从而使晶体几何关系的研究变得较为简单。

6.2.2　薄膜材料的微观结构分析

分析薄膜材料微观结构的方法很多,如拉曼光谱可以获取材料中晶粒尺寸及其分布、晶态比、应变等信息;傅立叶变换红外光谱可以获得物质结构方面的信息,定性或定量表征样品的结构与组成;原子力显微镜、透射电子显微镜和扫描电子显微镜(SEM)可以分析薄膜样品的表面形貌,因观察目的和样品状态不同,SEM 的分辨率一般在纳米到微米范围内,放大倍数从几倍一直到 10^5 倍。

1. 拉曼光谱

拉曼散射(Raman Scattering)是一种快速便捷、对样品无损坏的研究材料晶格振动信息的表征手段,它能获取材料中晶粒尺寸及其分布、晶态比、应变等信息。拉曼散射是光作用于物体,有一部分光被散射,其频率不同于入射光频率,并且频率位移强烈地依赖于作用物质的分子结构,这种光与物质发生的非弹性散射效应即为拉曼散射。另外,当光束与物质发生作用时,还存在着一种弹性散射效应,即 Rayleigh 散射。Rayleigh 散射与物质分子结构无关,散射光频率与入射光频率相同。

从电动力学的观点看,拉曼散射源于物质结构中化学键的电子云分布在电场作用下产生的瞬间形变(极化)。当极化还原时伴随的光发射即拉曼散射。从量子力学观点可以更好地理解拉曼散射效应。处于基态的分子与光子发生非弹性碰撞后被激发至一虚能态,如果分子回到某一激发态并伴随着光子的发射则称为 Stocks 散射;如果分子返回原态则为 Rayleigh 散射;如果处于某一激发态的分子被激发至一虚能态并返回至基态,伴随发生的光发射为 Anti – Stocks 散射。斯托克斯线或反斯托克斯线与入射光频率之差称为拉曼位移(Raman Shift)。图 6 – 20 示意了上述三种散射过程。

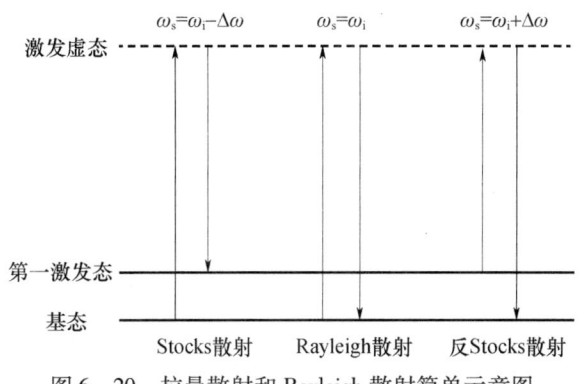

图 6 – 20 拉曼散射和 Rayleigh 散射简单示意图

除了分子与光子间的非弹性碰撞产生拉曼散射外,固体结构中的声子对入射光子的非弹性散射亦产生拉曼散射,并已广泛地应用于对物质相结构的评价。需要强调的是,在利用拉曼光谱对薄膜进行测量时,由于通常所用的激光波长较短,对薄膜的穿透深度较浅,因此,拉曼光谱无法反映出较厚薄膜的全部信息,一般给出的是材料表面以下约 100nm 深度的表层结构信息。

图 6 – 21 给出了高热导金刚石材料的(100)和(111)取向的拉曼谱线,它位于 1332cm^{-1},是金刚石 Stocks 散射和 Anti – Stocks 散射的波数差。另外从图中

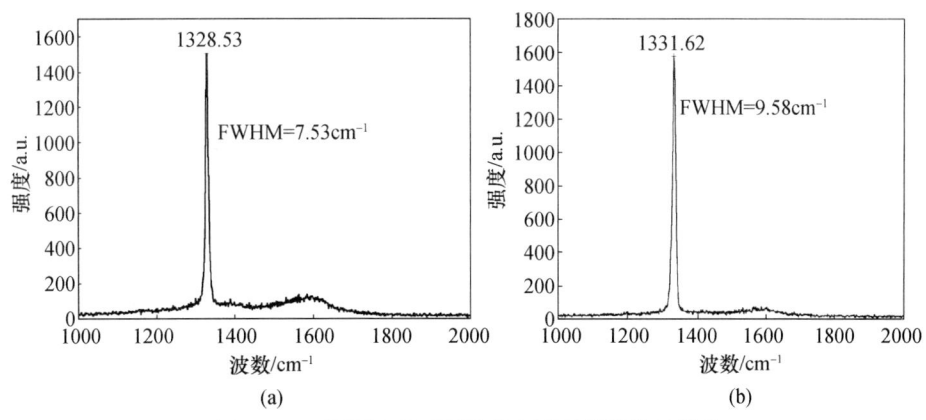

图 6 – 21 增强取向不同的的金刚石薄膜拉曼谱线
(a)(100);(b)(111)。

可以看出,(100)增强取向金刚石薄膜的一级拉曼散射峰的半高宽比(111)取向金刚石薄膜的小 2cm^{-1},说明了(100)增强取向金刚石薄膜的晶体质量更高。

2. 傅里叶变换红外光谱(Fourier Transform Infrared Spectroscopy,FTIS)

利用傅里叶变换红外(FTIS)光谱测量物质结构是目前广泛应用的方法之一,具有快速、简便、可靠的优点,对样品没有特殊的限制。

3. 原子力显微镜(Atomic Force Microscope,AFM)

AFM 是由 Binnig,Quatc 和 Gcber 于 1986 年共同发明的。与扫描隧道显微镜(STM)以隧穿电子作为探测手段不同,AFM 是靠探测针尖与样品表面微弱的原子间作用力($10^{-8} \sim 10^{-6}$N)的变化来观察表面结构,得到对应于表面总电子密度的形貌。因此,AFM 测量对样品的导电性无要求,突破了 STM 仅适用于导体和半导体材料测量的限制。目前,AFM 在材料表面观察、纳米材料的结构研究、纳米反应和纳米操控、表面力测量、材料表面原子操纵等诸多领域均获得了广泛应用。

离子束氧化中氧氩离子的轰击有助于降低薄膜的粗糙度,减少表面散射,改善薄膜的光学性能。为研究离子能量不同对薄膜表面形貌的影响,对不同离子源电压制备的高发射率层 Al_2O_3 薄膜进行了 AFM 表面形貌分析,测试结果见图 6-22。可以看出,在无氧离子束辅助时薄膜表面的粗糙度最大,加入离子束辅助后薄膜表面的粗糙度随离子源电压的增加而减小,但当离子源电压达到 500V 时薄膜表面出现了刻蚀现象。

4. 扫描电子显微镜

当聚焦电子束射向物质时,会产生二次电子、背散射电子、俄歇电子、特征 X 射线、透射电子等(图 6-23)。通过采集并分析这些"结果信号",可以获得不同的材料微结构与元素组成信息。SEM 具有景深大、图像立体感强、放大倍数范围大且连续可调、分辨率高、样品室空间大和样品制备简单等特点,已成为材料研究不可缺少的分析工具。

为观察(111)取向微米晶金刚石薄膜和(100)增强取向的微米晶金刚石薄膜的形貌,对样品进行了表面和断面的扫描电镜观察,照片如图 6-24 和图 6-25 所示,(111)取向微米晶金刚石薄膜具有非常粗糙的表面,表面粗糙度为 450nm,呈现出三角晶形,晶粒尺寸在 $8 \sim 15\mu m$ 之间,晶面存在较多孪晶、位错等缺陷,存在较多的晶界;(100)增强取向的微米晶金刚石薄膜呈现出明显的四边形晶体形貌,晶粒较均匀,晶粒尺寸为 $3 \sim 5\mu m$,晶面平整无孪晶,薄膜表面粗糙度为 118nm,远小于具有同样厚度($21\mu m$)的(111)取向金刚石薄膜的表面粗糙度。

金刚石导热薄膜采用波长为 248nm 的激光抛光时,必须转化成对激光强吸收的、导热性差的物质。激光抛光金刚石时,金刚石通过石墨化及石墨升华的机

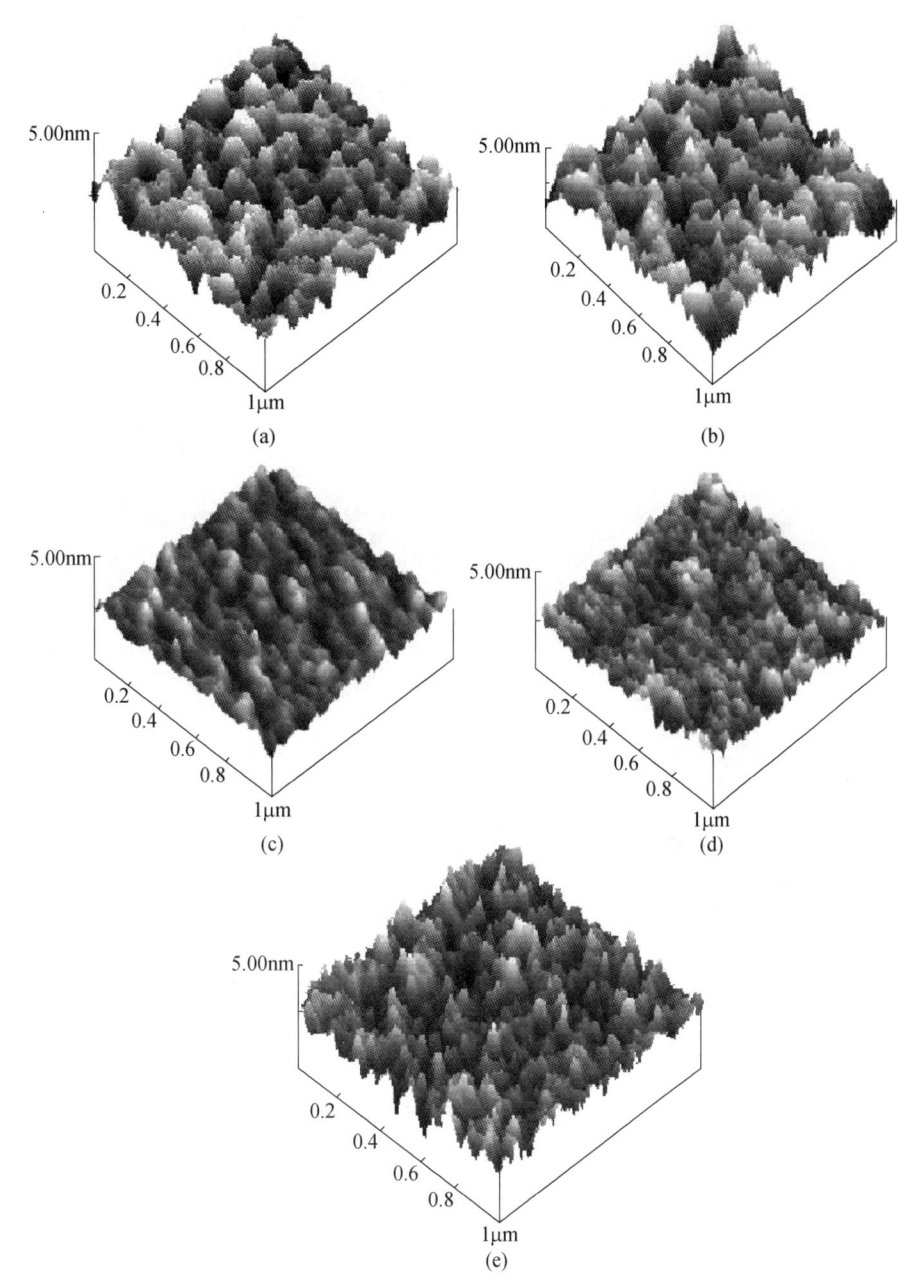

图 6-22 不同离子源电压制备的 Al_2O_3 薄膜的 AFM 表面形貌

(a)传统反应磁控溅射;(b)100V;(c)200V;(d)300V;(e)500V。

理被去除,随着激光能量的增加,金刚石能够吸收更多的能量向石墨转化并被刻蚀除去。图 6-24 为不同激光能量密度下抛光金刚石薄膜的表面形貌,随着激光能量密度的增加,金刚石晶粒尖峰被抛光的面积逐渐变大。

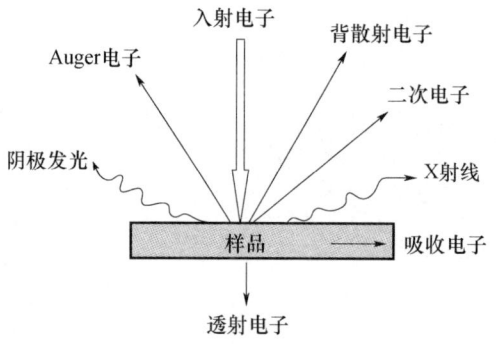

图 6-23 聚焦电子束与物质间的相互作用示意图

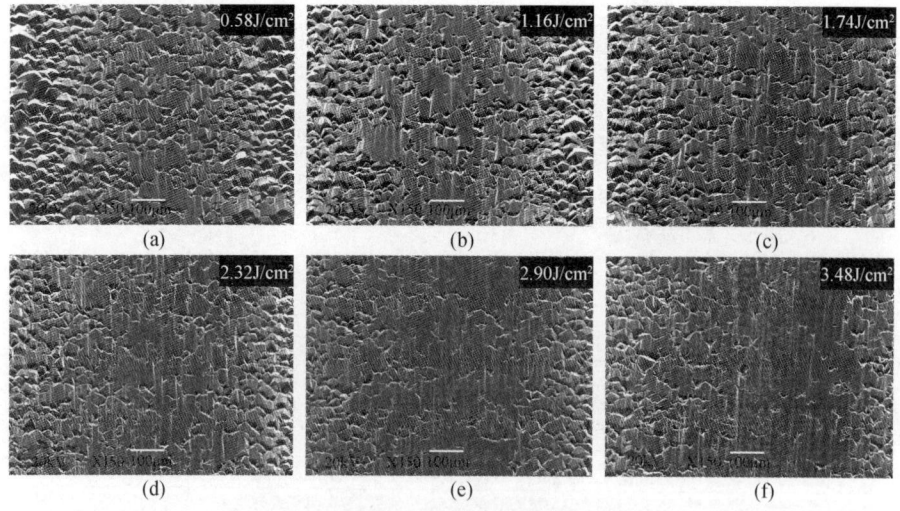

图 6-24 不同激光能量密度下抛光金刚石薄膜的表面形貌
(a)0.58J/cm²;(b)1.16J/cm²;(c)1.74J/cm²;(d)2.32J/cm²;(e)2.90J/cm²;(f)3.48J/cm²。

如图 6-25(a)~(e)所示是在激光重复频率 20Hz、激光能量 400mJ、脉冲数 4000 条件下的金刚石薄膜在不同倾角下抛光后的表面形貌,表面粗糙度表现出随样品倾角的增加先降低后升高。样品倾角增加使得激光焦点在金刚石薄膜上的投影面积减小,相当于增加了激光能量密度,因此抛光速率变大,金刚石薄膜的表面粗糙度首先随着倾角的增加而降低,合适的样品倾角在 10°左右;随着样品倾角的继续增加,激光能量密度急剧增大,由于 CVD 异质生长金刚石薄膜的多晶特点,激光掠入射金刚石薄膜时在晶粒背面存在阴影,同时激光与金刚石不同晶粒的相互作用存在差异,在激光抛光金刚石薄膜过程中常呈现出波纹状表面轮廓使金刚石薄膜的表面粗糙度反而增大。因此,在激光抛光金刚石薄膜过程中,采用旋转样品的方法可以降低波纹状形貌的形成。

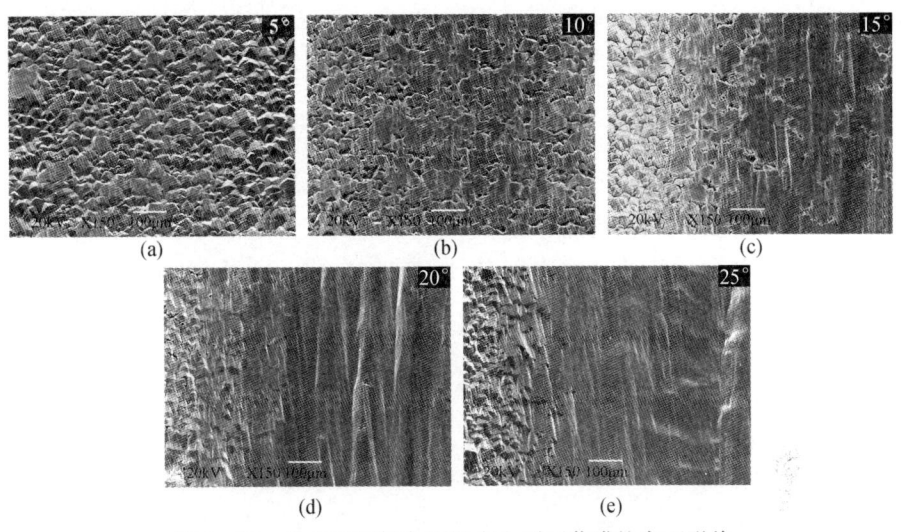

图 6-25　为在不同倾角下抛光金刚石薄膜的表面形貌
(a)5°;(b)10°;(c)15°;(d)20°;(e)25°。

6.2.3　薄膜材料的化学组成分析

1. X 射线光电子能谱分析(XPS)

XPS 就是利用 X 射线作用于样品表面时,X 射线被样品吸收而使表面原子的内层电子脱离原子成为自由电子,这就是 X 光电子,通过分析光电子的能量分布来得到光电子能谱,它是研究样品表面组成和结构常用的一种方法。

电子结合能是指原子中某个电子吸收了一个光子的全部能量后,消耗掉一部分能量以克服原子核的束缚而到达样品的费米能级,这一过程消耗的能量也就是这个电子所在的费米能级。电子结合能是光电子能谱要测定的基本数据。

样品的电子结合能 E_b 为

$$E_b = h\nu - E'' - \phi_{仪} \qquad (6-42)$$

式中:$h\nu$ 为电子吸收的入射光子能量;E'' 为自由电子能量,由电子能谱测得;$\phi_{仪}$ 为仪器材料的功函数,一般约为 4eV。

XPS 的分析手段与 AES(俄歇电子能谱术)比较类似,其优越性主要有以下几个方面:

(1) 因 X 射线诱发的离解和脱吸附的散射截面比电子轰击的相应截面要小的多,因而可用 XPS 非破坏性地对辐射敏感材料进行分析。

(2) 由于入射光束是中性的 X 射线,不会对被分析表面充电,所以用 XPS 可分析绝缘体。

（3）由于原子内壳层电子的能级还受到价态及化学键类型的影响，因此 XPS 可得到关于化学键的信息[64]。

但 XPS 的横向分辨率很差，因为 X 射线束不像电子束那样细，其截面直径有 1~2mm，这点也与 AES 比较像。

图 6-26 是 XPS 观测的一例，表示不同组份下 LSMO 薄膜的 X 射线光电子能谱。图 6-26(a) 为 LSMO 薄膜的 XPS 全谱图，显示了典型的 La 3d, La 4d, Sr 3d, Sr 3p, Mn 2p 及 O,1s 的芯能级光电子图谱。为了解薄膜材料的化合价态，对两种组分 LSMO 薄膜中 Mn 元素做精细扫描。因为 $\alpha-Mn_2O_3$ 和 $\beta-MnO_2$ 的 Mn $2p_{3/2}$ 的结合能非常接近，分别为 641.9eV 和 642.2eV，而它们的 $Mn_{2P1/2}$ 结合能则均与 Mn $2P_{3/2}$ 相差 11.6eV。因此无法直接从 Mn 2p 来确定 Mn 的存在价态。两种掺杂组分的 LSMO 薄膜明显存在峰形的不对称。因为这种不对称是 Mn^{3+} 和 Mn^{4+} 共同存在的结果，因此，将 XPS 的峰强度按 Mn^{3+} 和 Mn^{4+} 的两条的 Mn 2p 解谱，可获得 Mn^{3+} 和 Mn^{4+} 相对含量大小的信息。对 $La_{0.8}Sr_{0.2}MnO_3$ 薄膜和 $La_{0.67}Sr_{0.33}MnO_3$ 薄膜按高斯分布对 Mn 2p 峰（Mn $2p_{1/2}$ 和 Mn $2p_{3/2}$）进行解谱（结果见图 6-26(b)）。由解谱得到 $La_{0.8}Sr_{0.2}MnO_3$ 和 $La_{0.67}Sr_{0.33}MnO_3$ 薄膜的 Mn $2p_{1/2}$ 和 Mn $2p_{3/2}$ 半高宽，计算出 β（半高宽在高结合能一侧的值与半高宽在低结合能一侧的值之比）。研究结果表明 β 随 Mn^{4+} 含量的增大而增大值分别为 2.018 和 2.725。说明后者的 Mn^{4+} 远大于前者。

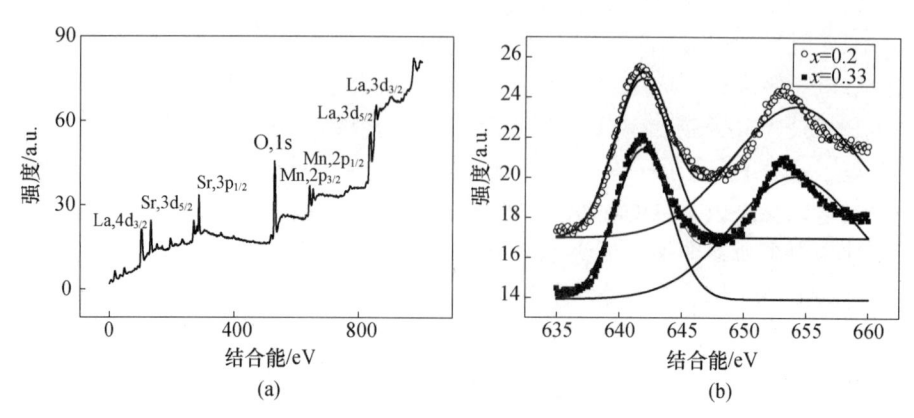

图 6-26 LSMO 薄膜的光电子能谱
(a) 宽程扫描谱；(b) 窄程扫描及谱峰分解。

2. 其他的成分分析方法

其他的成分分析方法主要包括质谱分析、电子探针、能量散射谱等方法，这些测试方法有些是作为独立的测试方法而存在，如质谱分析和电子探针，而能量散射谱仪则一般是作为扫描电子显微镜的附件而使用，在此不再赘述。

6.2.4 薄膜材料的光学性能分析

1. 光谱法

光谱法又分反射光谱法和透射光谱法。对于热控薄膜，通常只关注 250～25000nm 范围的光谱特性。可见到近红外光谱主要影响热控薄膜的 α_s，而发射率的大小则主要决定于中红外的光谱特性。热控薄膜的光谱特性取决于材料本身的光学特性和薄膜与基底的具体组合形式。

通常真空紫外到可见光区与电子的跃迁能级有关，而红外光谱通常与分子的振动能级有关。

当样品受到一束波长连续变化的光源照射时，电子和分子吸收了某些频率的辐射而发生能级的跃迁或振动（转动），同时使对应区域的反射或透射光强度发生变化。通过记录不同波长下的透射率（或反射率）的变化曲线，得到的就是该物质的光谱曲线。

图 6-27 给出了不同厚度的智能热控材料 $La_{1-x}Sr_xMnO_3$（LSMO）薄膜的红外反射谱。基底材料的光谱反射率也一并绘出。薄膜材料由于本身很薄，整个薄膜-基底系统的反射光谱同时受薄膜材料本身和基底的影响，因此需要有效地剥离基底对薄膜材料光学性能的影响因素才能得到薄膜的真实光学参数。在 585cm^{-1} 波数附近，可以观察到明显的伸缩模式的声子结构，这主要是由于薄膜厚度小，电磁波不能被薄膜完全吸收。一部分透过薄膜的电磁波会在薄膜-基底界面发生多次反射，并有一部分透过空气-薄膜界面返回空气介质，使光谱反射率出现非规律性的变化。另外，薄膜反射率有一个明显的特征，在波数 750cm^{-1} 以下，3 种薄膜的反射率具有相似的变化趋势。随厚度的增加，薄膜的反射率依次增加。对于 750nm 和 1200nm 厚的薄膜，在此波段反射率的数值差别非常接近，但 750cm^{-1} 波数以上薄膜的反射谱，无论变化趋势及数值大小均存在较大差异。

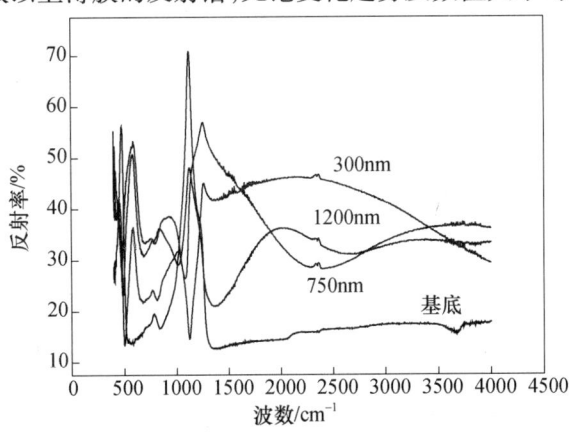

图 6-27 $La_{0.80}Sr_{0.2}MnO_3$ 薄膜的红外反射谱

通常测试得到的是基底和薄膜组合的光谱,如果需要解析薄膜本身的光学特性,需要结合数学工具将测试光谱进行反演,得到其复数光学常数(包括折射率和消光系数)、光学带隙、薄膜厚度等。反演中一般需要利用光学薄膜的原理。光学薄膜的原理在第1章已有介绍,单层膜的情况,可以依照以下各公式进行计算。对空气/薄膜/基底/空气这样的3层界面的体系(各层介质厚度均匀、各向同性),考虑到3层界面处的反射或透射,即空气/薄膜(下标1)、薄膜/基底(下标2)和基底/空气(下标3),那么总的光透射谱和从薄膜表面测得的反射谱分别可由下列方程计算得到:

$$T_{1,3} = \frac{(1-R_1)(1-L)T_{2,3}a_1}{1-R_1(1-L)T_{2,3}a_1^2} \qquad (6-43)$$

$$R_{1,3} = (1-L)R_1 + \frac{(1-R_1)^2(1-L)^2R_{2,3}a_1^2}{1-R_1(1-L)R_{2,3}a_1^2} \qquad (6-44)$$

其中, $a_1 = \exp(-a_{\text{film}}d_{\text{film}})$, $a_2 = \exp(-a_{\text{substrate}}d_{\text{substrate}})$, a 和 d 分别是吸收系数和介质层厚度,且

$$T_{2,3} = \frac{(1-R_2)(1-R_3)a_2}{1-R_2R_3a_2^2} \qquad (6-45)$$

$$R_{2,3} = R_2 + \frac{(1-R_2)^2R_3a_2^2}{1-R_2R_3a_2^2} \qquad (6-46)$$

参数 L 是薄膜表面可能的光损耗比列常数(无损耗时 $L=0$), R_1, R_2 和 R_3,分别是3个界面处的反射系数,可由式子 $R = (n_i - n_j)^2/(n_i + n_j)^2$ 计算得到。

需要指出的是,仅仅用光学反射谱或透射谱很难提取所要研究的物理参数,还需要借助经验公式或介电函数模型等来描述薄膜层的光学常数,这类方法一般称之为光谱拟合法。关于这种方法的介绍可参考相关的文献。

图6-28为利用UV/VIS/NIR分光光度计测量的银基复合热控薄膜高发射率 Al_2O_3 薄膜在不同离子源电压沉积条件下的透过率曲线,可以看出传统的脉冲反应磁控溅射(离子源电压为0)沉积的薄膜有较大的吸收,显示出Al未被全部氧化,因而形成了金属-介质掺杂的高吸收薄膜。当离子源阳极电压大于300V后薄膜的透过率曲线与 Al_2O_3 理论透过率曲线基本重合,也表明薄膜为完全化学剂量比的 Al_2O_3 薄膜。同时试验中发现在100V左右存在一临界电压,当离子源阳极大于此临界电压,则离子束有足够的能量与Al金属薄膜反应合成 Al_2O_3,反之若离子源阳极小于此临界电压,则离子束没有足够的能量与Al薄膜形成氧化。

2. 椭圆偏振法

椭偏测量法是利用偏振光束在界面和薄膜上反射或透射时发生的偏振态变化,来研究在两媒质界面或薄膜中发生的现象及其特性。椭圆偏振光谱测量的

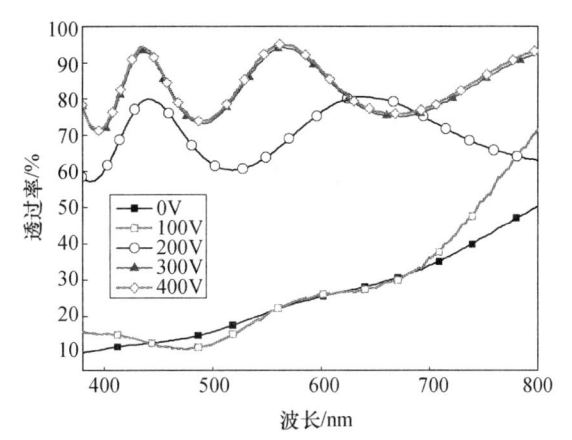

图 6-28 不同离子源电压沉积 Al$_2$O$_3$ 薄膜的透过率光谱

基本公式是:

$$r_{ps} = \frac{R_p}{R_s} = \tan(\psi) e^{i\Delta} \quad (6-47)$$

光学椭偏仪测量的是电场的水平分量 R_p 与垂直分量 R_s 的反射系数之比 r_{ps},$\tan(\psi)$ 给出了 p 偏振光(平行于入射面)矢量反射波和 s 偏振光(垂直于入射面)矢量反射波的复振幅反射系数,Δ 给出了反射引起的两个电矢量间的相位移差。椭圆偏振光谱测量得到的两个参数 ψ 和 Δ 是光波长和入射角度的函数。一旦测量出椭偏参数 ψ 和 Δ 的值,则可以利用数值方法逆推出待测样品的介电常数和厚度。

6.2.5 薄膜材料的电学性能分析

1. 四探针法

四探针法是测量薄膜方阻广泛使用的一种方法,能分辨毫米级的材料的均匀性,测量迅速、不破坏薄膜。

四探针法的原理如图 6-29 所示。用等针距的四根探针同时压在样品的平整表面上,针距相同均为 1mm,测量时在探针 1、4 间施加一直流电压,针 1 在膜中产生的电场是以该针为中心的,在膜表面内辐射场距针 1 为 r 的场强为

$$E = \delta/\sigma = \frac{\rho I}{2\pi r d} \quad (6-48)$$

此电场在针 2、3 间产生的电位差为

$$V'_{23} = \int_0^\infty E dr = \frac{\rho I}{2\pi d} \cdot \ln 2 \quad (6-49)$$

式中:I 为通过针 1 的电流强度。同理,把针 4 视为负场源,它在针 2、3 间产生的电位差为

$$V_{23}^- = \frac{\rho I}{2\pi d}\ln 2 \tag{6-50}$$

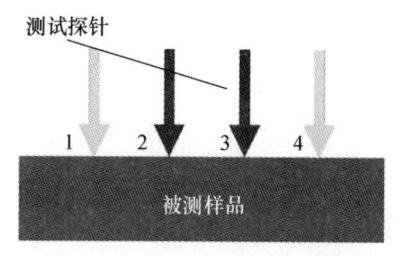

图 6-29 四探针法测电阻原理图

探针 2、3 间总电压为

$$V = V'_{23} + V_{23}^- = \frac{\rho I}{\pi d}\ln 2 \tag{6-51}$$

故方阻为

$$\rho_s = \rho/d = \frac{\pi}{\ln 2}\cdot\frac{V}{I} \tag{6-52}$$

测出探针 2、3 之间电压 V 和流过探针 1 的电流 I 就可以求出方阻 ρ_s。所得到的方阻值乘以薄膜的厚度就是薄膜的电阻率。四探针方法的优点在于探针和样品之间不必要求制备合金结电极,这样给测量带来了方便,而且准确度较高。

图 6-30 给出了 0.4~1.6Pa 溅射气体压力下制备的 LSMO 薄膜的电阻率。样品溅射功率相同,薄膜厚度近似,为 400±30nm,因此厚度差异对电阻率的影响可忽略。可以看出,尤其在 0.4~0.8Pa 的范围内,溅射压力对薄膜的电阻率的影响最为显著。溅射功率的提高也可以提高被溅射原子的动能,其效果和降低溅射气体压力的作用类似。

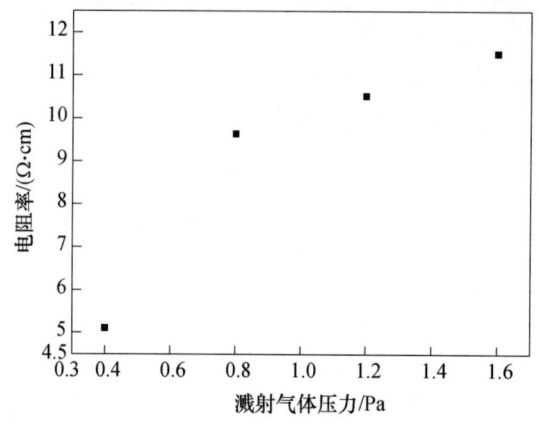

图 6-30 相同溅射功率条件下厚度近似 LSMO 薄膜的电阻率与溅射气体压力的关系

2. 霍耳测试

霍耳效应是研究半导体材料电学性能的重要方法,可以确定半导体材料的导电类型、载流子浓度、电子迁移率和电阻率。半导体霍耳测试主要利用范德堡结构法进行测试。霍耳测试要通过电路系统才能够实现,对霍耳片的电学性能进行测试的电路如图 6-31 所示。

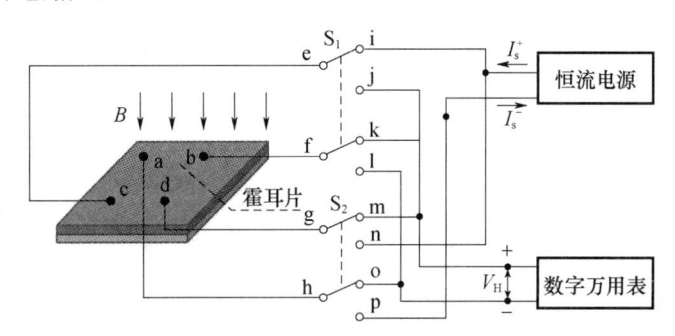

图 6-31 霍耳片测试电路图

在图中,开关 S_1,S_2 都是双刀双掷开关,当开关 S_1,S_2 均上掷时,调节控制电流 I_s、磁感应强度 B 大小及方向为第一次测量状态。S_1 连接方式是:e 与 i 连接;f 与 k 连接,S_2 的连接方式是:g 与 m 连接;h 与 o 连接。同理,第二组测材料电学特性研究量方式为开关 S_1,S_2 都向下掷时,S_1 的连接方式是:g 与 j 与连接;f 与 l 连接,S_2 的连接方式是:g 与 n 连接;h 与 p 连接。

霍耳效应原理很简单,对通电的导体或半导体施加一个与电流方向相互垂直的磁场 B,则在垂直于电流和磁场方向上有一横向的霍耳电势 $V_H(V)$,如图 6-32 所示。其数学表达式为

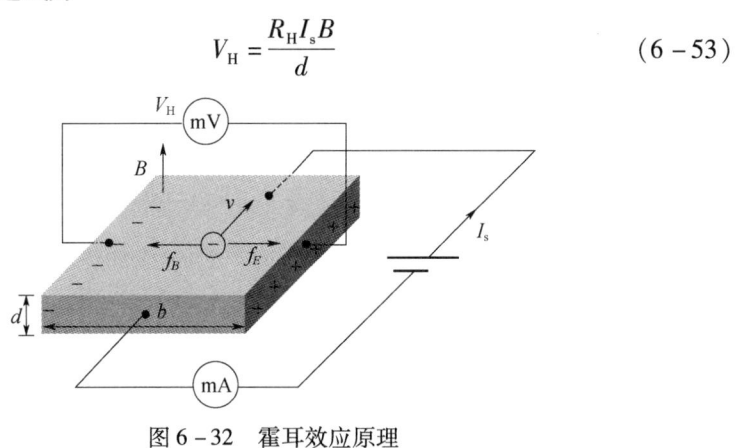

$$V_H = \frac{R_H I_s B}{d} \tag{6-53}$$

图 6-32 霍耳效应原理

式中:B 为磁感应强度(T);R_H 为霍耳系数(cm^3/C);I_s 为控制电流(A)。R_H 表达

式为

$$R_H = \frac{V_H d}{I_s B} \quad (6-54)$$

式中:d 为霍耳片的厚度(cm)。

假定所有载流子都具有相同的漂移速度,则载流子浓度的表达式为

$$n = 1/(R_H e) \quad (6-55)$$

将式(6-54)代入式(6-55)可得

$$n = \frac{I_s B}{V_H d e} \quad (6-56)$$

式中:e 为常数;n 为载流子浓度(cm^{-3})。

利用范得堡方法测试样品的电阻率,根据图 6-31 电路,当 ac 通以电流 I_{ac} 时,测量另外一对触点 db 之间的电位差 V_{db},则有

$$R_1 = \frac{V_{db}}{I_{ac}} = \frac{V_{db}}{I_s} \quad (6-57)$$

然后,在 ad 两点间通电流 I_{ad},测量 cb 之间的电位差 V_{cb},则有

$$R_2 = \frac{V_{cb}}{I_{ad}} = \frac{V_{cb}}{I_s} \quad (6-58)$$

半导体材料的电阻率的关系式为

$$\rho_v = \frac{nd(R_1 + R_2)f\left[\frac{R_1}{R_2}\right]}{2\ln 2} \quad (6-59)$$

式中:ρ_v 为电阻率($\Omega \cdot cm$);n 为常数;$\ln 2$ 为系数。函数 $f[R_1/R_2]$ 为修正函数,由 R_1 与 R_2 的比值可查得 $f[R_1/R_2]$ 的函数值。

半导体材料的迁移率为

$$\mu = \frac{1}{n e \rho_v} \quad (6-60)$$

式中:μ 的单位是 $cm^2/(V \cdot s)$。通过式(6-56)的计算可以得到载流子浓度 n,式(6-59)可以计算电阻率 ρ_v,再利用式(6-60)计算得到半导体材料的迁移率。

6.3 热控薄膜检测

6.3.1 薄膜材料热导率检测技术

热导率是一个非常重要的热物理性能参数。无论散热还是绝热,薄膜热导率的测试都具有重要的意义。由于厚度较小,对声子散射,薄膜材料的热导率与相应的块体材料有较大的差异,对块体材料的测量方法一般不适用于薄膜材料。

针对薄膜热导率测试方法已经有很多研究报道,按照加热源与时间的变化关系可以分为稳态法和瞬态法。稳态法一般可以直接得到薄膜热导率,而瞬态法则一般都建立在测试薄膜热扩散系数的基础上。根据加热、探测装置与样品的位置关系又可分为接触式与非接触式测试,接触式的加热装置和测试装置附着在样品上或者埋入样品内部,而非接触式则不需要在样品上植入加热和测试装置,与样品不接触,一般为激光加热和测试。常用的薄膜材料热导率的方法包括3ω法、闪光法、光热反射法、光热偏转法等。每种薄膜热导率测试方法均有其特点及适用范围,其中3ω法是使用最为广泛的一种方法。

1. 3ω法

3ω法是利用一维傅立叶传热方程求解热导率的稳态方法,这种方法具有精度较高、数据容易分析处理等特点,它适用于绝缘材料和不良导体材料薄膜热导率的测量。

3ω法在1989年由Cahill等提出。该方法需先在被测样品表面镀一根薄的金属膜,该金属膜同时作为加热和测温装置。对该金属膜通上频率为ω的交流电,该金属膜将以2ω的频率加热样品。因为金属的电阻率随温度的升高而增大,因此金属膜的温度变化将带来金属膜阻值的温度变化,该阻值与金属膜的温度以2ω的频率变化,频率为2ω的变化的阻值与频率为ω的电流共同作用产生频率为3ω的电压。该3ω的电压信号只与金属膜的温度变化有关,用锁相放大器将该信号提取出来,通过建立合适的传热模型,解传热方程可以得到该金属膜的温度变化。改变通电电流频率ω,金属膜的温度变化振幅也将发生改变,以温度波动振幅为纵坐标,ω为横坐标,则所得到的曲线的斜率与样品的热导率相对应。

3ω法在薄膜热导率的测试方法中占有非常重要的地位。但该方法需要较复杂的数学处理,数学模型的建立、边界条件的确定、加热频率的选择及数学方程求解过程中如何合理地简化处理都是该方法的难点。自从1989 Cahill等提出该方法以来,很多研究者利用3ω法来测试薄膜热导率,并做了大量改进工作,使得该方法在测试薄膜热导率方面得到了更为广泛的应用[65]。

2. 闪光法

闪光法也称作激光脉冲法,是测定热扩散率常用的一种方法,由Parker首先提出。采用圆形薄试样,其一面有一个脉冲型的热流加热,根据另一面温度随时间的变化关系可确定热扩散率a,进而得到热导率$\lambda_c = a\rho c_m$得到热导率(其中ρ和c_m分别为材料的密度和比热容)。测试时用一束能量为Q的脉冲在$t=0$时刻照射在试样表面,且能量被试样均匀吸收,则样品的最大温升为

$$T_m = \frac{Q}{\rho c_m L} \qquad (6-61)$$

由样品背面的热传感器测量样品背面的温升,当达到最大温升的1/2时,记时间为 $t_{1/2}$,则样品的热扩散系数 a 为

$$a = 1.38 \frac{L^2}{\pi^2 t_{1/2}} \qquad (6-62)$$

式中:L 为样品厚度;$t_{1/2}$ 为样品升至最高温度 1/2 时的时间值,又称为半峰时间。

该方法要求被照射区域的尺寸远大于样品的厚度,此时侧面传热可以忽略,热传导过程为一维传热模型[66]。

该方法的优点在于:测量准确,其测量结果常用来作为其他方法的参考标准;数据分析简单;样品可以很小;测量需要的能量很少;同时可以得到样品的3个热物性参数,即热导率、热扩散系数和比热容;测试速度快,只需要几秒到几十秒等。因此,该方法虽然已经被发明近半个世纪,但仍继续被人们改进和应用。由于测试过程要求脉冲时间远小于样品内温度传播特征时间,当样品较薄时就要求很窄的脉冲宽度和很高的信号采集频率,所以必须配备高性能的激光器、前置放大器和模数转换器。该方法的局限性在于只能用于单独薄膜的热导率测试,而不能用于有基底的薄膜,且只能用于测量膜厚方向的热物性参数。图 6-33 是闪光法测试金刚石膜的热导率的脉冲时间和温升的关系曲线。

其他的热导率测试方法主要还包括光热反射法以及光热偏转法,详细的阐述可参考相关的文献。

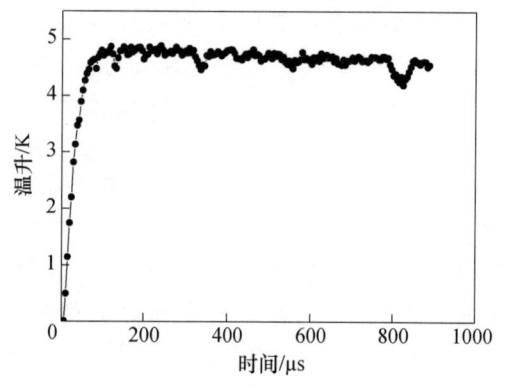

图 6-33 金刚石膜闪光法测试曲线

6.3.2 太阳吸收率检测技术

航天器热控系统中普遍应用的热控薄膜有一个非常重要的热物理性能参数:太阳吸收比 α_s,此性能对材料温度的控制起着重要作用。不同的材料表面有极为不同的表面光学性质,通过合理地选择不同太阳吸收比性质的材料,可有效地控制航天器表面对太阳光谱的吸收程度,使航天器的温度控制在指定的范

围之内。

由于航天器不同功能的需要,对其材料的表面热性能要求也各不相同,为了满足实际的应用,准确地测定这些数据对航天器的热设计具有重要的意义。

固体表面太阳吸收比 α_s 是投射在表面上的太阳能被其吸收的百分比。测定 α_s 的方法主要有两大类。第一类是量热方法(卡计法),它同时测量投射于表面的太阳辐射能与被表面所吸收的能量,这种方法可直接测量 α_s。第二类是光谱反射率测定法,它首先测出表面对对太阳辐射的反射率 r_s,然后根据能量守恒得到 α_s,即

$$\alpha_s = 1 - r_s - t_s \tag{6-63}$$

式中:t_s 为太阳光谱透射率。

卡计法得到的是表面在太阳光谱范围内总的吸收比,并不能给出在不同波长下表面的反射特性,而且样品制作麻烦、测试周期长。光谱反射率测定法则与之相反,它能准确地显示出表面特定波长范围内的吸收(或反射、透射)特性。

1. 卡计法

当一个被测试样置于压强 $(5\sim6)\times10^{-3}\mathrm{Pa}$ 的等温真空室内时,试样表面与真空室内壁之间只有辐射热交换。通过空腔开口,强度为 E 的模拟太阳光以 θ 角投射到被测样品上,测试原理如图 6-34 所示。当样品达到热平衡时,表达式为

$$EA_1\cos\theta\alpha_s = \sigma A\varepsilon_h\left(T^4 - \frac{\alpha}{\varepsilon_h}T_W^4\right) \tag{6-64}$$

$$\frac{\alpha_s}{\varepsilon_h} = \frac{\sigma\left(T^4 - \dfrac{\alpha}{\varepsilon_h}T_W^4\right)A}{E\cos\theta\ A_1} \tag{6-65}$$

式中:α_s 为试样太阳吸收比;ε_h 为试样半球发射率;σ 为斯蒂芬-玻耳兹曼常数,$5.67\times10^{-8}\mathrm{W}/(\mathrm{m}^2\mathrm{K}^4)$;$T$ 为样品表面温度;T_W 为真空室冷壁温度;A_1 为阳光照度面积;A 为样品总表面积;E 为模拟光辐射照度($\mathrm{W/m}^2$)。

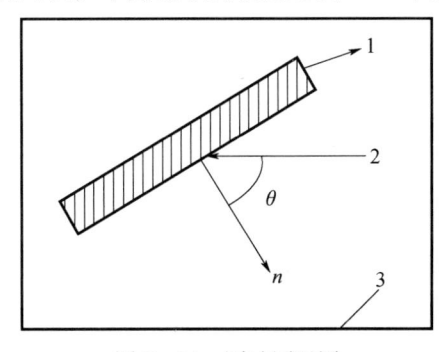

图 6-34 测试原理图
1—样品;2—模拟太阳光;3—热沉。

该法测出的是比值 α_s/ε_h 若要测定 α_s,则需先测出 ε_h。此方法只能用于金属底材表面的测量,例如抛光金属表面、电化学薄膜及金属底材上的薄层。对非金属底材,因整个样品,特别是受照面及非受照面之间温度不能认为是均一的,故不能用该方法。另外,它对样品制备要求较严,样品不能太厚,正反面的 ε_h 要一致。

2. 反射率测定法

反射计法的基本原理是首先测出样品的光谱反射率 r_s,对不透明物体则有 $\alpha_s = 1 - r_s$。

1) 积分球法

实践证明,在太阳光谱范围内,用积分球较为方便。积分球就是一个空心的球体。在球的内壁涂有高的漫反射物质,如氧化镁、硫酸钡、碳酸钡等。根据测试的要求,在球体上开有适当大小的孔。

当一束光投射到具有理想漫反射的积分球壁并经过多次反射之后,球的内壁各点照度相同。在光学测量中正是利用了这一重要特性。当光通量为 F_0 的一束光投射到球壁 S_0 处时(图6-35),它将按朗伯定律把 F_0 反射到整个积分球内壁。设球壁任意一点 S_1 处的照度为 E,它是由 S_0 处反射光的直射照度与多次漫反射的附加照度叠加而成。在 S_1 处所产生的直射照度为

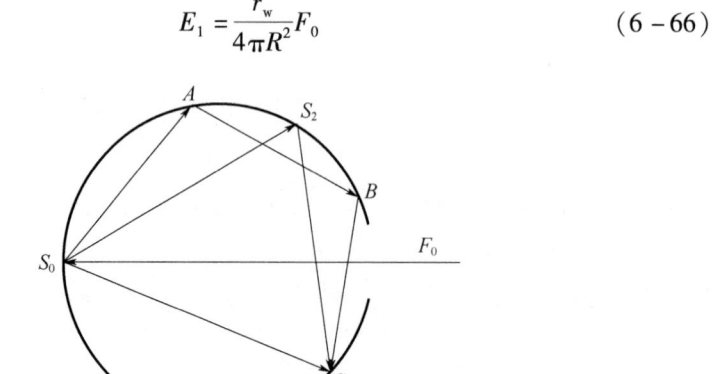

$$E_1 = \frac{r_w}{4\pi R^2} F_0 \qquad (6-66)$$

图6-35 积分球的工作原理

式中:r_w 为积分球内壁的反射比;R 为积分球内壁半径。由于投射到积分球壁的光束还要经过无穷次的反射,其附加照度 $E_1, E_2, E_3, \cdots, E_n$ 分别表示为

$$E_2 = r_w E_1;$$
$$E_3 = r_w^2 E_1;$$
$$\cdots$$

$$E_n = r_w^{n-1} E_1$$

所以附加照度：$E_m = E_1 \dfrac{r_w}{1 - r_w}$。积分球壁任意一点总照度为

$$E = E_1 + E_m = \frac{F_0}{4\pi R^2} \frac{r_w}{1 - r_w} \tag{6-67}$$

式(6-67)表明,积分球内壁各点的照度与投射入射的光能量 F_0 与球壁的反射比 r_w 成正比,而与球的半径平方成反比。

从上边的讨论中知道积分球内壁任意一点照度是均匀的,因此可以把球内壁看作具有相同发光强度的光源。根据测试工作的需要,可以设计和制作各种不同尺寸和各种类型的积分球。

实际测试时只需比较球壁与样品受同一辐射通量照射后而造成的辐射照度,就能测出样品的反射率。积分球不需要标准样品就可以测量样品的反射率。该法的优点是样品在球腔内可以任意转动,即对一固定的入射光束,其光束入射角可以改变,从而可测出不同入射方向的定向反射率。

2）分光光度计法

根据光谱法反射比的定义,太阳光谱反射比表示为

$$r_S = \frac{\int_{\lambda_1}^{\lambda_2} r_{S\lambda} E_s(\lambda) d\lambda}{\int_{\lambda_1}^{\lambda_2} E_s(\lambda) d\lambda} \tag{6-68}$$

实际测量时都是相对标准样的反射率,因此上式又可表达为

$$r_S = \frac{\int_{\lambda_1}^{\lambda_2} r_{0\lambda} r_{S\lambda} \cdot E_s(\lambda) d\lambda}{\int_{\lambda_1}^{\lambda_2} E_s(\lambda) d\lambda} \tag{6-69}$$

式中：λ_1 为 $0.2\mu m$；λ_2 为 $2.5\mu m$；$r_{S\lambda}$ 为待测样品的太阳发射比；$r_{0\lambda}$ 为标准样品在波长 λ 处的太阳反射比；$E_{S\lambda}$ 为波长 λ 处时的太阳辐射强度。

实际计算时通常不采用积分式,而更多的是把太阳光谱分成若干个波段,将反射比用求和式表示为

$$r_S = \frac{\sum_{i=1}^{n} r_{S\lambda i} E_s(\lambda_i) \Delta \lambda_i}{\sum_{i=1}^{n} E_s(\lambda_i) \Delta \lambda_i} \tag{6-70}$$

$$r_S = \frac{\sum_{i=1}^{n} r_{0\lambda_i} r_{S\lambda_i} E_s(\lambda_i) \Delta \lambda_i}{\sum_{i=1}^{n} E_s(\lambda_i) \Delta \lambda_i} \tag{6-71}$$

式中: n 为波长为 $0.2\sim0.5\mu m$ 范围测试点数目,一般为 50 或 100。如果把太阳辐射能量按其光谱等分成 50 份或者 100 份,则式(6-70)、式(6-71)分别简化为

$$r_S = 0.02 \times \sum_{i=1}^{n} r_{S\lambda_i}, n = 50 \text{ 或} \qquad (6-72)$$

$$r_S = 0.01 \times \sum_{i=1}^{n} r_{S\lambda_i}, n = 100 \qquad (6-73)$$

太阳全波段光谱反射比测量需要的仪器是分光光度计,分光光度计的类型很多,但是要实现太阳光谱反射比的测量,必须满足如下条件:

(1) 仪器的测量波长范围在 $0.20\sim2.50\mu m$,即太阳光谱的紫外-可见-近红外;

(2) 必须配有积分球反射附件及探测器,例如光电倍增管和硫化铅热敏电阻;

(3) 具有记录或显示反射比功能及数据采集和处理软件;

(4) 双光束——参考光束及样品光束。

常用的双光束分光光度计主要包括光源、单色器室、试样室、探测器室和分束室等。

光源是分光光度计十分重要的部分,因为只有光源的光谱与太阳光谱一样时,测得的结果才是太阳反射比,否则就不是。双光束分光光度计中一般选氘灯作为紫外区的光源,可见和红外使用卤素灯,使测量范围限定在 $0.20\sim2.50\mu m$。由计算结果可知,在该波长范围内的太阳辐射能占总辐射照度的 97% 以上,在测试上是在允许的误差范围内。测试范围除了受限于照明之外,积分球反射附件也有波长限制。

单色器是分光光度计的核心部分。分光光度计的主要光学特性指标及工作性能基本上是由单色器决定的。双光束分光光度计几乎都是用光栅作为单色器。

在测量反射比时将积分球附件置于分光光度计的样品室。首先将两个标准白板(如硫酸钡)分别置于积分球参比孔和样品孔,对分光光度计进行自检、调试和基线扫描。之后,取下样品孔处的标准白板换上待测试样再进行扫描,得到相对于标准白板的样品反射比。将反射光谱分成 50 或 100 个波段,并利用以上各式计算出待测样品的太阳吸收比。

6.3.3 红外发射率检测技术

发射率是实际物体与同温度黑体在相同条件下的辐射能量之比,这里的相同条件是指相同的几何条件,如发射辐射面积、测量辐射功率的立体角大小和方

向,相同的光谱条件,如测量辐射通量的光谱范围。

发射率测量方法主要分为量热计法和光学方法。量热计法分为稳态量热计法和瞬态量热计法。光学方法则是通过测量表面反射或发出的辐射来获得发射率的,故又分为反射计法和辐射计法。

量热法主要基于能量守恒,其基本原理是将待测试件放入一个四周等温且内壁涂黑的真空腔内,试件通电加热后,测定试件达到稳态的表面温度及输入的电功率,或是测出试件在停止加热后的降温曲线,再根据热平衡方程算出半球发射率。量热计法是一种绝对测量方法,优点是测量准确度高,温度范围广,测量的是全波段的发射率,可以提供工程实用的数据。缺点是测量周期长,试件制备及安装较麻烦。

光学法中的反射计法的基本原理是首先测出样品的光谱反射率 r,对不透明物体则光谱吸收率 $\alpha_\lambda = 1 - r_\lambda$,进而得到光谱发射率,然后通过积分方法得到特定光谱范围的发射率。该方法的主要优点是能测出光谱发射率,有利于研究选择性热控薄膜,试样的制备及安装方便,测试周期短。

1. 稳态量热计法

如图 6-36 所示,稳态量热计法半球发射率测量在真空中进行,保证辐射是唯一的换热方式,其它的方式对热交换影响很小甚至没有。样品置于液氮冷却的真空冷环境中,它将向低温环境辐射热和吸收来自环境的热辐射。为了弥补样品辐射热量,使样品稳定于一个指定温度,需对样品加热。当样品与环境之间达到热平衡,通过测量供给样品的能量,样品的表面积和温度,以及环境温度计算样品的半球发射率。假设样品满足灰体条件,其 ε_h 等于它的半球吸收率 α,则样品的热平衡关系式为

$$Q + Q_R = \varepsilon_h(T)\sigma A(T^4 - T_0^4) + Q_G + Q_L \qquad (6-74)$$

式中:Q 为加热片的功率;Q_R 为样品辐射能量被真空冷环境反射的能量;$\varepsilon_h(T)$ 为样品在温度 T 下的半球发射率;σ 为斯蒂芬-玻耳兹曼常数;A 为样品表面积;T 为样品温度;T_0 为真空环境温度;Q_G 为剩余气体的漏热;Q_L 为两根电流供给线以及一对热电偶线的漏热。等式右边第一项为样品与环境的辐射热量差。因此,样品的半球热辐射率为[67]

$$\varepsilon_h(T) = \frac{Q + Q_R - Q_G - Q_L}{\sigma A(T^4 - T_0^4)} \qquad (6-75)$$

2. 法向发射率法

法向发射率法的测量原理是通过测试同一温度下被测试样的辐射指示值和黑体腔的辐射指示值,按下式计算被测样的法向发射率 ε_n,即

$$\varepsilon_n = \frac{\phi_s}{\phi_b} \qquad (6-76)$$

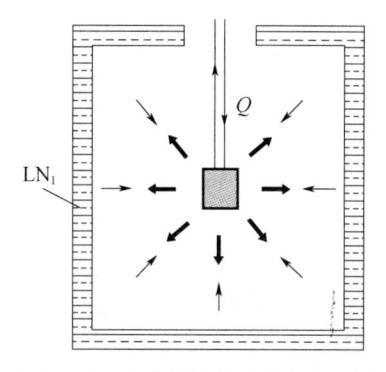

图 6-36 稳态量热计法测量原理图

式中：ε_n 为被测试样的法向发射率；ϕ_s 为从检测仪器上读出的被测样辐射指示值；ϕ_b 为从检测仪器上读出的黑体腔辐射指示值。

3. 辐射计法

辐射计探测器的输出信号与被测试样的发射率成线性关系,通过比较辐射计配备的高、低发射率参比试样和被测试样信号的大小,直接得到被测试样的 ε_h。

测试时将高、低发射率参比试样置于热沉上,探测器分别放到高、低发射率参比试样上,通过微调使读数仪表上显示的数值等于它们各自的发射率值。将被测试样置于热沉上,把探测器放到被测试样表面上,待读数稳定,该读数即为被测试样的发射率。

4. 反射法——便携式

通过探测器检测到的椭球腔体里所有反射能,按下式计算试样的半球反射率。

$$r_h = \frac{I_D}{\sigma T_{IR}^4} \qquad (6-77)$$

式中：r_h 为试样的半球反射率；I_D 为检测到的能量（W/m²）；T_{IR} 为红外辐射源温度（K）；

当试样为不透明时,试样的半球发射率按下式计算

$$\varepsilon_h = 1 - r_h \qquad (6-78)$$

测试时首先根据被测试样的发射率大小选择测试模式,然后将探头放置在低发射率参比试样（镜面镀金）上按反射能量进行校准；再将探头放置在高发射率参比试样（黑材料）上按反射能量进行校准。最后将探头放置在被测样上,设备随即由软件自动计算出被测样的发射率。

第7章 热控薄膜试验技术

本章对热控薄膜的耐受性指标的试验技术进行了描述,包括湿热老化试验、膜层附着力试验、空间质子、电子、紫外和原子氧的辐照试验的试验条件、试验规程等进行了描述。

7.1 地面环境试验

7.1.1 热控薄膜湿热试验

试验的目的是为了在高温高湿条件下评定热控薄膜材料的防腐蚀性能。其试验方法是将航天器热控薄膜材料置于专用的湿热试验设备中,经过规定的试验周期后,取出检查,并测量其试验前后的 α_s、半球发射率和表面电阻率,通过热控薄膜材料性能的变化来评价其抗高温高湿能力。主要试验参数如下:

(1)相对湿度不小于95%。
(2)温度为50℃±2℃的环境中。
(3)连续放置24h。
(4)如条件允许,可在专用的温湿度箱中完成该试验。
(5)试验中,试验样品可悬挂于试验箱中,以避免样品与其他物品发生接触遭到污染。

7.1.2 热控薄膜附着力试验

试验的目的是为了在评定热控薄膜材料表面膜层与基底的结合力强度。其试验方法是使用一定剥离强度的胶带贴紧膜层中间区域,用手缓慢垂直拉起胶带,检查该位置的外观。主要试验参数如下:

(1)对于柔性热控材料,尺寸通常为100mm×100mm,其他产品按产品规格进行试验。

(2) 剥离强度为 2~4N/cm 的胶带，要求胶带宽度 10mm，长度 40mm。

(3) 紧贴膜层中间区域，离边缘不小于 3mm，胶带与试件间不留气泡。

(4) 用手缓慢垂直拉掉胶带，检查该位置的外观并进行电阻值测量。

7.2 单一模拟空间环境试验

从提高环境试验的有效性和降低成本的观点，试验环境的选择应当着重那些对产品实际存在而又最有影响的环境因素。对于热控材料紫外辐照、粒子辐照试验是必需的，低轨原子氧效应试验也是必需的。

实际空间环境中带电粒子的能量分布是从几电子伏到几百兆电子伏甚至更高的能谱区间，要在地面完全真实再现所有这些环境因素势必极大地增加设备的复杂性和制造成本，既不可能也没有必要。目前在地面模拟加速试验中，多采用能量范围有限的单能粒子加速器模拟空间连续的带电粒子能谱。这就必然涉及一个等效的问题。

对于轨道环境中的电子、质子辐照，针对给定轨道、任务寿命和被研究的具体材料，分析计算轨道环境电子、质子辐照在材料中的剂量 - 深度分布。带电粒子在材料中的剂量 - 深度分布可采用 Space Radiation、SRIM、ITS 和 Geant4 等软件进行计算。地面模拟试验以辐照环境在材料中的剂量 - 深度分布为等效模拟依据。

单一能量的粒子辐照无法模拟出空间带电粒子在材料中的剂量 - 深度分布，因此在地面模拟试验中，常使用多种能量的带电粒子来进行辐照试验。由于辐照能量沉积具有累加性，可以先分别计算出各个能量在材料中的剂量 - 深度分布，然后将同一深度处的吸收剂量进行累加，最后计算出总的剂量、深度分布。由最高能量开始，选择模拟试验粒子的能量和注量，使粒子加速器的累积剂量.深度曲线与空间剂量 - 深度曲线尽量匹配。

航天器在轨辐照剂量与其所处的轨道及在轨服役时间所决定。中国空间技术研究院院标准 Q/W 510A—2008"地球静止轨道粒子辐射环境模型选用指南"规定了地球静止轨道粒子辐射环境及其环境模型。标准 Q/W 509A—2008"太阳同步轨道粒子辐射环境模型选用指南"规定了太阳同步轨道粒子辐射环境的参数及其环境模型，并给出了不同轨道高度、不同能量分布的质子、电子积分通量。在航天器热设计及热控薄膜材料选用时要考虑适当的辐射设计余量[68]。航天器外表辐照环境主要考虑，地球辐射带的高能电子辐照。目前，对地球辐射带中的高能电子辐照环境的模拟预测，国际上常采用 NASA（美国国家航天航空局）开发的 AE - 8 模型，目前该模型已经升级为 AE - 9。

在计算确定出不同种类单能粒子的能量和注量之后，下一步要设计辐照试验的程序。最好的方法是使用多个粒子加速器进行同时辐照,但我国现有地面模拟条件无法满足。采用不同能量的单能带电粒子顺序辐照的方法,也可有效地模拟出空间辐照在材料外表层(或功能层)中的剂量-深度分布,较为准确地模拟出实际轨道辐照对材料的作用效应[69]。

紫外辐照试验和原子氧效应试验剂量通常根据任务书规定选取。

7.2.1 真空-紫外辐照试验

紫外辐照是评价空间材料耐受太阳紫外辐照的能力。所有轨道的航天器均受其影响。长时间的紫外辐照可使材料产生褪色、开裂以及热学、光学、机械性能的下降。试验方法是将航天器热控薄膜材料置于地面紫外辐照试验设备中,用模拟的太阳紫外线对热控薄膜材料辐照,并进行太阳吸收比的测试,通过热控薄膜材料太阳吸收比等性能的变化来评价其抗空间紫外辐照的能力。

太阳紫外主要分为近紫外和远紫外。近紫外光源一般采用氙弧灯,也可采用汞氙灯、汞弧灯、碳弧灯等,但需要滤除光谱中的可见光和红外光。主要试验参数如下:

(1) 真空度:优于 1.3×10^{-3} Pa。

(2) 近紫外波长范围为 200~400nm,加速因子一般不大于 5,辐照度为 118~590 W/m^2,辐照度不均匀性不超过 ±15%。

(3) 远紫外波长范围为 115~200nm,加速因子一般不大于 100,辐照度为 0.1~10 W/m^2,辐照度不均匀性不超过 ±20%。

(4) 辐照面积应大于试验试样面积,辐照剂量按试验任务书或有关技术文件规定,如 OSR 一般选总辐照剂量为 5000 等效太阳小时(Equivalent Solar Hour, ESH)。

7.2.2 真空-质子辐照试验

试验的目的是为了测试航天器热控薄膜材料对空间真空-质子辐照环境的适应性。其试验方法是将航天器热控薄膜材料置于地面质子辐照试验设备中,根据等效模拟原理,用模拟的质子辐照对热控薄膜材料辐照,并进行太阳吸收比的测试,通过热控薄膜材料太阳吸收比等性能的变化来评价其抗空间质子辐照的能力。质子辐照主要模拟材料表面的吸收剂量。

质子辐照源可选用质子源或质子加速器,其能量和束流可调,质子纯度达到95%以上。主要试验参数如下:

(1) 真空度:优于 1.3×10^{-3} Pa。

(2) 质子能量:根据热控材料的特性,选一种到三种能量的质子,范围分别为 10~60keV,60~180keV,180~6.8MeV,加速因子一般不大于 500。

(3) 辐照剂量:根据技术文件提供的空间质子注量 – 能谱辐照环境及产品特性进行选择,应尽可能与空间一致,如 OSR 产品一般用总剂量为 $2 \times 10^{15} \mathrm{p/cm^2}$ 的质子辐照。

7.2.3 真空 – 电子辐照试验

试验的目的是为了测试航天器热控薄膜材料对空间真空 – 电子辐照环境的适应性。其试验方法是将航天器热控薄膜材料置于地面电子辐照试验设备中,根据等效模拟原理,用模拟的电子辐照对热控薄膜材料辐照,并进行太阳吸收比的测试,通过热控薄膜材料太阳吸收比等性能的变化来评价其抗空间电子辐照的能力。

电子辐照主要模拟材料在较深层的吸收剂量。电子辐照源选用电子枪或电子加速器,能量和束流可调。主要试验参数如下:

(1) 真空度:优于 $1.3 \times 10^{-3} \mathrm{Pa}$。
(2) 电子能量:根据热控材料的特性,选一种到三种能量的电子,范围分别为 10~60keV,60~180keV,180~1MeV,加速因子一般不大于 500。
(3) 辐照剂量:根据技术文件提供的空间电子注量 – 能谱辐照环境及产品特性进行选择,应尽可能与空间一致,如地球同步轨道用 OSR 产品一般用总剂量为 $2 \times 10^{16} \mathrm{p/cm^2}$ 的电子辐照。

7.2.4 原子氧试验

试验的目的是为了测试航天器热控薄膜材料对原子氧环境的适应性。其试验方法是将航天器热控薄膜材料置于地面原子氧试验设备中,用模拟的荷能原子氧对热控薄膜材料作用,并进行太阳吸收比、发射率、外观、重量等的测试,通过热控薄膜材料太阳吸收比等性能的变化来评价其对原子氧环境的适应性;原子氧具有强的氧化性,对材料产生剥蚀作用,因此试验完成后需要对试样的原子氧剥蚀率及厚度损失进行分析。

主要试验参数如下:

(1) 原子氧等效能量:5eV ± 0.75eV。
(2) 原子氧通量密度:$1 \times 10^{14} \sim 2 \times 10^{16} \mathrm{atoms/(cm^2 \cdot s)}$,偏差不超过 ±10%。
(3) 试验试件暴露面上原子氧通量密度的不均匀性不超过 ±10%。
(4) 原子氧束流与试验材料表面法线方向的夹角不超过 ±10°。
(5) 原子氧积分通量:按任务书或技术文件规定。

7.2.5 热真空试验

试验的目的是为了测试航天器热控薄膜材料耐受真空、高低温度交变的适应性。其试验方法是将航天器热控薄膜材料置于地面热真空试验设备中,在真空环境下对热控薄膜材料交替加热和冷却至试验温度,并进行太阳吸收比、发射率、外观等的测试,通过热控薄膜材料太阳吸收比等性能的变化来评价其热真空环境的适应性。主要试验参数如下:

(1) 真空度:优于 1.3×10^{-3} Pa。
(2) 试验温度:按任务书或有关技术文件规定,如 OSR 产品可选择热态为 +149℃、冷态为 -143℃。
(3) 温度容差: ±4℃。
(4) 升降温速率:调温过程中,温度平均升(降)速率不小于 1 ℃/min。
(5) 循环次数:按任务书或有关技术文件规定。
(6) 停留时间:一般每次循环在冷态稳定温度和热态稳定温度各保持至少 4h。

7.2.6 充放电试验

试验的目的是为了测试航天器热控薄膜材料耐受由于空间高能电子和等离子引起的充放电的适应性,一般要求星上材料充电电压小于 500V。充放电试验方法是将航天器热控薄膜材料置于地面充放电试验设备中,在真空环境下对热控薄膜材料表面充放电,并进行表面充电电位、外观等的测试,通过热控薄膜材料表面充电电位、外观等性能的变化来评价其充放电环境的适应性。主要试验参数如下:

(1) 真空度:优于 1.3×10^{-3} Pa。
(2) 电子束能量:5~100keV。
(3) 电子束流密度:一般为 $1pA/cm^2 \sim 10nA/cm^2$。

7.3 综合模拟空间环境试验

空间多因素环境可对航天器在轨性能产生复杂的效应,不同的空间环境因素对航天器性能退化及产生故障的机制也不相同。由于多种环境因素的综合性长期作用,空间辐射综合环境试验是未来评价热控材料在轨性能的必要手段。

空间辐射综合环境试验的特点是较真实地反映热控材料在空间环境的退化过程,试验评估水平越高则评估结果越接近实际情况。空间辐射综合环境试验在试验装置和试验方法上有以下三个特点:①充分考虑空间环境的协合效应问题;②充分考虑地面试验的加速效应问题;③充分考虑退化特性测量真实性问题。作为空间辐照综合环境试验的重要补充,飞行试验也是一种评价热控材料的重要试验方法,它的优点是试验条件完全真实,缺点是试验周期长、测量精度低和试验机动性差。

国外卫星评估热控薄膜退化特性基本上都采用空间辐射综合环境试验。目前,各航天大国已经初步具备空间带电粒子和太阳电磁辐射、原子氧和紫外、空间碎片诱导等离子体充放电的地面模拟能力,但尚不能在同一台设备上同时实现空间带电粒子辐射环境、太阳电磁辐射环境、空间原子氧环境、空间碎片等多因素环境协同效应的地面模拟试验,而只能实现其中的任意两种试验。

能够同时实现多种空间环境及效应地面模拟的试验装置是开展空间多因素环境协同效应地面模拟试验的前提,为此,需要搭建不但能够同时实现空间电子、质子、紫外、空间碎片、原子氧、等离子体、真空、高低温以及污染环境的地面模拟试验装置,而且要具备对各类空间环境因素及效应的实时监测能力,具备对材料成分和微观缺陷的原位分析能力,这也是目前国际航天大国的发展趋势。

近年来,航天器材料、敏感表面的辐照总剂量效应试验中广泛采用了综合环境试验技术,以更好模拟轨道的真实环境效应。北京卫星环境研究所研制的空间低能综合辐照环境模拟试验系统,它包含低能电子、低能质子、近紫外、远紫外、等离子体、温度和真空七种综合环境,并包含了光学性能和电性能原位测试装置[70]。兰州空间技术物理研究所能够进行质子、电子及紫外综合辐照试验和原子氧与紫外的综合环境试验,并制定了相应的国军标 QJ 20288—2014 和 QJ 20287—2014,分别对粒子和紫外综合环境效应、原子氧与紫外综合环境试验的试验目的、原理、一般要求、试验程序及数据处理进行了规定。

参考文献

[1] 闵桂荣,郭舜. 航天器热控制[M]. 2版. 北京:北京科学出版社,1998.

[2] Grob L M,Swanson T D. Parametric study of variable emissivity radiator surface. AIP Conf. Proc. 2000,504:809 – 814.

[3] 侯增祺,胡金刚. 航天器热控制技术 – 原理及其应用[M]. 北京:中国科学出版社,2007.

[4] 苏汝铿. 量子力学[M]. 上海:复旦大学出版社,1997.

[5] 唐晋发,顾培夫. 薄膜光学与技术[M]. 北京:机械工业出版社,1987.

[6] 江经善. 多层隔热材料及其在航天器上的应用[J]. 宇航材料工艺,2000,4:17 – 25.

[7] 黄本诚. 空间环境工程学[M]. 北京:宇航出版社,1993.

[8] 邱家稳,沈自才,肖林. 航天器空间环境协和效应研究[J]. 航天器工程,2013,22(1):15 – 20.

[9] Matin M C. Optimized RF – transparent antenna sunshield membrane. United States Patent,Patent Number:5373305,1994.

[10] 焦其祥,王道东. 电磁场理论[M]. 北京:北京邮电出版社,1994.

[11] 丁晓磊,卢榆孙. 卫星天线抗静电膜的研制[J]. 真空与低温,2000,6(1):19 – 25.

[12] http://www.sheldahl.com.

[13] http://www.qioptiq.com.

[14] Henninger J H. Solar absorptance and thermal emittance of some common spacecraft thermal – control coatings. NASA Reference Publication,1984:1121

[15] 江经善. 热控涂层[J]. 宇航材料工艺,1993,23(6):1 – 7.

[16] 王洁冰,许旻,李强勇,等. SiO_2 热控薄膜的制备[J]. 真空与低温. 2003,9(2):93 – 97.

[17] Brogren M,Harding G L,Karmhag R,et al. Titanium – aluminum – nitride coatings for satellite temperature control[J]. Thin Solid Films,2000,70:268 – 277.

[18] 李智,崔敬忠,李冠斌,等. 反应磁控溅射沉积 $Ti_xAl_yN_z$ 热控薄膜研究[J]. 真空与低温,2005,11(1):34 – 39.

[19] http://www.diamond – materials.com.

[20] Ashfold M N,May P W,Rego C A,et al. Thin film diamond by chemical vapor deposition methods. Chemical Society Reviews,1994,23:21 – 30.

[21] 王兰喜. 金刚石. AlGaN 紫外探测器研究[D]. 北京:中国空间技术研究院,2009.

[22] Flaquer J,Rlos A,Martiln – Meizoso A,et al. Effect of diamond shapes and associated thermal boundary resistance on thermal conductivity of diamond – based composites[J]. Computational Materials Science,2007,41:156 – 163.

[23] Wang X J,Flicker J D,Lee B J,et al. Visible and near – infrared radiative properties of vertically aligned multi – walled carbon nanotubes[J]. Nanotechnology 2009,20:1 – 9.

[24] 王洁冰,许旻,何延春,等. 空间环境对玻璃二次表面镜的性能影响研究[C]. 2009 年空间环境与材料科学论坛,2009,138 – 141.

[25] Husmann O K,Kerner K,Naegele J,et al. The influence of the UV – intensity on I. F. – filter protected second surface mirror α_s stabilities,including surfaces with conductive top layers. the USAF/NASA International Spacecraft Contamination Conference,March 7 – 9,1978,Colorado Springs,Colorado,U. S. A.

[26] Lissberger P H,Nelson R G. Optical properties of thin film Au – MgF_2 cermet[J]. Thin Solid Films,1974,

21(1):159-172.

[27] Evans D. Optical properties of co-evaporated AgSiO$_x$ cermet films[J]. Phys. Rev. B,1985,32(6):4169.

[28] Zhang Q C. Direct current magnetron sputtered W-AlN cermet solar absorber films[J]. Journal of Vacuum Science and Technology. 1997,A15(6):2842-2846.

[29] Zhang Q C,Yin Y B,David R M. High efficiency Mo-Al$_2$O$_3$ cermet selective surface for high-temperature application[J]. Solar Energy Materials and Solar Cells,1996,40(1):43-53.

[30] 祝力伟. 梯度Al-Al$_2$O$_3$选择性吸收复合膜设计与制备研究[D]. 北京:中国空间技术研究院,2009.

[31] 郭信章,尹万里,于凤勤. 反应溅射选择性吸收膜的研究[J]. 真空科学与技术,1992,12(4):329-331.

[32] 谢光明,于凤琴. M-AlN太阳选择性吸收涂层研制[J]. 太阳能学报,2000,21(1):15-18.

[33] Handbook:Metal-based coating. Optical Coating Inc. ,2003.

[34] Gatt R,Niklasson G A,Granqvist C G. Degradation modes of cermet based selectively solar absorbing coatings. SPIE,1992,1727:87-101.

[35] Morin F J. Oxides which show a metal-to-insulator transition at the Neel temperature [J]. Physical Review Letters,1959,3:34-36.

[36] Kruzelecky R V,Haddad E,Jamroz W,et al. Thin-film smart radiator tiles with dynamically tuneable thermal emittance. SAE PAPER 2005-01-2906.

[37] Hendaoui A,Émond N,Dorval S,et al. VO$_2$-based smart coatings with improved emittance-switching properties for an energy-efficient near room-temperature thermal control of spacecrafts[J]. Solar Energy Materials & Solar Cells 2013,117:494-498.

[38] Urushibara A,Moritomo Y,Arima T,et al. Insulator-metal transition and giant magnetoresistance of La$_{1-x}$Sr$_x$MnO$_3$[J]. Phys. Rev. B,1995,51 (20):14103-14109.

[39] Tang G C,Yu Y,Cao Y Z,et al. The thermochromic properties of La$_{1-x}$Sr$_x$MnO$_3$ compounds. Solar Energy Materials & Solar Cells[J]. 2008,92:1298-1301.

[40] Wu C H,Qiu J W,He Y C. Relevancy of phase separation between electrical and thermal properties in La$_{0.8}$Sr$_{0.2}$MnO$_3$ thin films[J]. Physica B:Physics of Condensed Matter,2011,406:1886-1889.

[41] Okamoto A,Tachikawa S,Ohnishi A,et al. Improvement of smart radiation device. 56th International Astronaucal Congress,2005.

[42] Shimakawa Y,Yoshitake T,Kubo Y,et al. A variable-emittance radiator based on a metal-insulator transition of La$_{1-x}$Sr$_x$MnO$_3$ thin films[J]. Applied Physics Letters,2002,80(25):4864-4866.

[43] Wu C H,Qiu J W,Xu M,et al. Optimization of thermal emittance tuneability of La(Sr,Ca)MnO$_3$ thin-film materials in 173-373 K[J]. Key Engineering Materials,2014,575-576:297-301.

[44] Shimazaki K,Ohnishi A,Nagasaka Y. Computational design of solar reflection and far-infrared transmission films for a variable emittance device[J]. Applied Optics,2003,42(7):1360-1366.

[45] Granqvist C G. Handbook of inorganic Electrochromic Materials[M]. Elsevier,Amsterdam,The Netherlands,1995.

[46] Chandrasekhar P,Zay B J,McQueeney T,et al. Conducting polymer(CP)infrared electrochromics in spacecraft thermal control and military applications[J]. Synthetic Metals. 2003,135(1-3):23-24.

[47] Demiryont H,Moorehead D. Electrochromic emissivity modulator for spacecraft thermal management[J]. Solar Energy Materials & Solar Cells,2009,93:2075-2078.

参考文献

[48] 张金伟,刁训刚,马荣,等. ZAO/WO$_3$/PAMPS/ZAO 全固态电致变色薄膜器件的制备和性能研究[J]. 稀有金属材料与工程,2008,37(5):914－917.

[49] Osiander R, Champion J L, Damn M A, et al. Micro－machined shutter arrays for thermal control radiators on ST5. 40th Aerospace Sciences Meeting & Exhibit,2002,(1):14－17.

[50] 邓德喜. MEMS 热控百叶窗仿真与实验研究[D]. 南京:南京理工大学,2009.

[51] 万凯,任建勋,过增元. 微热控百叶窗驱动器的分析与模拟. 中国工程热物理学会第十一届年会,2005.

[52] 王振霖,陈学康,曹生珠. 大角度扭转微镜的静态特性分析[J]. 科学技术与工程,2008,9(16):4675－4679.

[53] Biter W, Hess S, Oh S. Electrostatic radiator for spacecraft temperature control. IEEE Aerospace Conference,2005:781－790.

[54] Matthew A. Beasley etc. MEMS thermal switch for spacecraft thermal control. Proceedings of SPIE 2004,5344:98－105,98－105.

[55] Cao S Z, Chen X K, et al. Variable Emissivity Surfaces for Micro and Nano－satellites. Physics Procedia,2009,91－94.

[56] 韩闯,陈学康,曹生珠,等. 薄膜型 ESR 结构分析与优化[J]. 科学技术与工程,2009,9(14):15－20.

[57] 曲喜新. 现代电阻薄膜[J]. 电子元件与材料. 1995,14(2):1－9.

[58] Kelly P J, Arnell R D. Magnetron sputtering:a review of recent developments. Vacuum,2000,56:159－172.

[59] 许根慧,姜恩永,盛京. 等离子体技术与应用[M]. 北京:化学工业出版社,2006.

[60] 陈光华,张阳. 金刚石薄膜的制备与应用[M]. 北京:化学工业出版社,2004.

[61] 黄剑锋. 溶胶－凝胶原理与技术[M]. 北京:化学工业出版社,2005.

[62] Rose M, Bartha J W, Endler I. Temperature dependence of sticking coefficient in atomic layer deposition[J]. Applied Surface Science,2010,256:3778－3782.

[63] Xiong Y Q, Liu H, Wang J Z. Analysis of aluminium deposition on inner wall of pipes by atomic layer deposition[J]. Rare Metal Materials and Engineering,2013,42(S2):023－027.

[64] 赵藻藩,周性尧,张悟铭,等. 仪器分析[M]. 北京:高等教育出版社,1988.

[65] Rausch S, Rauh D, Deibel C, et al. Thin－film thermal－conductivity measurement on semi－conducting polymer material using the 3ω technique[J]. Int. J. Thermophys,2013,34:820－830.

[66] Parker W J, Jenkins R J, Butler C P. Flash method of determining thermal diffusivity, heat capacity, and thermal conductivity et al[J]. J. Appl. Phys,1961,32(9):1679.

[67] 闵桂荣. 卫星热控制技术[M]. 北京:中国宇航出版社,1991.

[68] GJB 2502.1—2006,航天器热控涂层试验方法[S].

[69] 田海,李丹明,薛华,等. 星用热控涂层空间辐照环境等效模拟试验方法研究[J]. 航天器环境工程,2009,26:24－27.

[70] 童靖宇. 空间环境及环境效应评价试验. 2009 年空间环境与材料科学论坛,2009.

内 容 简 介

本书介绍了当今航天器热控薄膜技术的发展水平,特别是详细介绍了我国在航天器热控薄膜研究方面的新技术和新产品。

全书共分为7章。第1章概括地介绍了航天器热控薄膜相关的基本知识和物理基础。第2至第5章介绍了航天器常用的热控薄膜材料和器件,主要包括单一结构被动热控薄膜材料、复合结构被动热控薄膜材料、智能型热控薄膜材料和微结构热控薄膜器件的工作原理和应用情况。第6章介绍了航天器常用热控薄膜材料的制备技术、表征方法和性能检测技术。第7章对热控薄膜的常规地面试验、单一空间环境试验和综合辐照试验进行了介绍。

本书内容新颖,实用性强,适合从事热控薄膜技术相关工作的工程技术人员和科研人员使用,亦可供大专院校相关专业的师生阅读。

The book introduces development of spacecraft thermal control thin films technologies nowadays, especially the detail of new technologies and new products of thermal control thin films developed in China.

The book consists of 7 chapters. Chapter 1 summarizes fundamental knowledge and physical basis of spacecraft thermal control thin films. From Chapter 2 to Chapter 5, frequently used spacecraft thermal control thin films and devices are introduced, including principles and applications of passive thermal control thin films with single structure, passive thermal control thin films with composite structures, intelligent thermal control thin films and microstructure thermal control thin film devices. Chapter 6 introduces preparation, characterization and detection techniques in common use for spacecraft thermal control thin films. Chapter 7 introduces general ground test, single simulative space environmental test and combined irradiation test for thermal control thin films.

The content of this book is novel and practical. This book is suitable for engineering technicists and scientific researchers who are engaged in thermal control thin film technology, and can also be read by college teachers and students of relative specialty.